Olfert
Kompakt-Training
Finanzierung

W0196975

Kompakt-Training
Praktische Betriebswirtschaft
Herausgeber Professor Klaus Olfert

www.kiehl.de

Finanzierung

Von
Prof. Dipl.-Kfm. Klaus Olfert

8., aktualisierte Auflage

Herausgeber:
Prof. Klaus Olfert
76530 Baden-Baden

ISBN 978-3-470-**49748**-8 · 8., aktualisierte Auflage 2014

© NWB Verlag GmbH & Co. KG, Herne 1999

Kiehl ist eine Marke des NWB Verlags

Satz: SATZ-ART Prepress & Publishing GmbH, Bochum
Druck: medienHaus Plump GmbH, Rheinbreitbach

Kompakt-Training Praktische Betriebswirtschaft

Das Kompakt-Training Praktische Betriebswirtschaft ist aus der Notwendigkeit entstanden, dass Wissen immer häufiger unter erheblichem Zeit- und Erfolgsdruck erworben oder reaktiviert werden muss. Den vielfältigen betriebswirtschaftlichen Fakten und Zusammenhängen, die aufzunehmen sind, stehen eng begrenzte Zeitbudgets gegenüber.

Die vorliegende Fachbuchreihe ist darauf ausgerichtet, die Leser darin zu unterstützen, rasch und fundiert in die verschiedenen betriebswirtschaftlichen Themenbereiche einzudringen sowie diese aufzufrischen. Sie eignet sich in besonderer Weise für:

- ▸ Studierende an Fachhochschulen, Akademien und Universitäten
- ▸ Fortzubildende an öffentlichen und privaten Bildungsinstitutionen
- ▸ Fach- und Führungskräfte in Unternehmen und sonstigen Organisationen.

Das Kompakt-Training Praktische Betriebswirtschaft ist auch zum Selbststudium sehr gut geeignet, nicht zuletzt wegen seiner besonderen Gestaltungsmerkmale. Jeder einzelne Band der Fachbuchreihe zeichnet sich u. a. aus durch:

- ▸ kompakte und praxisbezogene Darstellung
- ▸ systematischen und lernfreundlichen Aufbau
- ▸ viele einprägsame Beispiele, Tabellen, Abbildungen
- ▸ 50 praxisbezogene Übungen mit Lösungen
- ▸ MiniLex mit 150 - 200 Stichworten.

Für Anregungen, die der weiteren Verbesserung dieses Lernkonzeptes dienen, bin ich dankbar.

Prof. Klaus Olfert
Herausgeber

Feedbackhinweis

Kein Produkt ist so gut, dass es nicht noch verbessert werden könnte. Ihre Meinung ist uns wichtig. Was gefällt Ihnen gut? Was können wir in Ihren Augen noch verbessern? Bitte schreiben Sie einfach eine E-Mail an: **c.ziegler@kiehl.de**

Als kleines Dankeschön verlosen wir unter allen Teilnehmern einmal pro Monat ein Buchgeschenk!

Vorwort zur 8. Auflage

Für die Unternehmen wird es vielfach immer schwieriger, ihr finanzielles Gleichgewicht in einer sich rasch wandelnden Umwelt zu bewahren. Den ihnen in vielfältiger Weise erwachsenden Aufgaben müssen entsprechende Einnahmen gegenüberstehen. Sie sind notwendig, um den Leistungsprozess in Gang zu bringen und aufrechtzuerhalten, aber auch um den Bestand und die Weiterentwicklung der Unternehmen sicherzustellen.

Neu etablierte Unternehmen verfügen noch nicht bzw. in nur begrenztem Umfang über Umsatzerlöse. Aber auch bereits am Markt eingeführten Unternehmen reichen die Umsatzerlöse meist nicht aus, um die erforderlichen Investitionen vornehmen zu können. Deshalb muss auf weitere Finanzierungsquellen zurückgegriffen werden, die in vielfältiger Weise zur Verfügung stehen, aber zur Deckung des jeweiligen Kapitalbedarfes unterschiedlich geeignet sind.

Das „Kompakt-Training Finanzierung" will dazu beitragen, Studierenden, Fortzubildenden sowie Fach- und Führungskräften das grundlegende finanzierungsbezogene Wissen zu vermitteln. In fünf Kapiteln werden die Aufgaben, die sich der Finanzierung stellen, systematisch und kompakt behandelt. 50 praxisbezogene Übungen und deren Lösungen finden sich am Ende des Textteils im daran anschließenden „blauen Teil". Ein über 180 Stichworte umfassendes MiniLex bietet die Möglichkeit, die wichtigsten finanzwirtschaftlichen Begriffe nachzuschlagen und zu repetieren.

In der bereits in 8. Auflage vorliegenden „Kompakt-Training Finanzierung" wurden einige Verbesserungen und Aktualisierungen vorgenommen.

Mein herzlicher Dank für Anregungen gilt den Leserinnen und Lesern. Gerne nehme ich Hinweise, die der Verbesserung des Buches dienen, auch künftig entgegen.

Prof. Klaus Olfert
Baden-Baden, im Oktober 2013

Benutzungshinweise

Aufgaben/Fälle

Die Aufgaben/Fälle im Übungsteil dienen der Wissens- und Verständniskontrolle. Auf sie wird jeweils im Textteil hingewiesen:

Aufgabe 1 > Seite 172
Aufgabe 2 > Seite 172

Der Übungsteil befindet sich als „blauer Teil" am Ende des Buches. Es wird empfohlen, die Aufgaben/Fälle unmittelbar nach Bearbeitung der entsprechenden Textstellen zu lösen.

A. Grundlagen

Unternehmen sind planmäßig organisierte Betriebswirtschaften, die dazu dienen, Güter bzw. Dienstleistungen zu beschaffen, zu verwerten, zu verwalten und abzusetzen. Sie können z. B. **Industrieunternehmen** sein, bei denen die Produktion von Sachgütern mithilfe ggf. vielfältiger Maschinen bzw. Anlagen im Vordergrund steht, oder **Handelsunternehmen**, die selbst keine Sachgüter fertigen, sondern vorrangig die Aufgabe übernehmen, die Distribution von Gütern zu bewirken.

Gleichgültig, ob Unternehmen industriell ausgerichtet sind, als Handelsunternehmen tätig werden oder sonstige Dienstleistungen anbieten, erfordert die Erbringung ihrer Leistungen, dass **Auszahlungen** dafür notwendig werden. Andererseits führt die erfolgreiche Verwertung ihrer Leistungen zu **Einzahlungen**. Unternehmen sind entsprechend durch zwei Bereiche geprägt:

▶ Den **Leistungs(wirtschaftlichen) Bereich**, in dem die Kombination der Produktionsfaktoren erfolgt, um die Leistungen herbeizuführen. **Produktionsfaktoren** sind:

Arbeit	Tätigkeit der Mitarbeiter zur Erfüllung von Aufgaben
Betriebsmittel	Sämtliche Einrichtungen und Anlagen des Unternehmens
Werkstoffe	Für den Leistungsprozess benötigte Roh-, Hilfs-, Betriebsstoffe

In **industriellen Unternehmen** umfasst der Leistungsbereich den Beschaffungsbereich, Produktionsbereich und Materialbereich. Er ist einerseits mit dem Beschaffungsmarkt und andererseits mit dem Absatzmarkt verbunden, zwischen denen **leistungswirtschaftliche Prozesse** ablaufen:

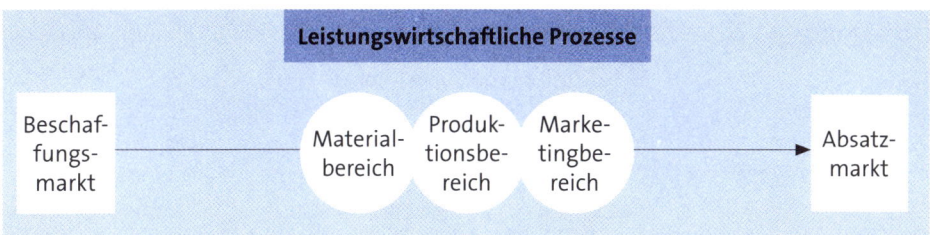

Der **Materialbereich** beschafft auf dem Beschaffungsmarkt die für die Produktion erforderlichen Werkstoffe und Zulieferteile, die daraufhin zu lagern und zu verteilen sind, ggf. aber auch das Produktionsprogramm ergänzende Waren. **Keine Aufgabe** des Beschaffungsbereiches ist die Beschaffung von Betriebsmitteln und Arbeitskräften. Da sie beträchtlich andere Merkmale aufweisen als Werkstoffe, befasst sich mit ihnen der Produktions- bzw. Personalbereich.

Der **Produktionsbereich** ist dafür zuständig, unter Einsatz der erforderlichen Betriebsmittel, z. B. Maschinen und Werkzeuge, die Bearbeitung und Verarbeitung der Werkstoffe durchzuführen. In industriellen Unternehmen stellen Sachgüter das Ergebnis des Produktionsprozesses dar. Dem **Marketingbereich** kommt die Aufgabe zu, die gefertigten Produkte und ggf. ergänzend die angebotenen Waren unter Einsatz marketingpolitischer Instrumente an die Kunden abzusetzen, d. h. die erstellten Leistungen zu verwerten.

► Der **Finanz(wirtschaftliche) Bereich** steht dem Leistungsbereich gegenüber. Er befasst sich mit den Einzahlungen und Auszahlungen, die so zu gestalten sind, dass die **Zahlungsfähigkeit** des Unternehmens nicht gefährdet wird. Wie gezeigt, werden die Zahlungen durch die Erstellung und Verwertung der Leistungen bewirkt.

Die **finanzwirtschaftlichen Prozesse** laufen – wie die leistungswirtschaftlichen Prozesse – zwischen dem Absatzmarkt und dem Beschaffungsmarkt ab, sind jedoch gegenläufig zu diesen:

Obwohl oben dargestellt wurde, dass die Einzahlungen und Auszahlungen des Unternehmens aus der Erstellung und Verwertung seiner Leistungen resultieren, muss festgestellt werden, dass es auch Einzahlungen und Auszahlungen gibt, die sich nicht aus leistungswirtschaftlichen Prozessen ergeben, sondern in Zusammenhang mit dem **Geld-** bzw. **Kapitalmarkt** sowie dem **Staat** stehen, z. B. als:

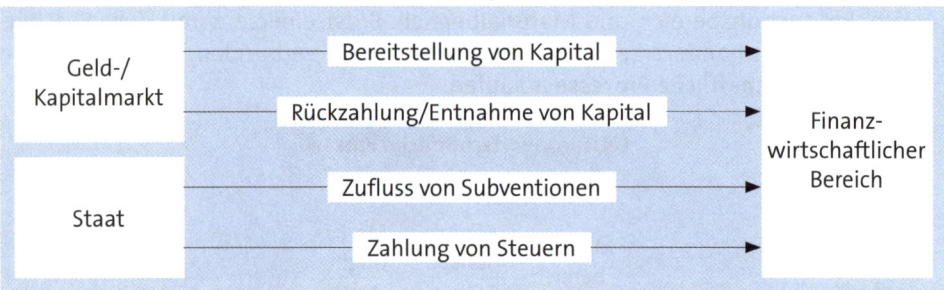

Die Finanzierung, der sich dieses Buch widmet, wird in der Betriebswirtschaftslehre der **Finanzwirtschaft** zugerechnet. Ihr obliegt die Planung, Steuerung und Kontrolle der Einzahlungen und Auszahlungen des Unternehmens. Dabei hat sie Sorge dafür zu tragen, dass die dem Unternehmen zufließenden Einzahlungen auf Dauer die bewirkten Auszahlungen weitestmöglich übersteigen, d. h. ein maximaler finanzwirtschaftlicher Überschuss erzielt wird.

Als **Funktionen** der Finanzwirtschaft sollen in diesem Kapitel grundlegend behandelt werden:

Grundlagen	**Investition** als Kapitalverwendung
	Finanzierung als Kapitalbeschaffung
	Zahlungsverkehr zum Zwecke der Kapitalaufnahme und Kapitaltilgung

Zuvor ist auf einige mit der Finanzierung in Zusammenhang stehende Begriffe einzugehen:

▸ **Kapital** wird in der Betriebswirtschaftslehre begrifflich unterschiedlich weit gefasst. So kann es z. B. als abstrakte Wertsumme in der Bilanz oder als Geld für Investitionen angesehen werden. Es sollen abstraktes und konkretes Kapital gegenübergestellt werden:

Abstraktes Kapital	Es umfasst die Gesamtheit der Positionen, die auf der **Passiv-Seite** der Bilanz ausgewiesen werden und lässt sich rechtlich in Eigenkapital und Fremdkapital untergliedern – siehe ausführlich *Rinker/Ditges/Arendt, Grefe*:

Bilanz	
Aktiva	**Passiva**
	Eigenkapital [1]
	Fremdkapital [2]

	Mithilfe des abstrakten Kapitals kann die Herkunft des Kapitals offengelegt und eine Bewertung des Kapitals vorgenommen werden.
Konkretes Kapital	Es stellt das Vermögen des Unternehmens dar und wird auf der **Aktiv-Seite** der Bilanz als Anlagevermögen und Umlaufvermögen ausgewiesen. Mit ihm werden die Ergebnisse der Finanzierung deutlich, also – sofern es nicht Geld ist – die **Investitionen**.

Das **Anlagevermögen** umfasst all jene Vermögensgegenstände, die ihrer Zweckbestimmung nach dazu bestimmt sind, dem Unternehmen „dauernd" zu dienen, d. h. über lange Zeit. Dem **Umlaufvermögen** sind die Vermögensgegenstände zuzurechnen, die dem Unternehmen nicht „dauernd" dienen sollen.

Bilanz	
Aktiva	**Passiva**
Anlagevermögen [3]	
Umlaufvermögen [4]	

---

[1] ▸ Geschäftsanteile
  ▸ Rücklagen
  ▸ Gewinnvortrag
  ▸ Jahresüberschuss

[2] ▸ Rückstellungen
  ▸ Verbindlichkeiten

[3] ▸ **Immaterielle Vermögensgegenstände**, z. B. Patente, Lizenzen, Geschäfts-, Firmwert
  ▸ **Sachanlagen**, z. B. Grundstücke, Bauten, Maschinen, technische Anlagen
  ▸ **Finanzanlagen**, z. B. Beteiligungen, Wertpapiere des AV, Ausleihungen

[4] ▸ **Vorräte**, z. B. Roh-, Hilfs-, Betriebsstoffe, Erzeugnisse, Waren
  ▸ **Forderungen**, z. B. aus Lieferungen und Leistungen sowie sonstige Vermögensgegenstände
  ▸ **Wertpapiere** des UV
  ▸ **Schecks/Kassenbestand**
  ▸ **Guthaben** bei Zentralbank/Kreditinstituten

▸ **Geld** ist das Bindeglied zwischen den leistungswirtschaftlichen und finanzwirtschaftlichen Funktionen. Es dient der Beschaffung der Produktionsfaktoren und wandelt sich dadurch in Anlagevermögen und Umlaufvermögen des Unternehmens um, bis es durch den Absatz der erstellten Leistungen wieder in Form von Geld dem Unternehmen zufließt.

Als Geld ist das **Bargeld** anzusehen, aber das **Buchgeld**, das kein gesetzliches Zahlungsmittel ist, in Form von Sichteinlagen bei Kreditinstituten und durch Kreditgewährung bereitgestellte Mittel. Zudem gibt es **Geldersatzmittel** in Form von Schecks und Wechseln. Alle diese Zahlungsmittel − siehe S. 26 ff. − sind dem Umlaufvermögen zuzurechnen, stellen also **konkretes Kapital** dar.

▸ Ein **Zahlungsstrom** ist die Summe sämtlicher mit der Tätigkeit des Unternehmens verbundenen Zahlungen, also der Auszahlungen bzw. der Einzahlungen. Sie stehen in Verbindung mit den erbrachten Leistungen in Form von Sachgütern oder Dienstleistungen.

▸ **Auszahlungen** stellen den Abgang von Geldmitteln dar, z. B. indem Kreditverbindlichkeiten getilgt werden. **Einzahlungen** bewirken den Zufluss von Geldmitteln, wobei sich z. B. das Bankguthaben oder der Kassenbestand erhöht.

Mit Auszahlungen und Einzahlungen wird der Bestand an liquiden Mitteln verändert, da das Geld unmittelbar fließt. Er wird auch als **Zahlungsmittelbestand** bezeichnet und umfasst Kassenbestände sowie jederzeit verfügbares Bankguthaben.

Auszahlungen und Einzahlungen sind für die Finanzierung und die ihr zu Grunde liegende Finanzplanung die **einzig geeigneten Größen**. Als weitere Begriffe des Rechnungswesens sollen abgegrenzt werden:

Ausgaben/ Einnahmen	**Ausgaben** werden dadurch bewirkt, dass Verbindlichkeiten eingegangen werden, z. B. Waren eingekauft werden. **Einnahmen** entstehen aufgrund von Forderungen, z. B. aus dem Verkauf von Waren auf Ziel.
	Ausgaben und Einnahmen beeinflussen sowohl den leistungswirtschaftlichen als auch den finanzwirtschaftlichen Strom und verändern das **Geldvermögen**, das sich aus dem Zahlungsmittelbestand zuzüglich der Forderungen und abzüglich der Verbindlichkeiten zusammensetzt. Sie entstehen durch einen Kreditierungsvorgang.
Aufwand/ Ertrag	**Aufwand** ist der erfasste Wertverzehr. Er führt zu negativen Veränderungen des Geld- und Sachvermögens. Dem **Ertrag** liegt ein Wertzugang zu Grunde, der das Geld- und Sachvermögen positiv verändert. Aufwand und Ertrag können der Erfüllung des Betriebszweckes dienen oder nicht dazu bestimmt sein.
Kosten/ Erlöse	Auch den **Kosten** und **Erlösen** liegen erfolgswirksame betriebliche Vorgänge zu Grunde. Sie stellen Werteverzehr bzw. Wertezugang dar, der in Verbindung mit der Erstellung und Verwertung betrieblicher Leistungen steht sowie der Sicherung der dafür notwendigen betrieblichen Kapazitäten.

Sowohl Ausgaben und Einnahmen, Aufwand und Ertrag und ebenso Kosten und Erlöse haben – wie die Auszahlungen und Einzahlungen – gemeinsam, dass sie mit Geldbewegungen verbunden sind.

Aufgabe 1 > Seite 189

1. Investition

Die Investition wird allgemein als **Kapitalverwendung** aufgefasst. Es gibt aber unterschiedliche Auffassungen darüber, was unter Investition genau zu verstehen ist, so gibt es z. B.:

► Einen **vermögensbestimmten Investitionsbegriff**, der sich aus der bilanziellen Sichtweise ergibt. Danach ist die Investition eine Umwandlung des Kapitals in Vermögen.

► Einen **zahlungsbestimmten Investitionsbegriff**, dem eine pagatorische Sichtweise zu Grunde liegt. Hier wird unter der Investition alles verstanden, was nicht mehr Geld ist, d. h. durch Auszahlungen zu Vermögen wird.

Folgende **Fragen** stellen sich bei der Kapitalverwendung:

► *Welche Investitionen sind zur Beschaffung von Vermögensteilen notwendig?*

► *Welche Investitionen sind – besonders unter Kostengesichtspunkten – optimal?*

► *Welche Kapitalbindungen ergeben sich durch Investitionen?*

Der **Investitionsprozess** beginnt mit der ersten Auszahlung, die für die Beschaffung eines Investitionsobjektes erforderlich ist. Vielfach folgen daraufhin Auszahlungen, z. B. für Löhne und Materialien. Das so gebundene Kapital wird nach und nach wieder freigesetzt, indem die mithilfe des Investitionsobjektes erstellten Leistungen abgesetzt werden, wodurch Einzahlungen erfolgen.

Dementsprechend schließt sich der Investition die **Desinvestition** an, welche die Freisetzung des gebundenen Kapitals bedeutet. Sie kann in Form von Umsatzerlösen aus den durch die Investition erzeugten und verkauften Produkten oder durch den Verkauf von Investitionsobjekten selbst erfolgen. Ihr kommt eine **Finanzierungsfunktion** zu.

Um möglichst vorteilhafte Investitionen zu bewirken, setzen die Unternehmen im Rahmen der Investitionsplanung verschiedene **Investitionsrechnungen** ein – siehe ausführlich *Olfert*.

Als **Arten** der Investition können unterschieden werden:

1.1 Objektbezogene Investitionen

Objektbezogene Investitionen beziehen sich auf Objekte, die an dem leistungswirtschaftlichen Prozess des Unternehmens mitwirken. Sie sind einteilbar in:

▸ **Sachinvestitionen**, welche direkt am Leistungsprozess des Unternehmens beteiligt sind, z. B. als Maschinen, die Rohstoffe verarbeiten. Außerdem zählen dazu Investitionen, die den Leistungsprozess erst ermöglichen, z. B. als Gebäude. Die Sachinvestitionen werden auch **leistungswirtschaftliche, produktionswirtschaftliche** oder **Realinvestitionen** genannt.

▸ **Finanzinvestitionen**, die sich auf das Finanzanlagevermögen des Unternehmens beziehen und zwei Arten von Rechten umfassen:

Forderungs-rechte	Sie stellen Ansprüche auf Nominalgüter dar, z. B. Bankguthaben, Kundenforderungen, gewährte Darlehen oder festverzinsliche Wertpapiere.
Beteiligungs-rechte	Sie gibt es in Form von Beteiligungstiteln, z. B. Aktien oder sonstige Beteiligungen am Unternehmen.

Die Finanzinvestitionen werden vielfach auch **finanzwirtschaftliche** oder **Nominalinvestitionen** genannt.

▸ **Immaterielle Investitionen**, welche dazu dienen, die Wettbewerbsfähigkeit des Unternehmens zu erhalten oder zu stärken, vor allem im Forschungs- und Entwicklungsbereich, z. B. durch Schaffung neuer, günstigerer Produktionsverfahren, im Personalbereich, z. B. durch Aus- und Fortbildungsinvestitionen oder im Marketingbereich, z. B. durch werbende und imageverbessernde Investitionen.

1.2 Wirkungsbezogene Investitionen

Wirkungsbezogene Investitionen sollen Auswirkungen im Unternehmen verursachen als:

▸ **Nettoinvestitionen**, die erstmaligen oder einmaligen Charakter für das Unternehmen haben und auch **Neuinvestitionen** genannt werden. Es gibt:

Gründungs-investitionen	Sie fallen bei der Gründung oder dem Kauf eines Unternehmens einmalig – d. h. später nie mehr – an und werden auch als **Anfangsinvestitionen**, **Errichtungsinvestitionen**, **Erstinvestitionen** oder **Neuinvestitionen** bezeichnet.
Erweiterungs-investitionen	Sie stellen eine einmalige Vergrößerung des bereits vorhandenen oder die Schaffung eines neuen Leistungspotenzials zur Schaffung weiterer Kapazitäten dar.

▸ **Reinvestitionen**, die sich zeitlich an bereits in der Vergangenheit getätigte Investitionen anschließen und auch **Ersatzinvestitionen im weiteren Sinne** genannt werden. Mit ihnen werden die durch Verschleiß oder Verbrauch verringerten Bestände an Produktionsfaktoren im Unternehmen wieder aufgefüllt. Zu unterscheiden sind:

Ersatzinvestitionen im engeren Sinne	Sie ersetzen nicht mehr nutzbare durch neue **gleichartige Investitionsobjekte**, um die Leistungsfähigkeit des Unternehmens zu erhalten. Dabei sind sie nicht auf technischen Fortschritt gerichtet.
Rationalisierungsinvestitionen	Sie dienen der Steigerung der Leistungsfähigkeit des Unternehmens, indem nicht mehr genutzte durch neue **Investitionsobjekte mit einem höheren Technikstand** ersetzt werden.
Umstellungsinvestitionen	Sie erfolgen aufgrund einer **mengenmäßigen Verschiebung** im Produktionsprogramm, ohne dass dieses in seiner sachlichen Zusammensetzung verändert wird.
Diversifizierungsinvestitionen	Sie streuen das Risiko und sichern damit das Unternehmen, weshalb sie auch **Sicherungsinvestitionen** genannt werden. Verändert werden die Produktions- bzw. Absatzform und/oder die Absatz- bzw. Beschaffungsorganisation.

► **Bruttoinvestitionen** ergeben sich als Summe der Netto- und Reinvestitionen, stellen also die Gesamtheit aller Investitionen innerhalb einer Wirtschaftsperiode dar.

2. Finanzierung

Als Finanzierung wird allgemein die **Beschaffung von Kapital** bezeichnet, das zur Leistungserstellung und Leistungsverwertung im Unternehmen benötigt wird. Sie kann in Form von Geld, Sachwerten oder Rechten erfolgen.

Vielfach wird dem Unternehmen im Rahmen der Finanzierung **Geld** zugeführt, das daraufhin investiert und in Vermögen umgewandelt wird. Erfolgt eine unmittelbare Zuführung von **Sachwerten** bzw. **Rechten**, stellt dies bereits eine Investition dar, d. h. Finanzierung und Investition geschehen hier gleichzeitig.

Wie bei der Investition gibt es bei der Finanzierung unterschiedlich weit gefasste **Begriffe**, so z. B.:

► Den engen **klassischen Finanzierungsbegriff**, der aus der Bilanz abgeleitet ist und die Finanzierung der Kapitalbeschaffung gleichsetzt, wobei als Kapital die Verpflichtung des Unternehmens gegenüber Dritten sowie gegenüber den Eigentümern aufgrund deren Bereitstellung von Geld-/Sachwerten und Rechten angesehen wird.

► Den **erweiterten Finanzierungsbegriff**, der sich aus der Bewegungsbilanz ableitet. Bei ihm entspricht die Finanzierung der Mittelbeschaffung, die im Sinne der Bewegungsbilanz der Mittelherkunft entspricht. Sie wird bewirkt durch:

  - **Erhöhung der Verbindlichkeiten** oder des **Eigenkapitals**, was dem klassischen Finanzierungsbegriff entspricht

  - **Verminderung des Vermögens** in Form von Vermögensumschichtung und Vermögensliquidation.

► Den weiter gehenden **monetären Finanzierungsbegriff**, der sich an Zahlungsströmen orientiert, indem er die Finanzierung gleich der Gesamtheit aller Zahlungsmittelzuflüsse setzt, die umfassen:

- alle **Einzahlungen** und alle beim Zugang nicht monetärer Güter **vermiedenen** sofortigen **Auszahlungen**

- alle Formen der internen und externen **Geld-** und **Kapitalbeschaffung** einschließlich der **Kapitalfreisetzungseffekte**.

In der betrieblichen Praxis geht es bei der Finanzierung um die Beantwortung z. B. folgender Fragen:

► *Welche Höhe weist der Kapitalbedarf des Unternehmens auf?*

► *Welche Finanzierungsarten bieten sich zur Deckung des Kapitalbedarfs an?*

► *Wie sieht die optimale – insbesondere auch kostenminimale – Finanzierung aus?*

Die Finanzierung lässt sich anhand folgender **Kriterien** systematisieren als:

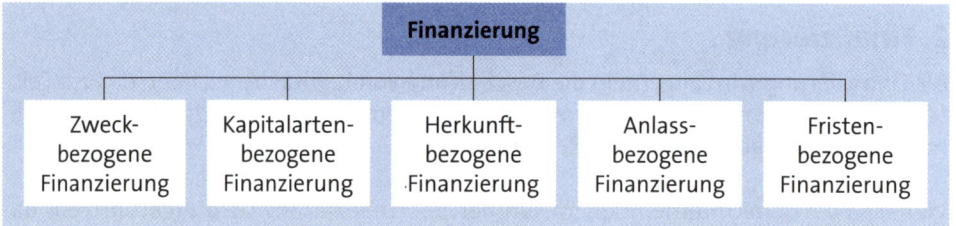

2.1 Zweckbezogene Finanzierung

Der hauptsächliche Zweck der Finanzierung ist die **Deckung des Kapitalbedarfes**, um damit Güter oder Rechte zu beschaffen. Sie kann aber auch finanzierungseigene Zwecke verfolgen (*Schierenbeck*). Dementsprechend lassen sich unterscheiden:

► **Neufinanzierungen**, mit denen das für Investitionszwecke benötigte Kapital bereitgestellt wird.

► **Umfinanzierungen**, die Kapital für finanzierungseigene Zwecke bereitstellen. Sie können in drei **Ausprägungen** erfolgen:

Prolongation	Sie ist die **Verlängerung** der ursprünglich vereinbarten **Kreditdauer** bzw. der **Kapitalüberlassung**.
	Beispiel: Es erfolgt die Verlängerung eines auslaufenden Kontokorrentkredits.

Substitution	Das ist der **Austausch von Kapital** für den Fall des Kapitalentzugs, der eintreten kann durch: ▸ Nichtgewährung von Prolongationen ▸ Ablaufen oder die Kündigung von Kreditverträgen ▸ Ausscheiden von Gesellschaftern **Beispiel:** Ein Kontokorrentkredit wird von der Bank A nicht verlängert. Stattdessen wird eine Erweiterung der Kontokorrentlinie bei der Bank B möglich.
Transformation	Dabei handelt es sich um die **Umwandlung** von einer **Kapitalart** in eine andere Kapitalart ohne Änderung des Finanzstromes. So kann kurzfristiges durch langfristiges Kapital und Eigenkapital durch Fremdkapital ersetzt werden und umgekehrt. **Beispiel:** Ein kurzfristiger, für drei Monate zugesagter Kontokorrentkredit wird in ein längerfristig laufendes Bankdarlehen umgewandelt.

Aufgabe 2 > Seite 189

2.2 Kapitalartenbezogene Finanzierung

Die Finanzierung führt dem Unternehmen unterschiedliche Arten von Kapital zu. Dabei handelt es sich um Eigenkapital und Fremdkapital. Beide Kapitalarten weisen erhebliche **Unterschiede** auf, die vor allem sind:

Kriterien	Eigenkapital	Fremdkapital
Rechts-verhältnisse	Das Eigenkapital begründet ein Beteiligungsverhältnis.	Das Fremdkapital begründet ein Schuldverhältnis.
Haftung	Der Eigenkapitalgeber haftet je nach Rechtsform mindestens mit seiner Einlage, ggf. auch mit seinem gesamten Privatvermögen.	Für den Fremdkapitalgeber besteht als Gläubiger des Unternehmens keine Haftung aus der Unternehmenstätigkeit.
Vermögen	Der Eigenkapitalgeber hat einen anteiligen Anspruch am Vermögen, soweit der Liquidationserlös die Verbindlichkeiten übersteigt.	Der Fremdkapitalgeber hat einen Anspruch auf die Rückzahlung des von ihm zur Verfügung gestellten Kapitals.
Entgelt	Der Eigenkapitalgeber ist i. d. R. anteilig am Gewinn und am Verlust beteiligt.	Der Fremdkapitalgeber hat i. d. R. einen Zinsanspruch und keine Gewinn- oder Verlustbeteiligung.
Mit-bestimmung	Der Eigenkapitalgeber ist i. d. R. zur Mitbestimmung berechtigt.	Der Fremdkapitalgeber hat i. d. R. keine Mitbestimmungsrechte.

Kriterien	Eigenkapital	Fremdkapital
Verfügbarkeit	Das Eigenkapital steht i. d. R. unbegrenzt lange zur Verfügung.	Das Fremdkapital steht zeitlich nur begrenzt zur Verfügung.
Steuern	Der Gewinn wird je nach Rechtsform steuerlich voll belastet.	Die Fremdkapitalzinsen sind steuerlich absetzbar.
Umfang	Das Eigenkapital ist durch das Leistungsvermögen der Kapitalgeber sowie ihre Bereitschaft, Kapital bereitzustellen, begrenzt.	Das Fremdkapital steht unbegrenzt zur Verfügung, soweit die Risiken der Hingabe vertretbar sind oder entsprechende Sicherheiten vorliegen.
Interesse	Den Eigenkapitalgeber interessiert, den Bestand des Unternehmens zu erhalten.	Den Fremdkapitalgeber interessiert der Erhalt seines zur Verfügung gestellten Kapitals.

Die Finanzierung durch **Zufluss von Eigenkapital** ist möglich durch:

► **Beteiligungsfinanzierung**, bei der Eigenkapital von außen in das Unternehmen in Form von Geldeinlagen, Sacheinlagen oder Rechten eingebracht wird. Sie wird auch **Einlagenfinanzierung** genannt und kann geschehen durch:
  - alte Gesellschafter, die ihre Kapitaleinlage erhöhen
  - neue Gesellschafter, die erstmals Kapital einlegen

► **Selbstfinanzierung**, bei der Gewinne, die in der Bilanz ausgewiesen oder als stille Reserven vorhanden sind, innerhalb des Unternehmens zurückbehalten und nicht an die Eigenkapitalgeber ausgeschüttet werden.

Die Finanzierung durch **Zufluss von Fremdkapital** kann erfolgen durch:

► **Fremdfinanzierung**, bei der dem Unternehmen Fremdkapital von außen in Form von Geldeinlagen oder Sacheinlagen zufließt. Da es sich hierbei zumeist um Kredite handelt, wird auch von **Kreditfinanzierung** gesprochen.

► **Finanzierung aus Rückstellungswerten**, bei der gebildete Rückstellungen zur Finanzierung verwendet werden, soweit sie über den Verkauf der produzierten Güter als Einzahlungen zugeflossen sind. Zudem entsteht auf diese Weise ein Steuerstundungseffekt.

Des Weiteren gibt es Finanzierungsformen, die **nicht eindeutig** auf dem Zufluss von Eigenkapital bzw. Fremdkapital beruhen. Dabei handelt es sich um:

► **Finanzierung aus Abschreibungsgegenwerten**, bei der Anteile der Abschreibungen, die aus den Umsatzerlösen der verkauften Produkte Selbstkosten deckend in das Unternehmen zurückfließen, zu Finanzierungszwecken zur Verfügung stehen

► **Finanzierung aus sonstigen Kapitalfreisetzungen**, wobei Maßnahmen der Rationalisierung oder der Verkauf von Vermögen Kapital freisetzen, das wieder investiert werden kann.

2.3 Herkunftbezogene Finanzierung

Nach der unterschiedlichen Herkunft des Kapitals, das aus dem Unternehmen selbst oder von Dritten kommen kann, lassen sich als Finanzierung unterscheiden:

▸ **Außenfinanzierung**, die durch die Zuführung verschiedener Kapitalarten von außerhalb des Unternehmens geschieht als:

Beteiligungs-finanzierung	Bei ihr wird **Eigenkapital** durch alte oder neue Gesellschafter von außerhalb des Unternehmens in Form von Geldeinlagen, Sacheinlagen oder Rechten zugeführt.
Fremd-finanzierung	Mit ihrer Hilfe wird **Fremdkapital** von Kreditgebern in Form von Geldeinlagen oder Sacheinlagen bereitgestellt. Deshalb heißt sie auch **Kreditfinanzierung**.

▸ **Innenfinanzierung**, die sich auf Kapital bezieht, welches das Unternehmen aus eigener Kraft, also von innen heraus, zum Zwecke der Finanzierung erwirtschaftet. Sie ist möglich als:

Finanzierung aus Umsatz-erlösen	▸ Es entsteht **Eigenkapital** im Rahmen der Selbstfinanzierung, indem aus Umsatzerlösen erwirtschaftete Gewinne zurückbehalten werden.
	▸ Dabei fließt **Fremdkapital** zu, indem Rückstellungen gebildet werden, die erst später zu Auszahlungen führen.
	▸ Es entsteht – nicht eindeutig zurechenbar – **Eigenkapital** bzw. **Fremdkapital** durch den Ansatz von Abschreibungen, das aus den Umsatzerlösen zufließt.
Finanzierung aus sonstigen Kapitalfrei-setzungen	Sie beruht auf Maßnahmen der Rationalisierung oder auf dem Verkauf von Vermögensteilen, die keine Absatzgüter darstellen. Hierbei ist nicht eindeutig bestimmbar, ob **Eigenkapital** oder **Fremdkapital** entsteht.

Die Finanzierung aus Umsatzerlösen wird auch **Überschussfinanzierung** oder **Cashflow-Finanzierung** genannt.

Aufgabe 3 > Seite 189

2.4 Anlassbezogene Finanzierung

Die Finanzierung kann bei den Unternehmen aus verschiedenen Anlässen notwendig werden. Dementsprechend lassen sich unterscheiden:

▸ **Laufende Finanzierungen**, die dazu dienen, täglich und/oder in periodischen Bedarfsfällen die Leistungsfähigkeit eines Unternehmens aufrechtzuerhalten.

► **Finanzierungen zu besonderen Anlässen**, die einmalig oder gelegentlich auftreten können. Sie stehen meist in Verbindung mit Ereignissen, wie z. B.:
- Gründung oder Liquidation eines Unternehmens
- zwischenzeitlichen Kapitalerhöhungen oder Kapitalherabsetzungen
- Umwandlungen der Rechtsform von Unternehmen
- Fusionen mit anderen Unternehmen.

2.5 Fristenbezogene Finanzierung

Die Überlassung von Kapital kann im Hinblick auf seine zeitliche Verfügbarkeit unterschiedlich geregelt sein. So gibt es:

► Die **unbefristete Finanzierung**, bei welcher das Kapital ohne zeitliche Begrenzung zur Verfügung steht. Sie findet zumeist bei der Beteiligungsfinanzierung statt.

► Die **befristete Finanzierung**, bei der dem Unternehmen das Kapital zeitlich begrenzt zur Verfügung gestellt wird. Die Statistik der Deutschen Bundesbank gibt z. B. für Kreditfinanzierungen im Bankbereich seit 1999 folgende Einteilung vor:
- **kurzfristige Finanzierung** mit einer Laufzeit bis 1 Jahr
- **mittelfristige Finanzierung** mit einer Laufzeit von 1 Jahr bis 5 Jahren
- **langfristige Finanzierung** mit einer Laufzeit über 5 Jahre.

Damit fand eine Angleichung an die Einteilung der Fristigkeiten des HGB statt.

3. Zahlungsverkehr

Der Zahlungsverkehr organisiert Zahlungsvorgänge für die Kapitaltilgung oder die Kapitalaufnahme des Unternehmens. Er fungiert damit als finanzielles **Bindeglied** zu den Kapitalmärkten, aber auch zu Beschaffungs- und Absatzmärkten.

Der Zahlungsverkehr beruht auf drei **Arten von Zahlungsmitteln**:

► **Bargeld**, das gesetzliches Zahlungsmittel seit 2002 in Form von Euro-Banknoten und Euro-Münzen darstellt. **Merkmale** des Bargeldes sind:
- Die Hingabe von Bargeld an den Zahlungsempfänger erfolgt **als Erfüllung**, die Schuld gegenüber dem Gläubiger erlischt damit.
- **Nachteile** beim Bargeld liegen im Verlustrisiko, den hohen Aufbewahrungskosten und der fehlenden Verzinsung.

► **Buchgeld**, das zwar kein gesetzliches Zahlungsmittel ist, aber als **Giralgeld** größte praktische Bedeutung hat und seit 2002 – wie auch das Bargeld – auf Euro umgestellt wurde. Als Merkmale des Buchgeldes lassen sich nennen:
- Die Hingabe von Buchgeld erfolgt **an Erfüllungs Statt**, die Schuld erlischt durch die Annahme der Gutschrift durch den Gläubiger.

- **Arten** des Buchgeldes sind:
  - · **Sichteinlagen** als Einlagen auf den Giro- oder Kontokorrentkonten bei Kreditinstituten
  - · durch **Kreditgewährung** bereitgestellte Mittel.
- **Vorteile** des Buchgeldes sind im fehlenden Verlust- oder Fälschungsrisiko, den geringen Aufbewahrungskosten und der möglichen Verzinsung zu sehen.

▶ **Geldersatzmittel**, die keine gesetzlichen Zahlungsmittel sind, sondern Hilfszahlungsmittel darstellen.

- **Arten der Geldersatzmittel** können nach verbreiteter Meinung sein:
  - · der **Scheck** als Verfügungsinstrument über Buchgeld
  - · der **Wechsel** als Ersatz für die Weitergabe von Buch- oder Bargeld.
- Die Zahlung mit Geldersatzmitteln wirkt nur **erfüllungshalber**, d. h. die Schuld erlischt erst durch das Einlösen des Schecks oder Wechsels.

Die Abwicklung des Zahlungsverkehrs kann vorgenommen werden als:

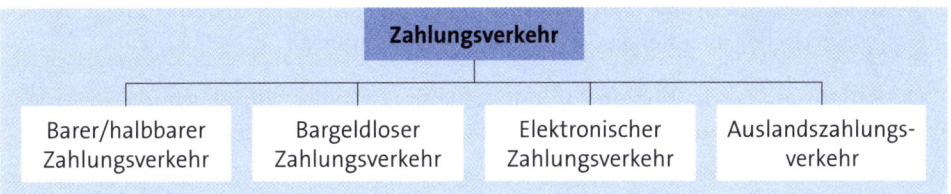

3.1 Barer/halbbarer Zahlungsverkehr

Sowohl der bare als auch der halbbare Zahlungsverkehr haben gemeinsam, dass Bargeld zur Verwendung kommt. Es gilt:

▶ Beim **Barzahlungsverkehr** erfolgt eine Übertragung von Bargeld, die in zweifacher Weise geschehen kann, und zwar als:

Unmittelbare Barzahlung	Bargeld wird **„von Hand zu Hand"** übergeben und für den Empfang wird üblicherweise ein Empfangsbeleg ausgestellt.
Mittelbare Barzahlung	Bei ihr wird mit Bargeld gezahlt und Bargeld entgegengenommen, allerdings erfolgt die Zahlung **nicht** direkt **„von Hand zu Hand"**, sondern z. B. indem eine Bareinzahlung auf ein fremdes Girokonto erfolgt, dessen Kontoinhaber diesen Betrag wiederum bar abhebt.

Aus Sicht eines Unternehmens entstehen beim Barzahlungsverkehr nicht zu unterschätzende **Kosten** der Handhabung und Entsorgung, wenn größere Mengen an Bargeld anfallen, z. B. bei der Nutzung von Nachttresoren für die Einzahlung der Tageseinnahmen auf ein Bankkonto.

Weiterhin ist zu berücksichtigen, dass nach dem **Geldwäschegesetz** den Kreditinstituten mehrere Pflichten auferlegt wurden, welche die Handhabung von Bargeld erschweren, z. B. die notwendige Identifizierung des Einzahlers von Bargeld ab einem Betrag von 15.000 € anhand eines Ausweispapiers.

Den Barzahlungsverkehr im Handel ersetzen zunehmend bargeldlose Formen des Zahlungsverkehrs, z. B. Debitkarten, edc-Karten bzw. Kreditkarten, Kundenkarten von Kreditinstituten bzw. Unternehmen, Electronic Cash-Systeme.

► Der **halbbare Zahlungsverkehr** ist dadurch gekennzeichnet, dass eine Umwandlung von Bargeld in Buchgeld oder umgekehrt geschieht. Eine der beiden Zahlungsparteien – Gläubiger oder Schuldner – muss über ein Konto bei einem Kreditinstitut verfügen. Die Leistung des Schuldners kann erfolgen als:

Bare Leistung	Sie geschieht mithilfe eines **Zahlscheines**, der ermöglicht, dass sich Bargeld in Buchgeld wandelt. Der Empfänger der Leistung muss ein Konto besitzen. Der Schuldner zahlt das Bargeld bei einem Kreditinstitut bar auf dieses Konto ein. Der Gläubiger bekommt es unbar auf seinem Konto gutgeschrieben.
Unbare Leistung	Durch einen **Barscheck** wandelt sich Buchgeld in Bargeld. Der Schuldner weist mit dem von ihm ausgestellten Scheck ein Kreditinstitut an, dem Einreicher die Schecksumme bar auszuzahlen.

Die Bedeutung des halbbaren Zahlungsverkehrs ist in der betrieblichen Praxis meist auf den Zahlschein begrenzt, der mitunter den Rechnungen beigelegt wird.

3.2 Bargeldloser Zahlungsverkehr

Für den bargeldlosen Zahlungsverkehr ist **Voraussetzung**, dass Schuldner und Gläubiger ein Konto bei einem oder verschiedenen Kreditinstituten besitzen. Sie setzen zur Zahlung bestimmte Instrumente ein, die Verfügungen über Bankguthaben zulassen. Das sind:

► die **Überweisung**, der **Scheck** und die **Lastschrift** als typische Formen des bankgetragenen Zahlungsverkehrs

► der **Wechsel**, der eine Zahlungsfunktion erfüllt, aber auch eine Kredit- und Sicherungsfunktion hat

► die **Karten**, die von Kreditkartenunternehmen, Kreditinstituten und anderen Unternehmen ausgegeben werden und eine Zahlungsfunktion erbringen.

Die Beteiligten kommen durch Verwendung dieser Instrumente, die nachfolgend näher beschrieben werden, bei der Zahlung nicht mit Bargeld in Berührung. Der bargeldlose Zahlungsverkehr dominiert den betrieblichen Zahlungsverkehr.

Aufgabe 4 > Seite 189

Der sinnvolle Einsatz der bargeldlosen Zahlungsinstrumente erfordert **einheitliche Regelungen** innerhalb der Kreditwirtschaft als Richtlinien sowie Zahlungsverkehrsabkommen (in Form von Überweisungsabkommen, Lastschriftabkommen und Scheckabkommen) der Spitzenverbände der Kreditwirtschaft. Sie beziehen sich z. B. auf:

- einheitliche Vordrucke
- einheitliche maschinenlesbare Schrift
- einheitliche Abwicklung
- einheitliche technische Voraussetzungen in den Kreditinstituten.

Zudem sind inzwischen **weitere Regelungen** zu beachten, welche die **Identifizierung** sowohl der Banken als auch der dort geführten Konten betreffen. Dementsprechend gibt es:

- Die **Identifikation der Kreditinstitute**, die im inländischen Zahlungsverkehr durch die **Bankleitzahl (BLZ)** erfolgt und 8 Stellen umfasst:

1	2	3	4	5	6	7	8
Bankplatz (Ortnummer)			Instituts- gruppe	Instituteigene Nummerierung			

Für **grenzüberschreitende Zahlungen** (EU, international) ist der Identifizierungs-Code international standardisiert als **Business Identifier Code (BIC)**, der vielfach auch als **S.W.I.F.T.-Code** bezeichnet wird und aus 11 Stellen bestehen kann:

1	2	3	4	5	6	7	8	9	10	11
Bank-Code				Länder-Code		Orts-Code		ggf. Filial-Code		

- Die **Identifikation der Kontos**, die im inländischen Zahlungsverkehr durch die **Kontonummer** geschieht und maximal aus 10 Zahlen besteht.

Zur Abwicklung des grenzüberschreitenden Zahlungsverkehrs (EU, international) dient die **International Bank Account Number (IBAN)** der Identifizierung des Kontos des Zahlungsempfängers. Sie umfasst für jedes Land eine von ihm festgelegte Stellenzahl, maximal jedoch 34 Stellen. Für Deutschland setzt sie sich aus 22 Stellen zusammen:

1	2	3	4	5	6	7	8	9	10	11	12	13	14	15	16	17	18	19	20	21	22
D	E	Prüf- ziffer		Bankleitzahl (BLZ)								Kontonummer (ggf. mit Vornullen)									

Während für den nationalen Zahlungsverkehr die nationalen Zahlungsinstrumente (mit Bankleitzahl und Kontonummer) ausreichen, erfordert der Zahlungsverkehr im Euro-Zahlungsverkehrsraum die Nutzung von **SEPA-Zahlungsinstrumenten** (mit BIC und IBAN) als: SEPA-Überweisung, SEPA-Lastschrift und SEPA-Debitkarte.

SEPA-Zahlungsinstrumente konnten in der Vergangenheit auch im inländischen Zahlungsverkehr genutzt werden. Ab (inzwischen verlängert auf) **08/2014** soll der Zahlungsverkehr auch inländisch gemäß einer EU-Verordnung **ausschließlich** mithilfe von

SEPA-Zahlungsinstrumenten erfolgen. Der deutsche Gesetzgeber hat eine Übergangs-regelung bis 02/2016 vorgesehen, wonach Überweisungen von Verbrauchern/Privat-kunden lediglich mit Bankleitzahl und Kontonummer sowie das Elektronische Last-schriftverfahren noch möglich sind.

Der bargeldlose Zahlungsverkehr umfasst:

- **Überweisungsverkehr**
- **Lastschriftverkehr**
- **Scheckverkehr**
- **Wechselverkehr.**

3.2.1 Überweisungsverkehr

Im Überweisungsverkehr gibt der zur Zahlung verpflichtete Beteiligte seinem Kreditin-stitut die **Anweisung**, die auf dem Überweisungsformular angegebene Geldsumme zu Lasten seines Kontos auf das Konto des die Zahlung Erhaltenden zu übertragen. Der Überweisungsbetrag lautet seit 2002 ausschließlich auf Euro. Ab 08/2014 sind grund-sätzlich **SEPA-Überweisungen** vorzunehmen.

Der angewiesene Zahlungsbetrag wird in den Gironetzen der beteiligten Kreditinstitute – zumeist unter Einschaltung von Zentralbanken oder bundesbankgetragener Landes-zentralbanken – transferiert. Hierbei gelten nach dem Überweisungsgesetz für In- und Auslandszahlungen bestimmte **Ausführungsfristen**. Das sind fünf Werktage bei grenz-überschreitendem, drei Werktage bei inländischem, institutsübergreifendem Überwei-sungsverkehr sowie ein bzw. zwei Bankgeschäftstage bei instituteigenen Konten.

Die Überweisung ist eine **Bringzahlung**, d. h. der Schuldner ergreift dabei die Initiative.

Der **Formularsatz** einer Überweisung besteht aus zwei Teilen:

- Dem **Überweisungsauftrag**, der vom Schuldner zu unterschreiben ist und als Original beim beauftragten Kreditinstitut verbleibt. Dieses belastet das Konto des Schuldners, liest die Überweisung für die elektronische Weiterverarbeitung sowie Übertragung ein und veranlasst die Erkennung des Kontos des Gläubigers.
- Der **Durchschrift**, die als Beleg bei dem die Zahlung auslösenden Schuldner verbleibt.

Als besondere **Formen** der Überweisung sind zu unterscheiden:

- Die **Dauerüberweisung**, die eine Zahlung per Dauerauftrag darstellt. Vorausset-zun-gen hierfür sind, dass stets der **gleiche Zahler** an das **gleiche Empfängerkonto** einen **gleich hohen Betrag** zu **festen, wiederkehrenden Terminen** überweist.

  Diese Überweisung bietet sich z. B. bei der Zahlung von Mieten, Beiträgen und Versi-cherungsprämien an. Sie erbringt eine deutliche Arbeitsersparnis und bietet Schutz vor Versäumnissen der Zahlungstermine, ist aber gebührenpflichtig.

▶ **Beschleunigte Überweisungen** können sein:

Eilüberweisung	Sie wird für dringende Zahlungsfälle verwandt. Durch **direkten Austausch** – ohne Einschaltung der Zentralbanken der beteiligten Institute – beschleunigt sich die Laufzeit der Überweisung.
Elektronischer Zahlungsverkehr für Individualüberweisungen (EZÜ)	Bei ihm werden die Gutschriftsträger in einen **Datensatz** transferiert, der per Datenträgeraustausch oder per Datenfernübertragung generell eine schnellere Transferierung des Giralgeldes leistet und in den verschiedenen Gironetzen zum Teil schon ausschließlich zur Anwendung kommt. Im zunehmendem Maße ersetzt der EZÜ die Eilüberweisung.
Blitzgiro (Prior 1-Zahlung)	Mit seiner Hilfe lässt sich ein Überweisungsauftrag binnen Minuten **per Telefon** oder **Telefax** zum empfangenden Kreditinstitut übertragen. Die Verrechnung zwischen den Kreditinstituten erfolgt nachträglich.

▶ Die **Sammelüberweisung**, die zu einem Zeitpunkt an verschiedene Zahlungsempfänger unterschiedlich hohe Geldbeträge per **Sammelauftrag** anweist, z. B. für Überweisung von Gehaltszahlungen eines Unternehmens. Das die Überweisung ausführende Kreditinstitut erhält einen Sammelauftrag mit der Gesamtsumme, den Einzelsummen und den Überweisungsträgern für die jeweiligen Empfänger.

3.2.2 Lastschriftverkehr

Der Lastschriftverkehr erlaubt dem Gläubiger, fällige Forderungen beim Schuldner durch sein Kreditinstitut einzuziehen. Der Gläubiger tritt bei der Lastschrift als Initiator eines **Holinkassos** auf, d. h. er löst den Zahlungsvorgang aus.

Das Lastschriftverfahren ist für **einmalige**, aber auch für **sich wiederholende Zahlungen** eines **bestimmten Zahlungspflichtigen** anwendbar, wobei sie **regelmäßig** oder **unregelmäßig** und in **gleicher** oder **unterschiedlicher Höhe** anfallen können. Für eine Durchführung des Lastschriftverkehrs ist die schriftliche Zustimmung des Zahlungspflichtigen notwendig. **Formen** der Lastschriften können sein:

▶ Die **Einzugsermächtigung**, die in der Praxis am gebräuchlichsten ist und als **Merkmale** aufweist:

- Die **Zustimmung** zur Belastung seines Kontos gibt der Schuldner dem Gläubiger schriftlich.
- Der **Gläubiger reicht** bei seiner Bank ein Lastschriftformular **ein**, wonach ihm der Forderungsbetrag „Eingang vorbehalten" gutgeschrieben wird.
- Sein Kreditinstitut veranlasst das **Lastschriftinkasso** und damit die Kontobelastung des Schuldners.
- Dieser erlangt in dieser Form des Lastschriftverkehrs ein **Widerspruchsrecht**, das nicht an eine bestimmte Frist gebunden ist.
- Das Einzugsermächtigungsverfahren hat den **Vorteil** der terminlichen Ungebundenheit und der Variabilität der Zahlungshöhe.

▶ Der **Abbuchungsauftrag**, der deutlich weniger häufig erfolgt, z. B. beim Einzug größerer Forderungsbeträge. Für ihn gilt:

- Die **Zustimmung** zur Abbuchung gibt der Schuldner schriftlich an seine Bank.

- Der Abbuchungsauftrag ermöglicht bei der **Vorlage einer Lastschrift** eines vorher bestimmten Gläubigers die Kontobelastung des Schuldners mit einem festgelegten Betrag.

- Ein **Widerspruch** durch den Schuldner ist nicht möglich, nur ein Widerruf für die Zukunft.

Seit 2009 gibt es das **SEPA-Lastschriftverfahren**, womit Beträge in andere EU-Länder übertragen werden können. Es wird grundsätzlich ab 08/2014 auch für Lastschriften im Inland verbindlich.

Aufgabe 5 > Seite 190

3.2.3 Scheckverkehr

Der **Scheck** ist – im Gegensatz zur Lastschrift – ein Wertpapier und stellt eine **unbedingte Anweisung** des Ausstellers an sein Kreditinstitut dar, einen bestimmten Betrag bei Vorlage des Schecks (*„bei Sicht"*) an einen Dritten unter Belastung seines Kontos zu zahlen. Regelungen zum Scheckverkehr erfolgen im Scheckgesetz (SchG).

Ein Scheck kann nicht nur eingelöst werden, wie dies zuvor beschrieben wurde. Gewöhnlicher Weise übergibt ihn der Empfänger seinem Kreditinstitut **zum Einzug**. Er hat aber auch die Möglichkeit, den Scheck seinerseits einem Gläubiger als Zahlungsmittel weiterzugeben.

Der Scheck hat sechs gesetzliche und weitere kaufmännische **Bestandteile**:

Gesetzliche Bestandteile	Kaufmännische Bestandteile
▶ Bezeichnung *„Scheck"* im Text der Urkunde	▶ Schecknummer[1]
▶ Unbedingte Anweisung zur Zahlung einer Geldsumme	▶ Kontonummer[1]
▶ Bezogenes Kreditinstitut	▶ Bankleitzahl[1]
▶ Zahlungsort	▶ Schecksumme in Ziffern
▶ Tag und Ort der Ausstellung	▶ Überbringerklausel[1]
▶ Unterschrift des Ausstellers	▶ Zahlungsempfänger
	▶ Verwendungszweck

In seiner ersten Phase ist der Scheck eine **Bringzahlung**, indem damit die Scheckübergabe durch den Schuldner geschieht. Die zweite Phase stellt gewöhnlich eine **Holzah-**

---

[1] In **Codierzeile** am unteren Rand des Schecks bereits vorgedruckt.

lung dar, wenn der Gläubiger die Scheckeinreichung bei seinem Kreditinstitut vornimmt und den Scheck *„Eingang vorbehalten"* gutgeschrieben bekommt.

Das Scheckgesetz sieht vor, dass der Scheck bei seiner Vorlage (*„auf Sicht"*) zahlbar ist, wenn er innerhalb einer **Vorlegungsfrist** bei einem Kreditinstitut eingereicht wird, die ab dem Ausstellungstag zu laufen beginnt. Sie beträgt bei Ausstellung:

Im **Inland**	8 Tage
Im **Europäischen Ausland**/einem an das **Mittelmeer** angrenzenden Land	20 Tage
In **überseeischen Ländern**	70 Tage

Eine **Verlängerung der Vorlegungsfrist** kann durch eine Vordatierung des Schecks erfolgen. Bei der Vorlage eines Schecks mit **abgelaufener Vorlegungsfrist** ist das Kreditinstitut zur Einlösung dieses Schecks berechtigt, aber nicht mehr verpflichtet. Der Scheckinhaber verliert seine scheckrechtlichen Rückgriffsrechte. In der Praxis werden verspätet vorgelegte Schecks i. d. R. eingelöst.

Arten der Schecks können sein:

▸ Nach **Art der Einlösung** des Schecks

Barscheck	Er ermöglicht eine Bargeldauszahlung der Schecksumme, kann aber auch weitergegeben werden. Auf dem Scheck darf **kein Vermerk** *„Nur zur Verrechnung"* enthalten sein.
	▸ **Vorteilhaft** ist die Zahlungsmöglichkeit besonders an Personen, die nicht über ein Konto verfügen.
	▸ **Nachteilig** wirken die Gefahren des Diebstahls oder des Verlustes des Barschecks, die zu einer unberechtigten Verwendung – z. B. Abhebung – führen können.
Verrechnungs-scheck	Er schließt durch dem **Vermerk** *„Nur zur Verrechnung"* eine Barauszahlung aus. Seine Einlösung ist lediglich über ein Girokonto möglich. Die Gutschrift erfolgt durch das bezogene Kreditinstitut.
	Der **Verrechnungsvermerk** kann von jedem Scheckinhaber angebracht werden, auch in Form von zwei parallelen Schrägstrichen links oben. Die Streichung des Vermerks gilt als nicht erfolgt.
	▸ **Vorteilhaft** sind die große Sicherheit und die Möglichkeit der Zurückverfolgung des Einzugsweges.
	▸ **Nachteilig** ist, dass keine Zahlungsmöglichkeit an Personen besteht, die kein Konto besitzen.

▶ Nach der **Art der Übertragung** des Schecks

Orderscheck	Er ist ein **Orderpapier**, da er nicht nur duch Einigung und Übergabe übertragen wird, sondern auch durch ein **Indossament** als Angabe der Person, die den Orderscheck erhalten soll (Orderklausel: *„Zahlen Sie an die Order von …"*). Er kann außerdem mit dem Vermerk *„oder Order"* gekennzeichnet sein. **Vorteilhaft** sind die erhöhte Sicherheit des Übertrags und die Nachprüfbarkeit der Legitimation des Scheckvorlegers.
Inhaberscheck	Er kann formlos lediglich durch Einigung und Übergabe übertragen werden und ist an den Vorlegenden zahlbar. Durch die Klausel *„oder Überbringer"* wird aus dem Orderpapier ein **Inhaberpapier**. Prinzipiell werden für Inhaberschecks **keine Einlösungsgarantien** durch die bezogenen Kreditinstitute übernommen. Zur Einlösung ist das Kreditinstitut nur dann verpflichtet, wenn eine ausreichende Deckung des betroffenen Kontos besteht.
Rektascheck	Er bestimmt eine Person als Empfänger des Schecks (rekta = direkt) und schließt eine Übertragung durch Indossament (negative Orderklausel: *„Zahlen Sie an …, nicht an Order …"*) auf andere Personen aus. Ihm kommt keine praktische Bedeutung zu.

▶ Nach der **Art der Einlösungsgarantie**

Bestätigter Scheck	Die Deutsche Bundesbank bestätigt auf Antrag für acht Tage die Verpflichtung zur Einlösung eines auf sie gezogenen Schecks als **bestätigten LZB-Scheck**. Kreditinstitute ziehen Schecks auf ihr LZB-Konto, lassen sie bestätigen und reichen diese an Kunden weiter, die damit eine auf Zeit garantierte Zahlungsmöglichkeit bekommen.

Bis Ende 2001 gab es noch den **Eurocheque** mit einer Zahlungsgarantie von 200 €. An seiner Stelle werden inzwischen die **Debitkarte** und **Electronic Cash** genutzt.

Die **Zahlung im Scheckverkehr** erfolgt in mehreren Schritten:

▶ Zuerst stellt der Zahlungspflichtige einen Scheck aus und gibt ihn dem Zahlungsempfänger.

▶ Der Zahlungsempfänger kann den Scheck nach seiner Annahme zahlungshalber an einen dritten Gläubiger weitergeben oder ihn zur Einlösung bei seinem Kreditinstitut vorlegen.

▶ Durch die **Einlösung** erhält der Zahlungsempfänger eine **Gutschrift** auf seinem Konto mit dem Vermerk *„Eingang vorbehalten"*, der auf die Deckung als Voraussetzung zur Zahlung bzw. auf eine mögliche Nichtzahlung des Scheckbetrages hinweist.

▶ Im Falle der Feststellung einer **Nichteinlösung**, die durch eine öffentliche Urkunde, durch den *„Nicht-Bezahlt-Vermerk"* des bezogenen Kreditinstituts oder eine Erklärung der LZB-Abrechnungsstelle erfolgen kann, hat eine **Benachrichtigung** des Ausstellers und des unmittelbaren Vormannes innerhalb von vier Werktagen zu erfolgen. Jeder Indossant hat seinen Vormann innerhalb von zwei Werktagen zu benachrichtigen.

▸ Daraufhin erfolgt ein gesamtschuldnerischer **Rückgriff** auf den Aussteller und die möglichen ehemaligen Scheckinhaber, welche den Scheck mittels eines Indossaments weitergegeben haben.

▸ Bei einer Nichtzahlung folgt ein **Mahnverfahren** oder ein **Scheckprozess**, was dann bis zum Vollstreckungsbescheid führen kann.

Aufgabe 6 > Seite 190

3.2.4 Wechselverkehr

Der Wechsel ist ein streng förmliches Wertpapier, das ein privates Vermögensrecht verbrieft, wobei die Ausübung der Rechte an den Besitz der Urkunde gebunden ist. Die Wechselforderung besteht losgelöst von einem ggf. zu Grunde liegenden Rechtsgeschäft. Als **Arten** des Wechsels sind zu unterscheiden:

▸ Der **gezogene Wechsel**, bei welchem der Aussteller (= Trassant) einen Dritten auffordert, Zahlung zu leisten. Seine **Merkmale** sind:

- Die Zahlung kann **an eigene Order** ergehen, wenn der Aussteller identisch mit dem Begünstigten (= Remittent) ist, aber auch **an fremde Order**, wodurch angezeigt wird, dass Aussteller und Begünstigter unterschiedliche Personen sind.

- Der Bezogene (= Trassat, Akzeptant, Schuldner) verpflichtet sich zur Zahlungsleistung mit einer schriftlichen Annahmeerklärung, die **Akzept** genannt wird und durch eine Unterschrift links quer über die Vorderseite des Wechsels geleistet wird.

- Der ausgestellte und noch nicht akzeptierte Wechsel wird als **Tratte** bezeichnet.

▸ Der **eigene Wechsel**, bei dem der Aussteller (= Bezogener) selbst verspricht, die Zahlung bei Fälligkeit des Wechsels an eine bestimmte Person vorzunehmen, wird auch **Solawechsel** genannt und kann als Sicherungsmittel und Finanzierungsmittel eingesetzt werden.

Der Wechsel hat drei verschiedene **Funktionen**:

▸ Die **Kreditfunktion**, die zweifach genutzt werden kann. So gibt es:

Handels- wechsel	Bei ihm liegt ein **Warengeschäft** mit einem Kaufvertrag zu Grunde. Die Kreditfunktion besteht in der Gewährung eines Zahlungszieles des belieferten Unternehmens, das den Wechsel akzeptiert.
Finanz- wechsel	Bei ihm fehlt dieses Warengeschäft. Durch die Ausstellung eines Wechsels wird ein **Darlehen** gewährt.

Die Kreditfunktion wird i. V. m. dem Wechseldiskontkredit näher dargelegt.

▸ Die **Sicherungsfunktion**, die in Form der gegebenen Wechselstrenge dem Gläubiger eine besondere Sicherheit zukommen lässt, zumal vielfach weitere am Wechsel Beteiligte mithaften.

▸ Die **Zahlungsfunktion**, bei welcher der Wechsel eine Funktion als Geldersatzmittel übernimmt. Seine Weitergabe als Zahlungsmittel erfolgt erfüllungshalber, die Schuld erlischt durch das Einlösen des Wechsels.

Der Wechsel hat – wie der Scheck – gesetzliche und kaufmännische **Bestandteile**:

Gesetzliche Bestandteile	Kaufmännische Bestandteile
▸ Bezeichnung „*Wechsel*" im Text der Urkunde	▸ Ortsnummer des Zahlungsortes
▸ Unbedingte Anweisung zur Zahlung einer Geldsumme	▸ Wiederholung des Zahlungsortes (rechts oben)
▸ Name des Bezogenen; beim Solawechsel entfällt diese Angabe.	▸ Wiederholung des Verfalltages (rechts oben)

▸ Verfallzeit, die sein kann:
 	
  - Bestimmter Tag (**Tagwechsel**)
 	
  - Bestimmte Zeit nach Ausstellung (**Datowechsel**)
 	
  - Bei Vorlage (**Sichtwechsel**)
 	
  - Bestimmte Zeit nach Annahme (**Nachsichtwechsel**)
 	
  - Ohne Angabe (**Sichtwechsel**)
	▸ Wiederholung der Wechselsumme in Ziffern

▸ Zahlungsort: Fehlt die Angabe hierzu, gilt der beim Namen des Bezogenen angegebene Ort. Fehlt auch dieser, liegt kein Wechsel vor.	▸ Zusatz „*erste Ausfertigung*", „*zweite Ausfertigung*" usw. bei mehreren Ausfertigungen

▸ Name des Wechselnehmers
 	
  - an eigene Order
 	
  - an fremde Order
	▸ Domizil- oder Zahlstellenvermerk (Angabe des Kreditinstituts, bei dem der Wechsel zahlbar ist)

▸ Tag und Ort der Ausstellung: Fehlen die Ortsangaben, gilt der beim Namen des Ausstellers angegebene Ort. Fehlt auch dieser, liegt kein Wechsel vor.	▸ Anschrift des Ausstellers
▸ Unterschrift des Ausstellers	

Um **Zahlungen** im Wechselverkehr durchzuführen, sind mehrere Schritte nötig:

► Zuerst erfolgt die **Ausstellung** eines Wechsels durch den Trassanten, welcher der Wechselfähigkeit (Rechts- und volle Geschäftsfähigkeit) entsprechen muss.

► Die **Vorlage der Tratte** als dem ausgestellten, aber noch nicht akzeptierten Wechsel hat am Wohnort des Bezogenen zu erfolgen.

► Der Bezogene nimmt durch ein **Akzept** am Tage der Vorlage oder am darauf folgenden Werktag den Wechsel an. **Formen** des Akzeptes sind z. B.:

Kurzakzept	Es besteht nur aus der Unterschrift des Bezogenen.
Vollakzept	Es enthält Unterschrift, Ort, Datum, ggf. Wiederholung der Wechselsumme.
Teilakzept	Die Annahme erfolgt nur für einen Teil der Wechselsumme.
Bürgschafts-akzept	Ein zusätzlicher Bürge haftet durch seine Unterschrift auf dem Wechsel.
Blankoakzept	Ein nicht ausgefüllter Wechsel wird mit einem Kurzakzept versehen.

► Zur **Übertragung** des Wechsels sind die Einigung, ein Indossament und die Übergabe selbst erforderlich. **Formen** des auf der Rückseite des Wechsels angebrachten Indossaments können sein:

Kurz-indossament	Diese Form enthält nur die Unterschrift des Indossanten. Sie wird auch **Blankoindossament** genannt.
Voll-indossament	Es enthält die Orderklausel (*„an die Order"*), den Namen des momentanen Wechselinhabers (= Indossant) und den Namen des neuen Wechselgläubigers (= Indossatar). Ort und Datum können genannt werden.
Sonder-formen	- **Inkassoindossament** (Indossatar hat nur das Recht zum Einzug) - **Pfandindossament** (Indossatar hat nur ein Pfandverwertungsrecht, kein Eigentumsrecht) - **Angstindossament** (Indossant schließt die Haftung gegenüber den nachgelagerten Wechselnehmern aus) - **Rektaindossament** (Indossant beschränkt die Haftung auf den unmittelbaren Nachmann)

► Die **Einlösung** des Wechsels erfolgt am Verfalltag, sofern dies ein Werktag ist, oder an einem der zwei auf diesen Zahlungstag folgenden Werktage. Der Wechsel ist am Zahlungsort des Bezogenen oder an der angegebenen Domizilstelle vorzulegen. Nach Zahlung erhält der Bezogene den quittierten Wechsel. Teilzahlungen sind möglich.

► Gründe der **Nicht-Einlösung** des Wechsels sind mangelnde Annahme, mangelnde Sicherheit oder mangelnde Zahlung. In jedem Falle kann **Wechselprotest** erhoben werden. Er bezeugt als Urkunde, dass der Wechsel ordnungsgemäß zur Annahme oder Zahlung vorgelegt und dabei nicht akzeptiert oder bezahlt wurde.

Der Wechselprotest kann durch einen Notar oder einen Gerichtsbeamten erhoben werden. Der **Regress** (Rückgriff) erfolgt auf alle Personen als Gesamtschuldner, die einen Wechsel ausgestellt, angenommen, indossiert oder für ihn gebürgt haben.

▸ Nach dem Wechselprotest folgt, sofern dieser nicht abwendbar ist, die **Durchsetzung der Ansprüche**. Sie kann vorgenommen werden als:

Wechsel-mahnbescheid	Er ist ein kostengünstiges und deshalb oft verwandtes gerichtliches Mahnverfahren.
Wechsel-prozess	Er zeichnet sich durch kurze Einlassungsfristen, begrenzte Zulassung von Beweismitteln (Wechselurkunden), beschränkte Einredemöglichkeiten des Beklagten und die sofortige Vollstreckbarkeit des Urteils in Form von z. B. der sofortigen Pfändung des Schuldners aus.

Die **Bedeutung des Wechsels** als Finanzierungsinstrument hat abgenommen, da die Europäische Zentralbank das Wechselrediskontgeschäft nicht mehr in dem Maße durchführt, wie dies die Deutsche Bundesbank bis 1998 getan hat. Allerdings ist der Wechsel weiterhin verwendbar und wird auch wieder von Kreditinstituten und der Bundesbank zur Diskontierung angekauft.

Aufgabe 7 > Seite 190

3.3 Elektronischer/kartengebundener Zahlungsverkehr

Der Zahlungsverkehr entwickelte sich für die Kreditinstitute in den vergangenen Jahren zu einer kostenträchtigen Geschäftssparte. Aus diesem Grunde wurde die **Automatisierung** und die **Rationalisierung** der bankgetragenen Zahlungsverkehrsmittel vorangetrieben, z. B. im elektronischen Zahlungsverkehr für Individualüberweisungen (EZÜ). Daneben kamen rasch elektronische und kartengebundene Arten des Zahlungsverkehrs auf, und zwar in Form von:

▸ **Electronic Cash**

▸ **Kreditkarten**

▸ **Electronic/Internet Banking.**

3.3.1 Electronic Cash

Mit Electronic Cash-Systemen können Kunden an automatisierten Kassen von Handels- und Dienstleistungsunternehmen direkt am **„Point of Sale"** Zahlungen bargeldlos mithilfe verschiedener Karten vornehmen. Deshalb wird auch von POS-Systemen gesprochen. Dafür verwendbare **Karten** können sein:

▸ **Karten mit Magnetstreifen** als Debitkarten, Kundenkarten von Kreditinstituten oder Kreditkarten. Sie ermöglichen meist in Verbindung mit der Eingabe einer persönlichen Identifikationsnummer (**PIN**) bargeldlose Zahlungen.

Auf der Rückseite der Karten befindet sich ein die Informationen tragender Magnetstreifen, der je nach Vorhandensein einer Direktverbindung zum betreffenden Kreditinstitut entweder On-line-Abbuchungen oder Off-line-Abbuchungen vom Girokonto des Karteninhabers ermöglicht.

Als **POS-Systeme** gibt es:

POS-Systeme *mit* Zahlungsgarantie	Durch die Eingabe der PIN-Nummer erfolgt z. B. bei der **Debitkarte** die On-line-Überprüfung der Ordnungsmäßigkeit der Zahlung (Echtheit der Karte, Richtigkeit der PIN, Kontrolle des Verfügungsrahmens und von Sperren). Bei positiver Autorisierung wird die **Zahlung** vorgenommen, die durch das Kreditinstitut in ihrer Höhe **garantiert** wird.
POS-Systeme *ohne* Zahlungsgarantie (POZ-Systeme)	Meist wird hier ebenfalls die **Debitkarte** genutzt, aber es entfällt die Eingabe der Geheimnummer. Der Karteninhaber legitimiert sich durch seine Unterschrift auf einem Beleg, der eine **Einzugsermächtigung** für eine über diesen Betrag lautende Lastschrift ist. Das Kreditinstitut gibt für die Zahlung der Lastschrift, die vom das POS-System nutzenden Unternehmen eingereicht wird, **keine Garantie**. Für die Unternehmen ist die kostengünstigere Off-line-Zahlung vorteilhaft.

▶ **Chip-Karten**, auf denen sich ein Mikroprozessorchip befindet, der aufladbar ist und bis zum aufgeladenen Betrag Zahlungen ermöglicht. Sie werden auch **GeldKarten** genannt und können kontogebunden oder ohne Kontobezug sein. Dieses System kann kostengünstig Off-line abgewickelt werden und soll künftig die Bargeldzahlung kleinerer Beträge ersetzen.

Wegen der mehrfachen Funktionalität der Karte (z. B. auch Einsatz im öffentlichen Nahverkehr) wird auch von einer **elektronischen Geldbörse** gesprochen.

3.3.2 Kreditkarten

Der Inhaber einer Kreditkarte kann bei ausgewiesenen **Akzeptanzstellen** (Handel, Hotels, Tankstellen, Gaststätten) bargeldlos durch die Vorlage der Karte zahlen. Die Akzeptanzstellen sind Vertragsunternehmen des Herausgebers der Kreditkarten.

Das Kreditkartenunternehmen, z. B. Visa, American Express, Diners Club, schreibt den **Vertragsunternehmen** die durch die Zahlung entstandene Forderung an den Karteninhaber unter Abzug eines Disagios gut und zieht die abgekaufte oder abgetretene Forderung vom Karteninhaber zumeist monatlich ein. So bekommt die Kreditkarte neben einer **Zahlungsfunktion** durch die Einräumung eines Zahlungszieles an den Karteninhaber auch eine **Kreditfunktion**.

Weitere Einsatzmöglichkeiten und Leistungen der Kreditkarte sind z. B. Geldkartenfunktionen an Geldautomaten, Telefonkartenfunktion, Electronic Cash-Funktionen und verschiedene Versicherungsleistungen.

3.3.3 Electronic/Internet Banking

Moderne Informations- und Kommunikationstechniken stellen zu Kreditinstituten elektronische Verbindungen mit der Hilfe von Daten- oder Telekommunikationsnetzen her, die dem Vertrieb von Bankleistungen nutzen und als Zahlungsverkehrsformen der Zukunft gelten.

Der Kunde wickelt mittels eines **Computers**, eines **Modems** und eines **Telefonanschlusses** direkt oder auch über das **Internet** Zahlungsvorgänge ab. Die übermittelten Daten werden mittels Geheimzahlen (PIN) und Einmalpasswörtern (TAN = Transaktionsnummer) sowie weiterer Vorkehrungen (Firewalls, Kryptografie) oder über ein Chipkartengerät als Home Banking Computer Interface (HBCI) abgesichert.

Im **Internet** bestehen inzwischen Möglichkeiten, mit virtuellem Geld (E-Cash oder Cyber-Cash) Zahlungen durchzuführen. Bisher ist es üblich, zur späteren Begleichung der über das Internet abgerufenen Leistung Kreditkartennummern anzugeben oder andere Zahlungswege zu nutzen, z. B. den Versand eines Schecks oder die Zahlung per Nachnahme.

3.4 Auslandszahlungsverkehr

Zahlungen zwischen Gebietsansässigen und Gebietsfremden charakterisieren den Auslandszahlungsverkehr. Sein Volumen hat sich durch die Globalisierung der Wirtschaft und die Zunahme des grenzüberschreitenden Waren-, Dienstleistungs- und Kapitalverkehrs stark erhöht.

Zur Bewältigung des Zahlungsverkehrsaufkommens verfügt die Kreditwirtschaft durch den Aufbau eines Netzes von **Korrespondenzbanken** über Möglichkeiten der Verrechnung von Zahlungsvorgängen durch gegenseitige Kontokorrentverbindungen. Als **Konten** sind zu unterscheiden:

- das **Nostrokonto**, bei dem eine inländische Bank ein Konto in fremder Währung bei einer ausländischen Bank unterhält

- das **Lorokonto**, wobei eine inländische Bank für eine ausländische Bank ein Konto in inländischer Währung führt.

Dem Netz der Korrespondenzbanken stehen insbesondere seit der Euro-Einführung **europäische Systeme** zur Beschleunigung und Verbilligung des grenzüberschreitenden Zahlungsverkehrs zur Seite als:

- **Zentralbankgetragene Zahlungsverkehrssysteme**, wozu z. B. das TARGET-System (**T**rans-**E**uropean **A**utomated **R**eal-Time **G**ross Settlement **E**xpress **T**ransfer) zählt, das die nationalen „Brutto-Echtzeit-Abrechnungssysteme" europäischer Nationalbanken miteinander verbindet. Es lässt eine sofortige und endgültige Guthaben-Verbindung zu und ermöglicht durch besondere Öffnungszeiten auch gleichtägige Verrechnungen mit den USA und Asien.

- **Privatbankgetragene Zahlungsverkehrssysteme**, zu denen z. B. das 1985 geschaffene EBA-System (Euro Banking Association) als privates Zahlungs- und Verrechnungssystem für die ECU gerechnet werden kann. Mit der Euro-Einführung stellt diese Verbindung von Europäischen Kreditinstituten ein Euro-Clearingsystem dar, das kostengünstig und liquiditätssparend sein soll.

Aufgrund insbesondere größerer Entfernungen zwischen den Geschäftspartnern sowie unterschiedlicher Rechtsordnungen bestehen für Auslandszahlungen trotz der vorhandenen Bankverbindungen besondere **Risiken**.

Daher werden neben reinen, ungesicherten Zahlungen im Auslandszahlungsverkehr auch **Dokumente** als Urkunden bzw. Wertpapiere eingesetzt, die Rechte an Waren verkörpern. Sie dokumentieren den Versand der Ware, die Verpflichtung zur Beförderung und die Aushändigung der Ware an den legitimierten Empfänger.

Instrumente des Auslandszahlungsverkehrs können sein:

- ▶ **Clean Payment**
- ▶ **dokumentärer Zahlungsverkehr.**

3.4.1 Clean Payment

Beim Clean Payment wird eine reine, **ungesicherte Zahlung ohne Dokumente** vorgenommen, wobei das möglich ist durch:

- ▶ **Überweisungen** an Gebietsfremde als Empfänger. Es gibt:

Europaüberweisungsauftrag	Seit 2006 gibt es die **„EU-Standardüberweisung"** in Ländern der EU und des Europäischen Wirtschaftsraumes (EWR-Länder) mit einem Maximalbetrg von 50.000 €, wobei ab 12.500 € eine **Meldepflicht** gemäß § 59 AWV besteht.
Zahlungsauftrag im Außenwirtschaftsverkehr	Dieses als Vordruck „Z 1" zu nutzende Formular ist Zahlungsauftrag und Meldeformular zugleich. Er ist auch nach Einführung des SEPA-Verfahrens weiter zu nutzen, findet bei Zahlungen über 50.000 € Verwendung und enthält zusätzliche Informationen über den getätigten Transfer. Auch hier bleibt die **Meldepflicht** ab 12.500 € bestehen.

Die Ausführung der Überweisungsaufträge erfolgt entweder brieflich bzw. telefonisch oder beleglos und vollautomatisiert im **S.W.I.F.T-System** (**S**ociety for **W**orldwide **I**nterbank **F**inancial **T**elecommunication), das ein leistungsfähiges Datenfern-übertragungsnetz zwischen Kreditinstituten ist.

Zur Automatisierung des grenzüberschreitenden Zahlungsverkehrs wurden – wie schon ausgeführt – vom European Committee for Banking Standards internationale Bankkonto-Nummern (**IBAN** = International Bank Account Number) und Bankleitzahlen (**BIC** = Bank Identifier Code) geschaffen.

Bis 2005 war dieses Formular für Zahlungen an Gebietsfremde unter 12.500 € konzipiert und nicht an die Bundesbank meldepflichtig. 2006 wurde der Maximalbetrag für diese **„EU-Standardüberweisung"** in Länder der EU und des europäischen Wirtschaftsraumes (EWR-Länder) auf 50.000 € erhöht. Sie ist nur noch **bis 01/2014 nutzbar**. Inzwischen gibt es ausschließlich noch die **SEPA-Überweisung**, wie bereits dargestellt.

▶ **Schecks** im Auslandszahlungsverkehr, die sein können:

Banken-Orderschecks	Bei ihnen zieht das (inländische, ausstellende) Kreditinstitut des Zahlungspflichtigen einen Scheck auf ein anderes (ausländisches, bezogenes) Kreditinstitut an die Order des Zahlungsempfängers und versendet den Scheck direkt an ihn. Dieser kann den Scheck zur Gutschrift entsprechend bei der Korrespondenzbank einreichen.
Kundenschecks	Hier ist der Zahlungspflichtige selbst der Scheckaussteller und zieht den Scheck auf sein kontoführendes Kreditinstitut.

3.4.2 Dokumentärer Zahlungsverkehr

Dokumente sind Urkunden bzw. Wertpapiere und verkörpern Rechte an der gehandelten Ware, wodurch der Versand, Beförderung und Aushändigung an den Empfänger festgelegt werden. Als **Arten** von Dokumenten lassen sich beim dokumentären Zahlungsverkehr unterscheiden:

▶ **Versandpapiere**, die folgende Formen haben können:

Konnossement	Das ist ein Orderpapier, welches im **Seefrachtverkehr** den Empfang, die Verpflichtung des Verfrachters zur Beförderung und zur Aushändigung der Ware an den berechtigten Empfänger dokumentiert.
Ladeschein	Er entspricht weitgehend dem Konnossement und kommt ausschließlich in der **Binnenschifffahrt** zur Anwendung.
Frachtbrief	Mit ihm ist die Disposition im **Eisenbahngüter-, Straßengüter-, Luftfrachtverkehr** möglich. Er lässt eine Auslieferung der Ware an den Empfänger, ein Anhalten oder Rückgabe der Ware zu.

▶ **Versicherungspapiere**, die vor allem in Form von Transportversicherungspapieren als Beweis für den Abschluss eines Transportversicherungsvertrages dienen. Zu unterscheiden sind die **Einzelpolice** für einen einmaligen Transport und die **Generalpolice** für mehrmalige Transporte, wobei jeweils ein Versicherungszertifikat abgeschlossen wird.

▶ **Handels- und Zollpapiere**, deren Ausprägungen sind:

Handelsfaktura	Sie ist eine Rechnung, die Angaben über Ware, Liefer- und Zahlungsbedingungen enthält.
Zollfaktura	Sie bestimmt die Höhe des zu entrichtenden Zolls auf Basis des Warenwertes.
Ursprungszeugnis	Das Ursprungszeugnis bescheinigt die Herkunft der betreffenden Ware.
Warenverkehrsbescheinigung	Sie ist ein Papier, das den Warentransfer zwischen EU-Staaten und damit die Zollfreiheit anzeigt.

▶ **Lagerhaltungspapiere**, die einen Nachweis der Einlagerung darstellen und vom Lagerhalter ausgestellt werden.

Die Dokumente sollen das **Risiko** der nur einseitigen Leistungserfüllung zwischen zwei Geschäftspartnern im Ex- und Import begrenzen. Aufgrund dieser besonderen Risiken werden **Zug-um-Zug-Geschäfte** getätigt, deren Formen sind:

▸ Das **Dokumenteninkasso**, das dem Exporteur die „Zahlung gegen Dokumente" zusichert. Dies kann durch **Zahlungsinkasso** geschehen, bei dem der Exporteur sein Kreditinstitut beauftragt, den Gegenwert für die eingereichten Dokumente vom Importeur oder dessen Kreditinstitut einzuziehen, oder durch **Wechselinkasso**, bei welchem der Importeur eine vom Exporteur mitgeschickte Tratte zu akzeptieren hat, bevor ihm die Dokumente übergeben werden.

Das Dokumenteninkasso kann Risiken nicht völlig ausschließen. Der **Importeur** kann bis zur Vorlage der Dokumente entscheiden, ob er die Ware annimmt. Seine Zahlung muss erst bei Übergabe der Dokumente erfolgen. Bis dahin ist der **Exporteur** bezüglich seiner Ware gesichert. Allerdings trägt er das Risiko der Annahmeverweigerung/-verzögerung.

▸ Das **Dokumentenakkreditiv** bindet zusätzlich Bankgarantien ein. So verspricht das Kreditinstitut des Importeurs dem im Akkreditiv genannten Exporteur eine bestimmte Leistung bei Übergabe der Dokumente. Insofern wird das Dokumentenakkreditiv dem Dokumentinkasso häufig vorgezogen.

Die Zahlung oder die Akzeptleistung kann durch die das Akkreditiv eröffnende Importbank oder durch die das Akkreditiv bestätigende Exportbank erfolgen. Gewöhnlicherweise verpflichtet sich die Akkreditivbank mit einem **unwiderruflichen Akkreditiv** zur sofortigen, unwiderruflichen Zahlung bei der Vorlage ordnungsgemäßer Dokumente.

Eine Verstärkung der Sicherung des Lieferanten erfolgt durch ein **bestätigtes Akkreditiv**, bei dem zusätzlich auch die Korrespondenzbank in die Zahlungsverpflichtung mit eintritt.

Aufgabe 8 > Seite 191

Weitergehende Ausführungen zum Zahlungsverkehr sind bei *Olfert* zu finden.

Aufgabe 9 > Seite 191

B. Finanzwirtschaftliche Führung

Als Führung ist die situationsbezogene Beeinflussung des Unternehmens und seiner Bereiche, also auch des finanzwirtschaftlichen Bereichs bzw. des darin tätigen Personals zu verstehen, die unter Einsatz von **Führungsinstrumenten** auf ein gemeinsam zu erzielendes Ergebnis hin ausgerichtet ist.

Die Führung erfolgt auf verschiedenen **Ebenen** als Stufen der Organisationsstruktur. Grundsätzlich lassen sich bezüglich der finanzwirtschaftlichen Führung unterscheiden:

Ebenen	Aufgabenträger	Entscheidungen
Top-Management = Obere Führungsebene	Finanzvorstand Kaufmännischer Geschäftsführer Direktor der Finanzabteilung	**Vorwiegend strategische Entscheidungen**, z. B. Vorgaben zur Entwicklung der Kapitalstruktur, Börsengang, Emissionen
Middle-Management = Mittlere Führungsebene	Hauptabteilungsleiter in der Finanzabteilung	**Vorwiegend dispositive Entscheidungen und Anordnungen**, z. B. Entscheidungen innerhalb der Kreditpolitik
Lower-Management = Untere Führungsebene	Disponent im Zahlungsverkehr	**Vorwiegend Anordnungen und Ausführungen**, z. B. tägliche Disposition der Gelder

Der Prozess der finanzwirtschaftlichen Führung umfasst die Gesamtheit aller zielbezogenen Handlungen durch Führungskräfte, die in mehreren **Phasen** erfolgen:

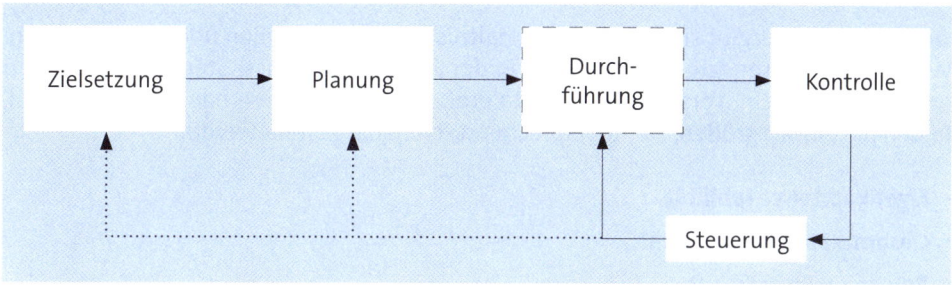

Die Zielsetzung als angestrebter künftiger Zustand und Planung als gedankliche Vorwegnahme der zukünftigen wirtschaftlichen Handlung haben für die Durchführung den Charakter von **Vorgaben**, deren Einhaltung durch die Kontrolle überprüft wird. Stimmen Soll-Werte und Ist-Werte dabei nicht überein, sind Maßnahmen der Steuerung angezeigt, um Störgrößen zielentsprechend zu beeinflussen und auszuschalten. Die Steuerungsmaßnahmen beziehen sich vorrangig auf die Durchführung, können aber auch Veränderungen, z. B. unrealistische Zielsetzungen bzw. Planungsdaten, zur Folge haben.

Im Rahmen der finanzwirtschaftlichen Führung sollen schwerpunktmäßig behandelt werden:

Finanzwirtschaftliche Führung	Ziele
	Instrumente

1. Ziele

Die finanzwirtschaftlichen Ziele leiten sich aus den Zielen ab, die für das Unternehmen als verbindlich gelten. Sie unterliegen – in jedem Unternehmen verschieden – den Einflüssen der Eigenkapitalgeber, Fremdkapitalgeber, Unternehmensleitung und Mitarbeiter, ggf. auch Kunden und Lieferanten. Als grundlegende finanzwirtschaftliche Ziele sind anzusehen:

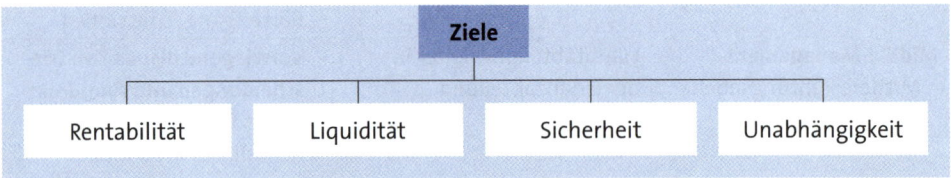

Die Ziele des Finanzbereiches richten sich insbesondere an der **Rentabilität** aus, die als **Oberziel** verstanden werden kann und zu den untergeordneten Zielen Liquidität, Sicherheit und Unabhängigkeit in einen **Konflikt** tritt.

1.1 Rentabilität

Die Rentabilität ergibt sich aus dem Verhältnis von Ertragsgrößen und Einsatzgrößen. Wertmäßige **Ertragsgrößen** können z. B. der Jahresüberschuss, Steuerbilanzgewinn oder Cashflow sein. Verschiedene Kapitalgrößen, wie das Eigen- oder Gesamtkapital, bilden die **Einsatzgrößen**. Dementsprechend sollen dargestellt werden:

▸ **Eigenkapitalrentabilität**

▸ **Gesamtkapitalrentabilität**

▸ **Return on Investment.**

Die Bildung dieser Relationen entspricht dem **ökonomischen Prinzip**, das die Erreichung eines maximalen Ertrages durch einen bestimmten Einsatz bzw. eines bestimmten Ertrages durch einen minimalen Einsatz fordert.

1.1.1 Eigenkapitalrentabilität

Die Eigenkapitalrentabilität sollte größer sein als der markt- oder banküblicher Zinssatz für langfristige Geldanlagen. Rechnerisch stellt sie eine Relation zwischen Gewinn und Eigenkapital her:

$$\text{Eigenkapital-} \atop \text{rentabilität} = \frac{\text{Gewinn}}{\text{Eigenkapital}} \cdot 100$$

Die Kennzahl interessiert vor allem Eigenkapitalgeber, die eine angemessene Verzinsung für das von ihnen eingesetzte Kapital erwarten. Die Verzinsung des von ihnen investierten Kapitals kann in Relation zu anderen Investitionsalternativen gesetzt und mit ihnen verglichen werden, z. B. mit einem Aktien- oder Anleihekauf am Kapitalmarkt.

Die Aussagekraft der Eigenkapitalrentabilität ist begrenzt. Sie wird durch den **Leverage-Effekt** geschmälert, wonach eine Steigerung der Eigenkapitalrentabilität durch den vermehrten Einsatz von Fremdkapital möglich ist, solange die Gesamtkapitalrentabilität höher ist als die zu zahlenden Fremdkapitalzinsen. Dieser Umstand wird als **Leverage-Chance** bezeichnet.

Beispiel

Ein Unternehmen weist eine Bilanzsumme von 120 Mio. € aus, die sich mit 10 % verzinst (Gewinn). An die Fremdkapitalgeber ist durchschnittlich ein Zins von 8 % zu zahlen. Die Situationen A und B zeigen die Entwicklung der Eigenkapitalrentabilität unter verschiedenen Zusammensetzungen des Kapitals.

Situation	A	B
Eigenkapital	60	20
Fremdkapital	60	100
Gesamtkapital	120	120
Gewinn vor Zinsen (10 %)	12	12
Fremdkapitalzinsen (8 %)	4,8	8
Gewinn nach Zinsen	7,2	4
Eigenkapitalrentabilität	**12 %**	**20 %**

Wie zu sehen ist, erhöht sich die Eigenkapitalrentabilität von 12 % (Situation A: EK = 60, FK = 60) durch einen vermehrten Einsatz von Fremdkapital auf 20 % (Situation B: EK = 20, FK = 100). Voraussetzung ist, dass die Gesamtkapitalrentabilität (10 %) größer als der Zins für das Fremdkapital (8 %) ist.

Zu berücksichtigen ist, dass mit zunehmender Verschuldung auch ein **Leverage-Risiko** entsteht, welches das Unternehmen schon bei der kurzfristigen Aufhebung der zwingend notwendigen Voraussetzung, dass die Gesamtkapitalrentabilität höher sein muss als der Fremdkapitalzins, in seiner Existenz bedroht.

Aufgabe 10 > Seite 192

1.1.2 Gesamtkapitalrentabilität

Die Gesamtkapitalrentabilität berücksichtigt das gesamte im Unternehmen arbeitende Kapital, also sowohl das Eigenkapital als auch das Fremdkapital, sowie die ihm zuzurechnenden Fremdkapitalzinsen, weshalb sie auch als **Unternehmensrentabilität** bezeichnet werden kann. Die Kennzahl wird wie folgt ermittelt:

$$\text{Gesamtkapital-rentabilität} = \frac{\text{Gewinn} + \text{Fremdkapitalzinsen}}{\text{Eigenkapital} + \text{Fremdkapital}} \cdot 100$$

Die Gesamtkapitalrentabilität zeigt die tatsächliche **Effektivität des Unternehmens**, die insbesondere für das Management des Unternehmens von Interesse ist. Die vorliegenden Kapitalstrukturen erfahren durch die Einbeziehung der Fremdkapitalzinsen eine angemessene Berücksichtigung.

Mit der Gesamtkapitalrentabilität wird der **Grenzzinssatz** vorgegeben, der von Fremdkapitalzinsen nicht überschritten werden sollte, damit weiterhin das Bestehen und der Erfolg des Unternehmens gesichert sind.

1.1.3 Return on Investment

Der Return on Investment (**RoI**) ist als weiterer Maßstab für die Rentabilität des Kapitaleinsatzes verwendbar. Als Erfolgsgrößen werden der Gewinn, der Jahresüberschuss oder der Cashflow dem investierten Kapital gegenübergestellt, wobei Rentabilitätsaussagen über das gesamte Unternehmen, aber auch über einzelne Unternehmensbereiche, Produkte oder Investitionen erfolgen können.

$$\text{Return on Investment} = \frac{\text{Gewinn}}{\text{investiertes Kapital}} \cdot 100$$

Durch die **Erweiterung** der RoI-Formel mit dem Umsatz erhöhen sich die Analysemöglichkeiten der Kennzahl:

$$\text{Return on Investment} = \frac{\text{Gewinn}}{\text{Umsatz}} \cdot 100 \cdot \frac{\text{Umsatz}}{\text{investiertes Kapital}}$$

Die Einführung des Umsatzes als den dritten Faktor des Renditeeinflusses spaltet die RoI-Formel in zwei **Komponenten**:

▸ Die **Umsatzrentabilität** als das Verhältnis des Gewinnes zum Umsatz, die leistungswirtschaftliche Ursachen von Ergebnisveränderungen im Unternehmen ergründet. Sie wird vornehmlich durch die Kostenstruktur des Unternehmens bestimmt und beantwortet z. B. die Frage, wie viel Gewinn das Unternehmen mit 100 € Umsatz erreicht.

▸ Die **Kapitalumschlagshäufigkeit** als das Verhältnis von Umsatz und investiertem Kapital, die finanzwirtschaftliche Gründe von Ergebnisveränderungen aufzeigt. Sie misst die **Umschlagsgeschwindigkeit des investierten Kapitals**. Ein Kapitalumschlag von 2 bedeutet, dass mit 100 € investiertem Kapital 200 € Umsatz erreicht wurden.

Hier steht die Kapitalbindung im Vordergrund, wobei ein höherer Kapitalumschlag zeigt, dass z. B. durch Verminderung des Anlage- oder Umlaufvermögens bei gleichbleibendem Umsatz der RoI erhöht wurde.

Aufgabe 11 > Seite 192

1.2 Liquidität

Die Liquidität soll gewährleisten, dass das Unternehmen nicht zahlungsunfähig wird. Deshalb ist das Ziel einer Liquiditätspolitik die **Erhaltung des finanziellen Gleichgewichtes**. Es besagt, dass die auf das Unternehmen zukommenden Zahlungsverpflichtungen unter Beachtung der Rentabilität jederzeit erfüllt werden können. Die Zahlungen müssen **betragsgenau** und **zeitgenau** geleistet werden, um das Überleben des Unternehmens zu sichern.

Die **Zahlungsunfähigkeit** als das auf dem Mangel an Zahlungsmitteln beruhende Unvermögen eines Schuldners, seine fälligen Geldschulden noch im Wesentlichen zu erfüllen, gilt nach der Insolvenzordnung als Grund zur Eröffnung des Insolvenzverfahrens. Während sie bei der OHG und KG dafür ausreicht, kann bei der AG, KGaA und GmbH neben der Zahlungsunfähigkeit auch die **Überschuldung** ein Insolvenzgrund sein. Darunter wird eine Unternehmenssituation verstanden, in der das Vermögen die Schulden nicht mehr deckt.

Nach der Abstufung des **wirtschaftlichen Ausmaßes** der Liquidität gibt es:

▸ Die **Unterliquidität**, der eine nur noch eingeschränkte Zahlungsfähigkeit des Unternehmens und damit ein Sicherheitsrisiko zu Grunde liegt. Es droht Zahlungsunfähigkeit. Die Zielsetzungen des Unternehmens können nur noch teilweise erreicht werden.

▸ Die **Überliquidität** als Gegenteil der Unterliquidität. Hier verfügt das Unternehmen über mehr liquide Mittel als es im Betrachtungszeitpunkt benötigt. Sie stellt einen Zustand hoher Sicherheit für das Unternehmen dar. Die Haltung von zu vielen liquiden Mitteln beeinflusst aber die Rentabilität negativ.

- Die **optimale Liquidität**, die sowohl dem Sicherheitsdenken als auch den Rentabilitätsaspekten des Unternehmens gerecht wird und zwischen der Unterliquidität und der Überliquidität liegt. Sie wird auch als **gewinnmaximale** bzw. **rentabilitätsmaximale Zahlungsbereitschaft** bezeichnet.

Ihrer Ausprägung nach sind zwei **Arten** der Liquidität zu unterscheiden:

- **absolute Liquidität**
- **relative Liquidität.**

1.2.1 Absolute Liquidität

Die absolute Liquidität beschreibt die **Eigenschaft** von Vermögensgegenständen, als Zahlungsmittel zu dienen oder in Zahlungsmittel umgewandelt zu werden. Die Ausprägung der absoluten Liquidität ist umso stärker, je rascher sich die Umwandlung eines Vermögensgegenstandes in liquide Mittel vollziehen kann.

Als Anhaltspunkt für die **Liquidationsdauer** kann die Stellung des Vermögensgegenstandes auf der Aktiv-Seite der Bilanz gelten, wobei festzustellen ist, dass Vermögensgegenstände tendenziell umso schneller in Geld umzuwandeln sind, je weiter „unten" sie in der Bilanz stehen.

Neben der Dauer der Liquidation ist auch der **Liquidationserlös** von Bedeutung. Er lässt sich nicht ohne Berücksichtigung der Unternehmensgegebenheiten ermitteln. Seine Höhe wird insbesondere von drei **Faktoren** beeinflusst:

- Der **Qualität** des Gutes selbst. So kann sie sich z. B. in der Bonität der Forderung oder dem Zustand bei Sachgütern äußern.
- Den **Marktgegebenheiten**, z. B. die Konjunktur, die Existenz und der Organisationsgrad eines Marktes, die Marktgängigkeit des zu liquidierenden Gutes.
- Der **Dringlichkeit** der Liquidierung, die den Verkaufspreis eines Gutes umso niedriger werden lässt, je größer der Zeitdruck des Verkaufs ist.

Der **Prozess der „Geldwerdung durch Liquidation"** weist zwei Formen der Liquidität auf, die unterschieden werden können als:

- **natürliche Liquidität**, die sich erst nach der vollständigen Realisierung des vorgesehenen Leistungsprozesses einstellt, wenn z. B. fertig erstellte Produkte verkauft wurden
- **künstliche Liquidität**, die eine vorzeitige Umwandlung eines Vermögensgegenstandes in Liquidität darstellt, z. B. wenn bereits im Verlaufe des vorgesehenen Leistungsprozesses eine Veräußerung von noch nicht fertig gestellten Produkten bzw. Teilen davon erfolgte.

1.2.2 Relative Liquidität

Greift die absolute Liquidität als vermögensbezogene Liquidität ausschließlich auf die Aktiv-Seite der Bilanz zurück, bindet die relative Liquidität **auch** die **Passiv-Seite** mit ein. Sie legt die Möglichkeiten des Unternehmens offen, anstehenden Verpflichtungen nachzukommen.

Die relative Liquidität, welche der liquiditätsbezogenen Aufrechterhaltung der Betriebsbereitschaft dient, wird auch als **Zahlungsbereitschaft** oder **Unternehmensliquidität** bezeichnet. Sie kann sein:

▸ Eine **statische Liquidität** des Unternehmens, die sich auf einen bestimmten Zeitpunkt bezieht. Sie leitet sich aus einer **Beständebilanz** ab, wobei als zeitliche Ausrichtungen unterscheidbar sind:

Kurzfristige Ausrichtung	Hier bildet die Liquidität das Verhältnis von Zahlungsmitteln und liquiden Vermögensgegenständen zu den kurzfristigen Verbindlichkeiten in Form von **Liquiditätsgraden**, siehe S. 59.
Langfristige Ausrichtung	Bei dieser Form der Liquidität gibt es verschiedene **Deckungsgrade**. Langfristig gebundene Vermögensteile werden dem langfristig zur Verfügung stehenden Kapital gegenübergestellt, siehe S. 60.

▸ Die **dynamische Liquidität** löst sich von der zeitpunktbezogenen Betrachtung einer Beständebilanz. Mithilfe einer **Bewegungsbilanz** – siehe S. 61 – werden Ausgaben als Verpflichtungen und Einnahmen als Forderungen gegenübergestellt, die in einem bestimmten Zeitraum zu Auszahlungen bzw. Einzahlungen führen:

Mittelverwendung	Mittelherkunft
Aktivzunahmen (z. B. Investition in das Vermögen) Passivabnahmen (z. B. Kredittilgung)	Aktivabnahmen (z. B. Liquidation von Vermögen) Passivzunahmen (z. B. Kreditfinanzierung)

Diese Betrachtungsform gibt alle Einzahlungen und Auszahlungen des Unternehmens wieder und ermöglicht die Prognose der Zahlungsströme für verschiedene Zeiträume. Sie dient damit der Aufstellung von **Finanzplänen** zur finanzwirtschaftlichen Steuerung des Unternehmens mit dem Ziel der Erhaltung des finanziellen Gleichgewichtes.

Zur Messung der dynamischen Liquidität wird auch der **Cashflow** – siehe S. 61 – herangezogen. Er bildet im Gegensatz zu den Finanzplänen eine **partielle Brutto-Kapitalflussrechnung**. Das Cashflow Statement zeigt den aus den Umsatzerlösen entstandenen Einzahlungsüberschuss einer Geschäftsperiode.

Der Cashflow reicht über die reine Aufwandsdeckung hinaus und steht dem Unternehmen als Innenfinanzierungspotenzial für Investitionen, Tilgungspotenzial für Verbindlichkeiten und Gewinnausschüttungsvolumen zur Verfügung.

Aufgabe 12 > Seite 192

1.3 Sicherheit

Die Sicherheit beinhaltet eine Zukunftserwartung und korrespondiert mit dem Risiko. Ebenso wie die Liquidität ist sie eine mit der Rentabilität konkurrierende Zielsetzung. Das finanzwirtschaftliche Sicherheitsdenken ist unter zwei **Sichtweisen** zu betrachten:

▸ Der **Kapitalnehmer** zielt bei seinen Investitionen auf den Ausschluss möglicher Verluste. Im Falle der Finanzierung strebt das Unternehmen an, bei Verlusteintritt die Aufzehrung des vorhandenen Eigenkapitals gering zu halten. Um das **Eigenkapital-Risiko** auszuschalten, wäre eine möglichst hohe Eigenkapitalbasis erforderlich, was aber in Anbetracht des Leverage-Effektes gegen das Rentabilitätsziel verstößt.

▸ Der **Kapitalgeber** steht der Sichtweise des Kapitalnehmers entgegen. Ihn interessieren ein Haftungsausschluss bzw. möglichst hohe, an den Kapitalnehmer zu stellende Sicherheitsanforderungen aufgrund der Hergabe des Kapitals.

Bei einer Kapitalhergabe stehen sichere Rückflüsse mit geringerer Verzinsung dem Risiko hoher, aber schwankender oder vielleicht auch ausbleibender Rückflüsse einer risikoreicheren Kapitalhergabe gegenüber. Diesem **Kreditrisiko** tritt der Kapitalgeber zum einen durch die Forderungen nach Kreditsicherheiten, zum anderen durch die Kreditwürdigkeitsprüfung entgegen.

Sowohl für den Kapitalgeber als auch den Kapitalnehmer birgt die Vergabe bzw. die Aufnahme von Krediten ein **Zinsrisiko**, das z. B. in schwankenden Marktzinsen während der Laufzeit der Kredite besteht. Schließlich kann ein weiteres finanzwirtschaftliches Risiko das **Risiko von Geldwertschwankungen** mit Gefahren der Inflation für Geldanlagen und der Deflation bei Sachanlagen sein.

1.4 Unabhängigkeit

Unabhängigkeit innerhalb der finanzwirtschaftlichen Führung bedingt, dass insbesondere **Fremdkapitalgeber** keinen Einfluss auf das Unternehmen nehmen können. Vielfach entstehen aber besonders bei Außenfinanzierungen entsprechende Abhängigkeiten, deren **Formen** sein können:

▸ **Informationspflichten**, die hinsichtlich der Menge und Qualität der bereitzustellenden Information unterschiedlich stark ausgeprägt sein können. Sie werden ggf. erforderlich gegenüber:

  - den Banken bei der Kreditvergabe

  - den Gesellschaftern bei weiterem Einsatz von Eigenkapital

  - dem Betriebsrat aufgrund seiner Informationsrechte

  - der interessierten Öffentlichkeit aufgrund gesetzlicher Publizitätspflicht.

▸ **Kontrollen**, die z. B. bei Finanzierungen hinsichtlich der wirtschaftlichen Entwicklungen eines Unternehmens durch Kreditinstitute erfolgen.

  Beeinflussungen als stärkste Form der Abhängigkeit, indem betriebliche Entscheidungen ggf. einem Mitspracherecht der Fremdkapitalgeber unterliegen, durch das

Setzen von Richtlinien eingeschränkt werden oder von Weisungen bzw. Genehmigungen Dritter abhängig werden.

Aufgabe 13 > Seite 193

2. Instrumente

Zur Erreichung der finanzwirtschaftlichen Zielsetzungen bedarf die finanzwirtschaftliche Führung verschiedener Instrumente. Sie geben eine Hilfestellung zur Optimierung der Finanzierungsentscheidungen als:

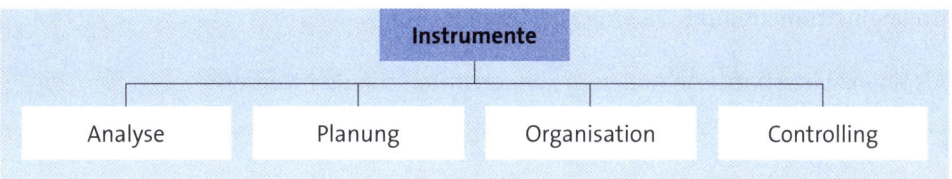

2.1 Analyse

Die finanzwirtschaftliche Analyse bereitet Informationen auf und verdichtet diese, um Tatsachen und Zusammenhänge deutlich zu machen. Sie wertet und beurteilt die finanzwirtschaftlichen Alternativen und Entscheidungen innerhalb des Unternehmens.

Im Rahmen der Analyse werden Vergleiche angestellt, die unterschiedliche Inhalte haben können. Als **Arten der Vergleiche** bieten sich an:

▶ **Objektvergleiche**, die das zu untersuchende Objekt mit einem ähnlich strukturierten Objekt vergleichen, z. B. mögliche Finanzierungsalternativen.

▶ **Zeitvergleiche**, die über mehrere Perioden hinweg erfolgen, z. B. bezüglich einer Finanzierung mit variablen Kreditzinsen. Ziel ist es, zeitliche Entwicklungen aufzuzeigen, um geeignet reagieren zu können.

▶ **Soll-Ist-Vergleiche**, die Planwerte mit den Ist-Werten als tatsächlich erreichten Werten vergleichen, um Abweichungen feststellen und Analysen vornehmen zu können.

Als **Arten der Analyse** können genannt werden:

▶ Die **interne Analyse**, die innerhalb des Unternehmens erfolgt und auf das unternehmensinterne Datenmaterial zurückgreifen kann, und die **externe Analyse**, die von außerhalb des Unternehmens durchgeführt wird und sich auf veröffentlichte Daten beschränken muss, z. B. den veröffentlichten Jahresabschluss.

▶ Die **formelle Analyse**, mit welcher die Einhaltung der in gesetzlichen Vorschriften geforderten Formalien bezüglich des Jahresabschlusses überwacht wird, sowie die **materielle Analyse**, die den Inhalt eines Jahresabschlusses prüft in Form der:

Substanz-analyse	Mit ihrer Hilfe werden die Posten des Jahresabschlusses auf ihr Zustandekommen, Zusammensetzung und die weitere Entwicklung untersucht, um Hinweise auf die wirtschaftliche Entwicklung eines Unternehmens zu erlangen.
Kennzahlen-analyse	Sie bezieht sich auf Investitionen und Finanzierungen sowie den Erreichungsgrad der finanzwirtschaftlichen Zielsetzungen mithilfe von Kennzahlen, mit denen sich wichtige Tatbestände in konzentrierter Form darstellen lassen, wie im Folgenden gezeigt wird.

Kennzahlenanalysen können auch als Managementmethoden verstanden und dazu ausgebaut werden. Ein möglicher Ansatz hierzu ist die **Balance Scorecard**, die als Controllinginstrument auf S. 78 f. kurz dargestellt ist.

Als finanzwirtschaftliche Analysen können unterschieden werden:

- ► **Investitionsanalyse**
- ► **Finanzierungsanalyse**
- ► **Liquiditätsanalyse.**

2.1.1 Investitionsanalyse

Die Investitionsanalyse untersucht die **Aktiv-Seite** der Bilanz, die dem Ausweis des Vermögens dient. Sie erfolgt als:

Investitionsanalyse

Analyse der Investitionsstruktur	Analyse der Investitionspolitik	Umsatzbezogene Investitionsanalyse

2.1.1.1 Analyse der Investitionsstruktur

Die Analyse der Investitionsstruktur erfolgt mithilfe von Kennzahlen, welche die Zusammensetzung der Vermögensteile wiedergeben. Es werden Aussagen zum Umfang der **Kapazitätsnutzung** und zur **Flexibilität** bzw. **Stabilität** des Unternehmens getroffen. Zu unterscheiden sind:

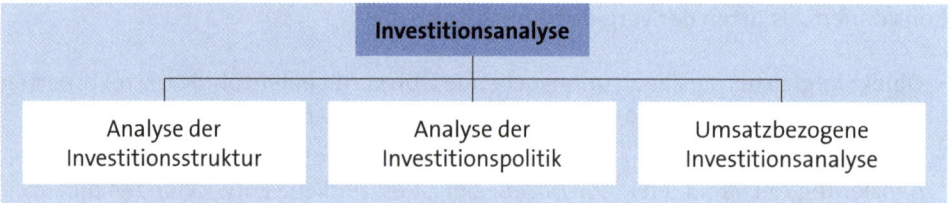

$$\text{Vermögenskonstitution} = \frac{\text{Anlagevermögen}}{\text{Umlaufvermögen}} \cdot 100$$

$$\text{Anlageintensität} = \frac{\text{Anlagevermögen}}{\text{Gesamtvermögen}} \cdot 100$$

$$\text{Umlaufintensität} = \frac{\text{Umlaufvermögen}}{\text{Gesamtvermögen}} \cdot 100$$

Die **Vermögenskonstitution** zeigt die Art der Beziehung zwischen dem Anlagevermögen und dem Umlaufvermögen. Die **Anlageintensität** gibt Auskunft über den Beweglichkeitsgrad des Unternehmens. So stehen niedrige Anlagevermögen für geringe Fixkosten und betriebliche Flexibilität, da schnell auf Beschäftigungsschwankungen reagiert werden kann. Eine hohe **Umlaufintensität** deutet bei materialintensiven Branchen auf einen hohen Lagerbestand hin. Die Kennzahl kann aber auch einen hohen Forderungsbestand offenlegen.

2.1.1.2 Analyse der Investitionspolitik

Die Analyse der Investitionspolitik gibt Auskunft über das Verhalten des Unternehmens als Investor, die Änderungen der Investitionstätigkeit im Zeitverlauf sowie das Unternehmenswachstum und dessen Finanzierung auf. Dazu dienen als **Kennzahlen**:

$$\text{Investitionsquote} = \frac{\text{Nettoinvestitionen bei Sachanlagen}}{\text{Anfangsbestand der Sachanlagen}} \cdot 100$$

$$\text{Investitionsdeckung} = \frac{\text{Abschreibungen auf Sachanlagen}}{\text{Zugänge an Sachanlagen}} \cdot 100$$

$$\text{Abschreibungsquote} = \frac{\text{Abschreibungen auf Sachanlagen}}{\text{Endbestand an Sachanlagen}} \cdot 100$$

Die **Investitionsquote** zeigt die Investitionsneigung des Unternehmens und die **Investitionsdeckung** misst sein tatsächliches Wachstum. Mithilfe der **Abschreibungsquote** wird mehrperiodisch die Entwicklung stiller Reserven zu Lasten des Gewinnes betrachtet.

2.1.1.3 Umsatzbezogene Investitionsanalyse

Die umsatzbezogene Investitionsanalyse dient dazu, die Beziehungen zwischen den Umsatzerlösen und Vermögensteilen zu untersuchen, um Aussagen über die Geschäftsentwicklung zu gewinnen. Kennzahlen sind:

$$\textbf{Anlagennutzung} = \frac{\text{Umsatz}}{\text{Sachanlagen}} \cdot 100$$

$$\textbf{Vorratshaltung} = \frac{\text{Vorräte}}{\text{Umsatz}} \cdot 100$$

$$\textbf{Umschlagshäufigkeit des Anlagevermögens} = \frac{\text{Abschreibungen des Anlagevermögens} + \text{Abgänge des Anlagevermögens}}{\emptyset \text{ Bestand des Anlagevermögens}}$$

$$\textbf{Laufzeit der Forderungen (in Tagen)} = \frac{\emptyset \text{ Bestand an Warenforderungen}}{\text{Umsatz}} \cdot 360$$

Die **Anlagennutzung** gibt Auskunft über die Ausnutzung der Sachanlagen und damit über den Beschäftigungsgrad des Unternehmens. Die **Vorratshaltung** zeigt die Wirtschaftlichkeit der Bevorratung auf, die sich verbessert, wenn die Vorratshaltung sinkt.

Die **Umschlagshäufigkeit** untersucht in unterschiedlichen Ausprägungen (Anlagevermögen, Umlaufvermögen, Gesamtvermögen) die Kapitalbindung und die Höhe des Kapitalbedarfs eines Unternehmens. Die **Forderungslaufzeit** gibt Aufschluss über das Zahlungsverhalten der Kunden, wobei eine lange Laufzeit auf eine schlechte Zahlungsmoral hindeutet.

2.1.2 Finanzierungsanalyse

Die Finanzierungsanalyse untersucht die **Passiv-Seite** der Bilanz, die dem Ausweis des Kapitals dient. Sie erfolgt als:

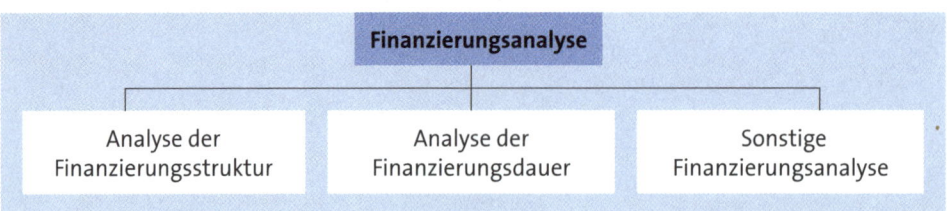

2.1.2.1 Analyse der Finanzierungsstruktur

Die Analyse der Finanzierungsstruktur geschieht über Kennzahlen zur Struktur von Eigenkapital, Fremdkapital und Gesamtkapital. Sie ermöglicht Aussagen zur Freiheit des Unternehmens, Entscheidungen selbst treffen zu können.

Kreditinstitute leiten aus der Finanzierungsstruktur unter anderem Aussagen über die **Bonität** bzw. **Kreditwürdigkeit** eines Unternehmens ab. Zu unterscheiden sind:

▸ Die **Eigenkapitalquote**, die Eigenkapital und Gesamtkapital gegenüberstellt:

$$\text{Eigenkapitalquote} = \frac{\text{Eigenkapital}}{\text{Gesamtkapital}} \cdot 100$$

Ihre Aussagekraft ist eingeschränkt, da die Ermittlung des Eigenkapitals wegen seiner Zusammensetzung aus gezeichnetem Kapital und Rücklagen sowie stillen Reserven erschwert wird.

▸ Der **Anspannungskoeffizient**, der den relativen Anteil des Fremdkapitals am gesamten Kapital angibt:

$$\text{Anspannungskoeffizient} = \frac{\text{Fremdkapital}}{\text{Gesamtkapital}} \cdot 100$$

Er wird ebenso **Anspannungsgrad** oder **Verschuldungsgrad** genannt und stellt auch eine Bonitätsgröße dar, wobei eine generelle Festlegung seiner Höhe nicht möglich, sondern je nach Unternehmensart, Branche und Wirtschaftslage des Unternehmens unterschiedlich ist.

▸ Der **Verschuldungskoeffizient** basiert auf Fremdkapital und Eigenkapital:

$$\text{Verschuldungskoeffizient} = \frac{\text{Fremdkapital}}{\text{Eigenkapital}} \cdot 100$$

Für ihn existieren allgemeine, insbesondere bei der Kreditwürdigkeitsprüfung durch Banken angewandte Größenverhältnisse, die als Qualitätsnormen gelten und **vertikale Finanzierungsregeln** genannt werden:

1 : 1-Regel	$\dfrac{\text{Fremdkapital}}{\text{Eigenkapital}} \leq 1$	Gilt als *„erstrebenswerte"* Relation bei den Kreditinstituten.
2 : 1-Regel	$\dfrac{\text{Fremdkapital}}{\text{Eigenkapital}} \leq 2$	Gilt als *„gesunde"* Relation bei den Kreditinstituten.
3 : 1-Regel	$\dfrac{\text{Fremdkapital}}{\text{Eigenkapital}} \leq 3$	Gilt als *„noch zulässige"* Relation bei den Kreditinstituten.

2.1.2.2 Analyse der Finanzierungsdauer

Die Analyse der Finanzierungsdauer gibt Auskunft über die Finanzlage des Unternehmens. Betrachtet werden die Laufzeiten der vom Unternehmen beanspruchten kurzfristigen Finanzierungsmittel. Dazu dienen als **Kennzahlen:**

► Die **Lieferantenkreditdauer**, die in folgender Weise ermittelt wird:

$$\text{Lieferantenkreditdauer (in Tagen)} = \frac{\varnothing \text{ Kreditorenbestand}}{\text{Wareneingang}} \cdot 360$$

Hohe Werte der Lieferantenkreditdauer weisen auf eine Nichtausnutzung der angebotenen Skontoabzüge durch das Unternehmen hin. Dies ist zum einen aus Rentabilitätsgründen problematisch, zum anderen zeigt es eine starke Liquiditätsanspannung des Unternehmens sowie ggf. ausgereizte Kreditlinien an.

► Die **Wechselkreditdauer** vergleicht den durchschnittlichen Schuldwechselbestand mit dem Wareneingang:

$$\text{Wechselkreditdauer (in Tagen)} = \frac{\varnothing \text{ Schuldwechselbestand}}{\text{Wareneingang}} \cdot 360$$

Sie kann bei hohen Werten anzeigen, dass das Unternehmen auf eine kurzfristige Überbrückung der Liquiditätsanspannung durch die Beschaffung bis hin zum Absatz angewiesen ist.

2.1.2.3 Sonstige Finanzierungsanalyse

Weitere aufschlussreiche Kennzahlen, die im Rahmen der Finanzierungsanalyse verwendet werden, sind z. B.:

► Der **Bilanzkurs**, der den inneren Wert bzw. die Substanz einer Aktie aufzeigt:

$$\text{Bilanzkurs} = \frac{\text{Eigenkapital}}{\text{Gezeichnetes Kapital}} \cdot 100$$

Im Vergleich mit dem Börsenkurs untersucht er zum einen die Kaufwürdigkeit, aber weist auch auf Faktoren hin, die den Unternehmenswert verändern, z. B. stille Reserven oder der Goodwill des Unternehmens.

► Die **Kreditanspannung**, die das Finanzierungspotenzial der Lieferantenkredite aufzeigt:

$$\text{Kreditanspannung} = \frac{\text{Kurzfristige (Wechsel-) Verbindlichkeiten}}{\text{Warenschulden}} \cdot 100$$

Eine hohe Kreditanspannung lässt vermuten, dass Lieferantenkredite weitgehend ausgeschöpft sein könnten, also Skonti unausgenutzt bleiben.

2.1.3 Liquiditätsanalyse

In die Liquiditätsanalyse werden sowohl die **Aktiv-Seite** als auch die **Passiv-Seite** der Bilanz einbezogen. Sie kann erfolgen als:

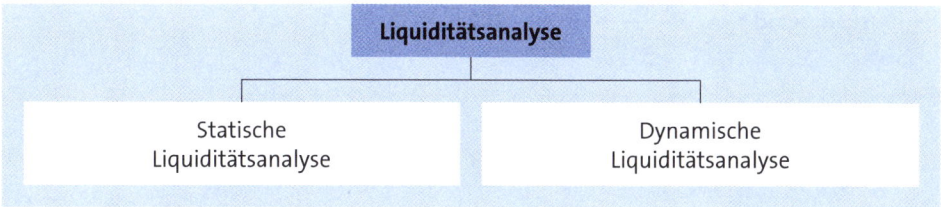

2.1.3.1 Statische Liquiditätsanalyse

Die statische Liquiditätsanalyse verwendet Jahresabschlussbestände, die **stichtagsbezogen** die Situation des Unternehmens darstellen. Sie ist mit unterschiedlichen Fristen möglich:

► In ihrer **kurzfristigen Ausrichtung** weist die statische Liquidität durch die Gegenüberstellung von unterschiedlich ausgeprägten Liquiditätsmitteln und kurzfristigen Verbindlichkeiten drei Abstufungen auf, die **Liquiditätsgrade** genannt werden. Das sind:

Barliquidität	Liquidität 1. Grades = $\dfrac{\text{Zahlungsmittel}}{\text{Kurzfristige Verbindlichkeiten}}$	Sie kann unter 100 % liegen.
Liquidität auf kurze Sicht	Liquidität 2. Grades = $\dfrac{\text{Zahlungsmittel + kurzfristige Forderungen}}{\text{Kurzfristige Verbindlichkeiten}}$	Sie soll 100 % erreichen.
Liquidität auf mittlere Sicht	Liquidität 3. Grades = $\dfrac{\text{Zahlungsmittel + kurzfristige Forderungen + Vorräte}}{\text{Kurzfristige Verbindlichkeiten}}$	Sie soll 200 % erreichen.

Eine Einschränkung der **Aussagekraft** der Liquiditätsgrade ergibt sich unter anderem durch die Messung der Liquidität zu einem einzigen Zeitpunkt. Vor und nach dem Geschäftsjahresabschluss kann es um die Liquidität des Unternehmens völlig anders bestellt sein.

Die Liquidität dritten Grades wird in Form einer absoluten Zahl auch als **Working Capital** bezeichnet. Es ermittelt den Überschuss des kurzfristig gebundenen Umlaufvermögens zum kurzfristigen Fremdkapital und trifft Aussagen über unternehmensinterne Finanzierungspotenziale sowie Liquiditätsrisiken.

	Umlaufvermögen (kurzfristige, innerhalb eines Jahres liquidierbare Vermögensteile)
-	Kurzfristige Verbindlichkeiten
=	**Working Capital**

Das Working Capital wird auch **Reinumlaufvermögen** genannt.

► In ihrer **langfristigen Ausrichtung** gibt es bei der statischen Liquidität unterschiedliche **Deckungsgrade**, welche die langfristig gebundenen Vermögensteile mit den langfristig zur Verfügung stehenden Kapitalien vergleichen.

Dabei wird der **Grundsatz der Fristenkongruenz** verfolgt, nach dem die durch eine Investition verursachte Kapitalbindungsdauer gleich der durch die Finanzierung ermöglichten Kapialüberlassungsdauer sein sollte. Es gibt:

$$\text{Deckungsgrad A} = \frac{\text{Eigenkapital}}{\text{Anlagevermögen}} \cdot 100$$

$$\text{Deckungsgrad B} = \frac{\text{Eigenkapital} + \text{langfristiges Fremdkapital}}{\text{Anlagevermögen}} \cdot 100$$

$$\text{Deckungsgrad C} = \frac{\text{Eigenkapital} + \text{langfristiges Fremdkapital}}{\text{Anlagevermögen} + \text{langfristig gebundenes Umlaufvermögen}} \cdot 100$$

Für die Deckungsgrade bestehen normative Regeln, die als optimaler Zustand vom Unternehmen anzustreben sind. Da bei ihnen die Aktiv-Seite und Passiv-Seite der Bilanz einbezogen werden, werden sie als **horizontale Finanzierungsregeln** bezeichnet:

Goldene Bilanzregeln	im **engeren** Sinne:	im **weiteren** Sinne:
	$\dfrac{\text{Anlagevermögen}}{\text{Eigenkapital}} \leq 1$	$\dfrac{\text{Anlagevermögen}}{\text{Eigenkapital} + \text{langfristiges Fremdkapital}} \leq 1$
Goldene Finanzierungs-regeln	$\dfrac{\text{Kurzfristiges Vermögen}}{\text{Kurzfristiges Kapital}} \leq 1$	
	$\dfrac{\text{Langfristiges Vermögen}}{\text{Langfristiges Kapital}} \leq 1$	

Die Einhaltung der Fristenkongruenz bezweckt die Aufrechterhaltung der Liquidität zur Sicherung der Unternehmensexistenz.

Aufgabe 14 > Seite 193

2.1.3.2 Dynamische Liquiditätsanalyse

Die dynamische Liquiditätsanalyse dient dem Zweck, die Liquidität **zeitraumbezogen** darzustellen. Dazu werden herangezogen:

► Der **Cashflow**[1], der den während einer Zeitdauer entstandenen Einzahlungsüberschuss in Form einer partiellen Brutto-Kapitalflussrechnung wiedergibt. Er ist ein wichtiger **Finanzkraft-Indikator**, der die Fähigkeit des Unternehmens misst, aus eige-

---

[1] Der Cashflow ist unterschiedlich definierbar – siehe hierzu *Olfert:* Finanzierung.

ner Kraft zur Innenfinanzierung, Schuldentilgung und Dividendenzahlung beizutragen. Seine **Berechnung** kann in zweifacher Weise erfolgen:

Direkte Ermittlung des Cashflows	Sie geschieht im Rahmen der unternehmens**internen** Analyse.
	Zahlungswirksame Erträge
	- Zahlungswirksame Aufwendungen
	= **Cashflow**
Indirekte Ermittlung des Cashflows	Sie wird bei der unternehmens**externen** Analyse notwendig.
	Bilanzgewinn
	+ Zuführung zu den Rücklagen
	(- Auflösung von Rücklagen)
	- Gewinnvortrag aus der Vorperiode
	(+ Verlustvortrag aus der Vorperiode)
	= Jahresüberschuss
	+ Abschreibungen
	(- Zuschreibungen)
	+ Erhöhung der langfristigen Rückstellungen
	(- Verminderung der langfristigen Rückstellungen)
	= **Cashflow**

▶ Die **Bewegungsbilanz**, die Mittelverwendung und Mittelherkunft vergleicht und mittels der Bestandsveränderungen finanzwirtschaftliche Vorgänge aufzeigt:

Bewegungsbilanz	
Mittelverwendung	**Mittelherkunft**
Aktivmehrung	Aktivminderung
Passivminderung	Passivmehrung

Diese dynamische Sichtweise der Liquidität wird dann in Form von **Kapitalflussrechnungen** umgesetzt, die Bilanzen und GuV-Rechnungen zu Beginn und am Ende einer Rechnungsperiode gegenüberstellen:

Mittel- herkunft	Einstellungen in die Rücklagen
	- Entnahmen aus den Rücklagen
	+ Abschreibungen auf Sachanlagen
	+ Abschreibungen auf Beteiligungen
	+ Erhöhung des Grundkapitals
	+ Zunahme der langfristigen Verbindlichkeiten
	+ Zunahme der mittelfristigen Verbindlichkeiten
	+ Erhöhung der Rückstellungen
	+ Verringerte Vorratshaltung
	= **Gesamtbetrag der verfügbaren Mittel (1)**

Mittel- verwendung		Investitionen in Sachanlagen oder Beteiligungen
	+	Erhöhung der Vorräte
	+	Zunahme der Forderungen aus langfristigen Geschäften
	+	Zunahme der Forderungen aus mittelfristigen Geschäften
	-	Verminderungen der kurzfristigen Verbindlichkeiten
	=	**Gesamtbetrag der eingesetzten Mittel (2)**

Die Differenz aus (1) und (2) zeigt die Zu- oder Abnahme der flüssigen Mittel und damit die Liquiditätsentwicklung eines Unternehmens. Es lassen sich Aussagen über den Finanzierungs- und Investitionsbereich treffen.

▶ Eine Umsetzung der dynamischen Betrachtung der Liquidität geschieht auch in Form von **Finanzplänen**. Mit ihrer Hilfe lässt sich – ausschließlich unternehmensintern – der Liquiditätsstatus für unterschiedliche Perioden ermitteln. Dabei werden Einzahlungen und Auszahlungen gegenübergestellt:

> **I. Auszahlungen**
> Auszahlungen für laufende Geschäfte
> Auszahlungen für Investitionszwecke
> Auszahlungen im Rahmen des Finanzgeschäftes
> **II. Einzahlungen**
> Einzahlungen aus ordentlichen Umsätzen
> Einzahlungen aus außerordentlichen Umsätzen
> Sonstige Einzahlungen
> **III. Ermittlung der Über- oder Unterdeckung**
> II - I + Zahlungsmittelbestand der Vorperiode
> **IV. Ausgleichsmaßnahmen**
> Bei Unterdeckung oder Überdeckung
> **V. Zahlungsmittelbestand am Periodenende**

Finanzpläne können grundsätzlich **langfristig** (über 5 Jahre), **mittelfristig** (über 1 bis 5 Jahre) und **kurzfristig** (bis 1 Jahr, z. B. auch als Tages-, Wochen-, Monats-, Vierteljahrespläne) ausgerichtet sein.

Aufgabe 15 > Seite 194

2.2 Planung

Die Planung ist die gedanklich vorweggenommene „Bewertung von Alternativen", z. B. die Beurteilung von unterschiedlichen Finanzierungsformen. Sie stellt ein Verbindungsglied zwischen Information und Aktion dar, durch das die **Willensbildung** im Unternehmen und damit auch im finanzwirtschaftlichen Bereich geschieht.

Grundlage für die Beurteilung von Alternativen ist der **Informationsstand**:

$$\text{Informationsstand} = \frac{\text{Tatsächlich vorhandene Information}}{\text{Für notwendig erachtete Information}}$$

Entscheidungen in der Finanzierung sind durch **unvollkommene Information** und/oder durch das Vorliegen großer, sich ständig ändernder **Datenmengen** gekennzeichnet, weshalb nur ein Bruchteil der infrage kommenden Alternativen näher geprüft werden kann. Deshalb ist die Entscheidung zumeist in einer Situation der Unsicherheit zu treffen.

Weitere Schwierigkeiten bestehen in der Berücksichtigung der **Umweltsituation** und der meist vielfältigen **Verhaltensalternativen** im Unternehmen selbst, da der Marktbezug der Entscheidung einen sehr großen Komplexitätsgrad ergibt.

Arten der Planung im Rahmen der finanzwirtschaftlichen Führung sind ihrer Planungsebene entsprechend:

► Die **strategische Planung** als Gesamtplanung, die durch die obere Führungsebene erfolgt und langfristig ausgerichtet ist. Sie hat allgemeine Produkt- und Marktstrategien sowie die Diagnose von Stärken und Schwächen des Unternehmens zum Gegenstand.

► Das Finanzmanagement gibt hier zumeist in Form der Bilanzplanung und Erfolgsplanung als **Rahmendaten** vor:
  - Daten für die strategische **Vermögens-** und **Kapitalstrukturplanung**
  - Daten für den **Kapitalfluss** und die **Kapitalbindung**.

► Die **taktische Planung**[1] hat als mittelfristige Ausprägung die Aufrechterhaltung des laufenden Geschäftes zum Ziel. Ihre Grundlage sind die Vorgaben der strategischen Planung. Im Finanzierungsbereich sind dies die Investitions- und Kapazitätsplanung, welche die taktische Planung des **Finanzierungsmix** und die Aufstellung mittelfristiger **Finanzpläne** vorbestimmen.

► Die **operative Planung**[2] ist die Planung kurzfristiger Routinevorgänge sowie die Umsetzung der taktischen Planung. Dieses operative Geschäft wird **Disposition** genannt. Inhalte sind z. B. Maßnahmen der Liquiditätssicherung sowie die Optimierung der Wertstellung im Zahlungsverkehr.

Nach den **finanzwirtschaftlichen Funktionen** der Kapitalbeschaffung und Kapitalverwendung sind zu unterscheiden:

► **Investitionsplanung**
► **Finanzplanung.**

---

[1] Unter taktischer Planung wird in der Literatur mitunter auch die kurzfristige Planung verstanden.

[2] Unter operativer Planung wird in der Literatur mitunter auch die mittelfristige Planung verstanden.

2.2.1 Investitionsplanung

Die Investitionsplanung hat als Teilplanung der Unternehmensplanung eine **besondere Bedeutung**, da Investitionen

- eine **längerfristige Kapitalbindung** verursachen. Probleme ergeben sich, wenn vor dem Ablauf der Planungsperioden die Kapitalbindungen nur unter Inkaufnahme von Verlusten verändert oder aufgehoben werden können.
- **Änderungen in der Kostenstruktur** eines Unternehmens verursachen, zumeist als Erhöhungen im Fixkostenbereich.
- durch die dem Unternehmen zur Verfügung stehenden **Möglichkeiten der Finanzierung** in ihrem Volumen begrenzt werden.
- den **technischen Fortschritt** prägen und damit zur Sicherung und Weiterentwicklung des Unternehmens maßgeblich beitragen.

Die Investitionsplanung hat sich an den strategischen Zielen des Unternehmens auszurichten und mittels festgelegter **Beurteilungskriterien** und zuverlässiger **Planungsverfahren** zu erfolgen. Um feststellen zu können, welche Investitionen den Erwartungen des Unternehmens gerecht werden, stehen verschiedene Investitionsrechnungen zur Verfügung – siehe ausführlich *Olfert*.

Mithilfe der Investitionsplanung ist einerseits die Planung von **Einzelinvestitionen** möglich, andererseits die Planung vollständiger **Investitionsprogrammen**, mit deren Hilfe der Investitionsbedarf für eine Rechnungsperiode geplant und mit dem sich hieraus ergebenden Kapitalbedarf abgeglichen werden kann.

2.2.2 Finanzplanung

Die Finanzplanung dient dazu, die finanziellen Vorhaben eines Unternehmens zu gestalten, wobei Entscheidungen und deren Umsetzung unter Berücksichtigung der **finanzwirtschaftlichen Ziele** zu geschehen haben, die bereits dargestellt wurden als:

- Rentabilität, Liquidität, Sicherheit, Unabhängigkeit.

Die Finanzplanung baut auf der finanzwirtschaftlichen Analyse auf und hat folgende **Bestandteile**:

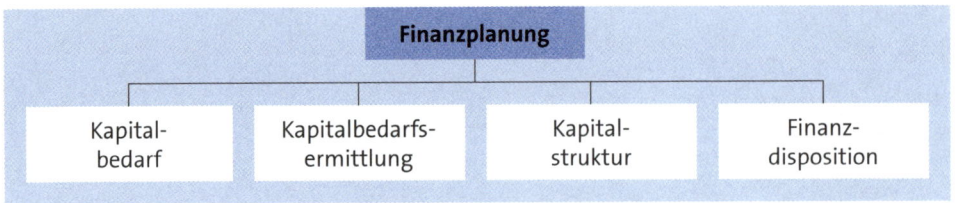

2.2.2.1 Kapitalbedarf

Die Möglichkeiten der Finanzierung bestimmen die Durchführbarkeit von Investitionen. Jede Investition beeinflusst den Kapitalbedarf eines Unternehmens, der Kapitalbedarf wiederum erfordert Maßnahmen der Finanzierung. Der Grund, weshalb ein Kapitalbedarf innerhalb eines Unternehmens entsteht, ist darin zu sehen, dass:

▸ Einzahlungen und Auszahlungen sich **in der Höhe unterscheiden**

▸ Einzahlungen und Auszahlungen **zeitlich auseinander fallen**.

Die **Ermittlung** des Kapitalbedarfes geschieht durch die Subtraktion der kumulierten Einzahlungen und der kumulierten Auszahlungen:

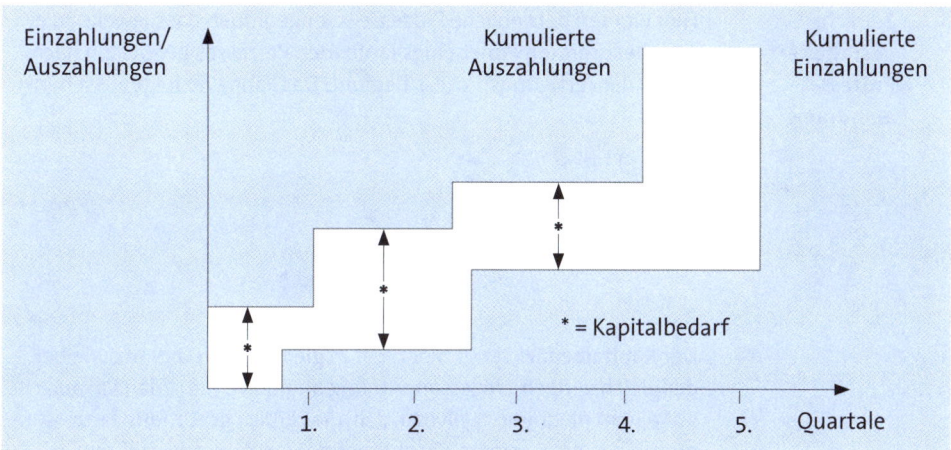

Sind die kumulierten Einzahlungen niedriger als die kumulierten Auszahlungen, entsteht ein Kapitalbedarf. Übersteigen sie die kumulierten Auszahlungen, ist ein Kapitalbedarf nicht gegeben, sondern eine Situation, in der das Unternehmen überschüssige Liquidität anhäuft, die zu disponieren ist.

Der Kapitalbedarf wird von mehreren **Einflussfaktoren** in seiner Höhe bestimmt. Es sollen unterschieden werden (*Gutenberg, Hahn*):

▸ Die **Mengenkomponente**, da die „Grundprozesse", die der Erstellung der betrieblichen Leistungen dienen, Kapital im Unternehmen binden und hierdurch einen Kapitalbedarf erzeugen. Dieser Vorgang kann durch mehrere **Determinanten** beeinflusst werden:

- Die **Prozessanordnung** organisiert den zeitlichen Ablauf der betrieblichen Leistungserstellung. Als betriebliche Prozesse sind die einzelnen Fertigungsschritte zu verstehen, die zur Erstellung der Produkte notwendig werden. **Arten** der Prozessanordnung können z. B. sein:

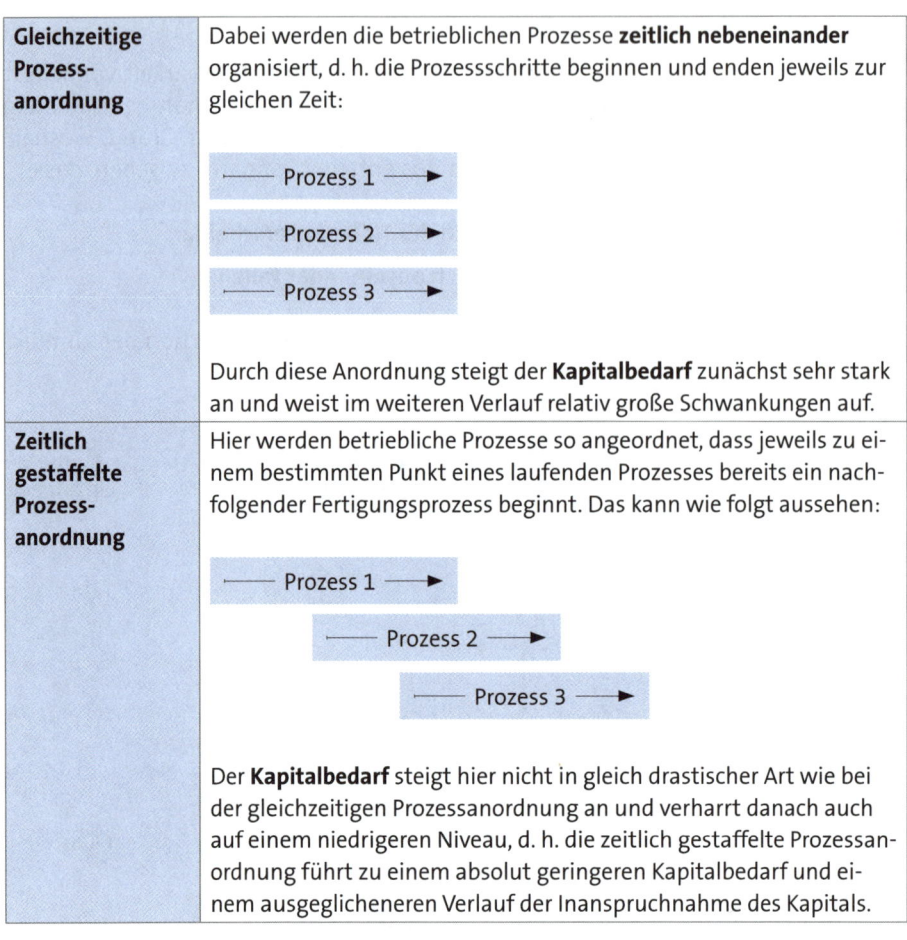

Gleichzeitige Prozessanordnung	Dabei werden die betrieblichen Prozesse **zeitlich nebeneinander** organisiert, d. h. die Prozessschritte beginnen und enden jeweils zur gleichen Zeit: Durch diese Anordnung steigt der **Kapitalbedarf** zunächst sehr stark an und weist im weiteren Verlauf relativ große Schwankungen auf.
Zeitlich gestaffelte Prozessanordnung	Hier werden betriebliche Prozesse so angeordnet, dass jeweils zu einem bestimmten Punkt eines laufenden Prozesses bereits ein nachfolgender Fertigungsprozess beginnt. Das kann wie folgt aussehen: Der **Kapitalbedarf** steigt hier nicht in gleich drastischer Art wie bei der gleichzeitigen Prozessanordnung an und verharrt danach auch auf einem niedrigeren Niveau, d. h. die zeitlich gestaffelte Prozessanordnung führt zu einem absolut geringeren Kapitalbedarf und einem ausgeglicheneren Verlauf der Inanspruchnahme des Kapitals.

Die betrieblichen Prozesse lassen sich auch **zeitlich nacheinander** anordnen, was zu niedrigerem Kapitalbedarf führt.

Aufgabe 16 > Seite 194

- Die **Unternehmensgröße** bzw. deren Änderung beeinflusst den Kapitalbedarf ebenfalls. Die fehlende Teilbarkeit von Betriebsmitteln z. B. wirkt sich bei einem Kapazitätsaufbau auf den Kapitalbedarf negativ aus, wobei vor allem unter- oder überproportionale Zu- oder Abnahmen des Kapitalbedarfs bei steigenden oder fallenden Unternehmensgrößen interessieren.

- Das **Leistungsprogramm** eines Unternehmens und dessen Änderung beeinflusst den Kapitalbedarf. Je zahlreicher und je unterschiedlicher die gefertigten Typen sind, umso größer ist die Unterschiedlichkeit bei der Erstellung des Leistungsprogramms, was zu einem Anstieg des Kapitalbedarfes führt, z. B. wegen der einzelnen Mindest-Lagerhaltungen für die verschiedenen Werkstoffe.

- Der **Nutzungsgrad** gibt die tatsächliche Nutzung des Leistungsvermögens eines Unternehmens wieder und wird auch **Beschäftigungsgrad** genannt. Er beeinflusst den Kapitalbedarf, indem er unterschiedlich variiert werden kann. Es gibt:

Quantitative Anpassung	Die Änderung der Anzahl von **Arbeitsplätzen** wirkt auf den Kapitalbedarf. So ist festzustellen: ▶ Eine **Erhöhung** der Anzahl von Arbeitsplätzen kann zu einer proportionalen oder einer überproportionalen Erhöhung des Kapitalbedarfes führen. ▶ Beim **Abbau** von Arbeitsplätzen kommt es zumeist zu einer unterproportionalen Verminderung des Kapitalbedarfs, da eine entsprechend proportionale Verminderung der Betriebsmittel und Werkstoffe häufig nicht gelingt.
Zeitliche Anpassung	Mit der zeitlichen Anpassung wird die **Arbeitszeit** bei konstant gehaltener Arbeitsplatzanzahl und konstanter Prozessgeschwindigkeit verändert. **Längere Arbeitszeiten** erhöhen im Bereich des Umlaufvermögens den Kapitalbedarf proportional, bei Überstundenzuschlägen allerdings überproportional, beim Anlagevermögen verbleibt er auf gleichem Niveau.
Intensitätsmäßige Anpassung	Durch sie wird bei konstanter Arbeitsplatzanzahl und konstantem Arbeitszeitumfang der **Nutzungsgrad** und damit der Kapitalbedarf durch die Variation der Prozessgeschwindigkeit verändert.

▶ Die **Zeitkomponente** bezieht sich auf den zeitlichen Bedarf, den ein einzelner betrieblicher Prozess benötigt. Je größer die **Prozessgeschwindigkeit** ist, umso weniger weit fallen die Einzahlungen und Auszahlungen auseinander und umso niedriger ist der Kapitalbedarf.

Dies gilt sowohl für den güterwirtschaftlichen Bereich, z. B. bei kürzeren Verweilzeiten in Fertigung und Lager, als auch für den finanzwirtschaftlichen Bereich, z. B. bei schnellerer Zahlungsweise der Debitoren oder längerer Inanspruchnahme der Ziele des eigenen Unternehmens.

Eine **Kennzahl** für die Prozessgeschwindigkeit ist der Kapitalumschlag:

$$\text{Kapitalumschlag} = \frac{\text{Jahresumsatz}}{\varnothing \text{ investiertes Kapital}}$$

▶ Die **Wertkomponente**, die den **Preis** darstellt, hat hinsichtlich des Kapitalbedarfs eine mehrfache Bedeutung:

- Es besteht ein Einfluss des **Preises bei gegebenen Mengen**, d. h. das allgemeine Preisniveau verändert bei einem Ansteigen oder Absinken das produktionsbezogene Mengengerüst des Unternehmens bei unveränderten Finanzierungsspielräumen.

- Die **Mengen** werden **durch den Preis** beeinflusst, d. h. nach der klassischen Preistheorie verändert der Preis die Nachfrage. Höhere Preise haben eine kleinere Nachfrage und umgekehrt zur Folge. Daraus resultiert auch ein sich verändernder Kapitalbedarf.

- **Preisnachlässe** verringern den Kapitalbedarf. Sie sind der Ausgleich für entsprechende Opfer des Käufers hinsichtlich der Zeit (Saisonrabatt, Skonto), der Menge (Mengenrabatt) und der Qualität.

2.2.2.2 Kapitalbedarfsermittlung

Die hinreichend genaue Ermittlung des Kapitalbedarfes ist für das Unternehmen notwendig, um die erforderlichen Finanzierungsmittel zur Kapitaldeckung frühzeitig disponieren zu können. **Möglichkeiten** zur Ermittlung des Kapitalbedarfes sind:

► Die **Kapitalbedarfsrechnung**, die bei ein- oder erstmaligem Entstehen eines Kapitalbedarfes (Unternehmensgründung) oder bei besonderen Anlässen im Unternehmenslebenszyklus (Unternehmenserweiterung) zur Anwendung kommt und die Ermittlung näherungsweiser Bedarfswerte mithilfe von Faustregeln ermöglicht.

► Der **Finanzplan**, mit dem der Kapitalbedarf für einen laufenden Geschäftsbetrieb errechnet wird. Alle laufenden Ein- und Auszahlungen werden über einen bestimmten Zeitraum hinweg prognostiziert und kumulativ zur Errechnung von Liquiditätsüberschüssen und Liquiditätsunterdeckungen gegenübergestellt.

In der **Kapitalbedarfsrechnung** setzt sich der Kapitalbedarf aus dem Anlagekapitalbedarf und dem Umlaufkapitalbedarf zusammen:

► Der **Anlagekapitalbedarf** sichert die Betriebsbereitschaft des Unternehmens. Als Wertgrößen des **Anlagevermögens** werden gewöhnlich **Anschaffungswerte** verwendet, die sich zusammensetzen können aus:

	Anschaffungspreis
+	Transportkosten
+	Montagekosten
+	Versicherung
+	Provisionen
=	**Anschaffungskosten**

► Die Addition der jeweiligen Anschaffungswerte ergibt den **Anlagekapitalbedarf**.

Beispiel

	Grundstück	300.000 €
+	Gebäude	400.000 €
+	Maschinen	250.000 €
+	Betriebs- und Geschäftsausstattung	150.000 €
=	**Anlagekapitalbedarf**	**1.100.000 €**

► **Erstmalige Kosten** bei neu gegründeten Unternehmen können als **Auszahlungen für die Gründung**, z. B. Gerichtskosten, Notariatskosten, Maklergebühren, Provisionen, Grundbuchgebühren und **Auszahlungen für die Ingangsetzung**, z. B. Personalbeschaffungskosten, Ausgaben für Marktstudien, Ausgaben für Einführungswerbung, Ausgaben für Organisationsgutachten entstehen.

► Der **Umlaufkapitalbedarf** sichert den Prozess der Leistungserstellung. Hier können Wertgrößen der täglichen Auszahlungen und die Dauer der Bindung des Vermögens nicht ohne Weiteres festgelegt werden. Deshalb geschieht die **Ermittlung** des Umlaufkapitalbedarfes **in drei Schritten**:

- Zuerst erfolgt die Feststellung der **Kapitalbindungsdauer**, die sich durch die zeitlichen Vorgaben der verschiedenen Leistungsprozesse ergibt:

Beispiel

Zeitdauer der Rohstofflagerung	20 Tage
Zeitdauer der Produktion	15 Tage
Zeitdauer der Lagerung von Fertigerzeugnissen	10 Tage
Zeitdauer des Kundenziels	30 Tage
Zeitdauer des Lieferantenziels	10 Tage

Die Zeitdauer eines möglicherweise eingeräumten **Lieferantenziels** muss von der Kapitalbindung abgesetzt werden.

- Danach werden die **durchschnittlichen täglichen Werteinsätze** ermittelt:

Beispiel

Durchschnittlicher täglicher Werkstoffeinsatz	7.000 €
Durchschnittlicher täglicher Lohneinsatz	10.000 €
Durchschnittlicher täglicher Gemeinkostensatz	2.000 €

- Schließlich wird der **Kapitalbedarf des Umlaufvermögens** festgestellt, indem die folgende Faustregel verwendet wird:

$$\text{Kapitalbedarf des Umlaufvermögens} = \text{täglicher Werteinsatz} \cdot \text{Bindungsdauer}$$

Die **Berechnung** des Umlaufkapitalbedarfs kann auf zwei **Arten** geschehen. Zu unterscheiden sind:

Kumulative Methode	Sie vereinfacht die Berechnung, indem die **Summe der Werteinsätze** gesamthaft mit der Bindungsdauer multipliziert wird.

Werteinsatz		Bindungsdauer in Tagen	
Werkstoffeinsatz	7.000 €	Rohstofflagerung	+ 20 Tage
Lohneinsatz	10.000 €	Produktion	+ 15 Tage
		Lagerung der	
Gemeinkosten-		Fertigerzeugnisse	+ 10 Tage
einsatz	2.000 €	Kundenziel	+ 30 Tage
Summe	**19.000 €**	Lieferantenziel	- 10 Tage
		Summe	**65 Tage**

Umlaufkapitalbedarf = 19.000 € · 65 = **1.235.000 €**

Elektive Methode	Sie differenziert stärker die **unterschiedlichen Zeitdauern** für jeden einzelnen Werteinsatz.

Werteinsatz	Bindungsdauer in Tagen	
Werkstoffeinsatz	7.000 € · (20 + 15 + 10 + 30 - 10) =	455.000 €
Lohneinsatz	10.000 € · (15 + 10 + 30) =	550.000 €
Gemeinkosteneinsatz	2.000 € · (20 + 15 + 10 + 30) =	150.000 €
Umlaufkapitalbedarf		**1.155.000 €**

Trotz der offensichtlich größeren Genauigkeit der elektiven Methode bestehen auch dort Unwägbarkeiten bzw. Ungenauigkeiten.

► Der **Gesamtkapitalbedarf** ergibt sich aus der Addition des Anlagekapitalbedarfs und des Umlaufkapitalbedarfs:

Gesamtkapitalbedarf = Anlagekapitalbedarf + Umlaufkapitalbedarf

Beispiel

Kumulative Methode		Elektive Methode	
Anlagekapitalbedarf	1.100.000 €	Anlagekapitalbedarf	1.100.000 €
Umlaufkapitalbedarf	1.235.000 €	Umlaufkapitalbedarf	1.155.000 €
Summe	**2.335.000 €**	Summe	**2.255.000 €**

Aufgabe 17 > Seite 194

Der **Finanzplan** eignet sich ausschließlich zur Ermittlung des Kapitalbedarfs eines laufenden Geschäftsbetriebes. Er kann nur intern erstellt werden. Als Vorgehensweise bietet sich an, alle laufenden Vorgänge, die Einzahlungen und Auszahlungen verursachen, über unterschiedlich lange Zeiträume hinweg zu prognostizieren.

Die Kumulierung der Einzahlungen und Auszahlungen gibt Auskunft über Liquiditätsüberschüsse und Liquiditätsunterdeckungen zu bestimmten Zeitpunkten. Die **Grundstruktur** des Finanzplans wurde bei der Finanzanalyse gezeigt, siehe S. 62.

In der Praxis wird diese Grundstruktur vielfach **dynamisch-liquiditätsbezogen** erweitert, sodass der **Finanzplan** z. B. folgenden Inhalt haben kann:

I. Ermittlung der Auszahlungen	II. Ermittlung der Einzahlungen
Auszahlungen für laufende Geschäfte	**Einzahlungen aus ordentlichen Umsätzen**
▸ Gehälter	▸ Barverkäufe
▸ Löhne	▸ Eingehende Zahlungen (Ford./L. u. L.)
▸ Rohstoffe	
▸ Hilfsstoffe	**Einzahlungen aus außerordentlichen Umsätzen**
▸ Frachten	
▸ Steuern und Abgaben	▸ Verkäufe aus dem Anlagevermögen
	▸ Verkäufe des Finanzanlagevermögens
Auszahlungen für Investitionszwecke	
▸ Sachinvestitionen	
▸ Finanzinvestitionen	
Auszahlungen im Rahmen des Finanzgeschäfts	
▸ Kredittilgung	
▸ Akzepteinlösung	
▸ Privatentnahmen	
III. Ermittlung der Über- oder Unterdeckung **= II - I + Zahlungsmittelbestand der Vorperiode**	
IV. Ausgleichsmaßnahmen bei Unterdeckung (Kreditaufnahme, Eigenkapitalerhöhung, Desinvestitionen) bei Überdeckung (Anlageentscheidung, Kreditrückführung)	
V. Zahlungsmittelbestand am Periodenende	

Die Prognose der Einzahlungen und Auszahlungen kann für verschiedene Zeiträume geschehen. Hieraus ergibt sich durch die Kumulation ein Saldo für die **Liquiditätsvorschau** mit den Angaben, wann welcher Kapitalbedarf entsteht:

Beispiel

Zeitraum	Einzahlungen (+)	Auszahlungen (-)	Saldo = Überschuss bzw. Defizit
1. Tag	50	24	26
2. Tag	76	56	20
3. Tag	305	280	25
4. Tag	22	100	- 78
5. Tag	155	84	71
1. Woche	608	544	64
2. Woche	280	450	- 170
3. Woche	250	485	- 235
4. Woche	270	109	161
1. Monat	1.408	1.588	- 180
2. Monat	1.785	1.560	225
3. Monat	1.669	2.200	- 531
1. Quartal	4.862	5.348	- 486
2. Quartal	2.600	3.800	- 1.200
3. Quartal	2.700	4.300	- 1.600
4. Quartal	8.700	4.356	4.344

Diese Form der Übersicht kann fortlaufend als rollierendes Planungs- und Controllinginstrument genutzt werden und zeigt dann in Verbindung mit Soll-Ist-Vergleichen die tägliche Entwicklung der tatsächlichen Liquidität zur geplanten Liquidität.

Aufgabe 18 > Seite 194

2.2.2.3 Kapitalstruktur

Bei einer Optimierung der Kapitalstruktur ist es wichtig, die verschiedenen Sichtweisen der am Finanzierungsprozess Beteiligten zu kennen, denen unterschiedliche Risiken zu Grunde liegen. **Beteiligte** sind:

▶ **Eigenkapitalgeber**, die das Kapitalrisiko und Gewinnrisiko tragen

▶ **Fremdkapitalgeber**, deren Risiken das Kreditrisiko und Zinsrisiko sind

▶ **Unternehmen**, für die Abzugsrisiko und Liquiditätsrisiko bedeutsam sind.

Im Rahmen der **Finanzanalyse** wurden bereits verschiedene Praktikerregeln aufgezeigt, die Qualitätsnormen darstellen und Finanzierungsregeln genannt werden. Der **Optimierung** der Kapitalstruktur dienen als „Qualitätsnormen": Die **vertikalen Finanzierungsregeln**, wie sie auf S. 57 beschrieben wurden, als die 1:1-Regel, 2:1-Regel, 3:1-Regel. Die **horizontalen Finanzierungsregeln**, die auf S. 60 beschrieben wurden, als Goldene Bilanzregeln und Goldene Finanzierungsregeln.

Weitere **Optimierungskriterien** der Kapitalstruktur sind:

- Die **Kapitalhöhe**, die durch die Art und den Umfang von Investitionsalternativen bestimmt wird, wobei es zum Ausschluss von Investitionsobjekten kommen kann, wenn
  - eine einzelne **Finanzierungsalternative** (z. B. die von der Bank zugestandene Kreditlinie) besteht, die den erforderlichen Umfang nicht erreicht.
  - die **Unternehmensführung** eingrenzende Vorgaben für die Verschuldung des Unternehmens gibt (Finanzplan als Engpassfaktor).
- Die **Kapitalkosten**, die mit jeder Finanzierungsmaßnahme verbunden sind. Angestrebtes Ziel ist die Minimierung der Kosten der Kapitalaufnahme. Als Kapitalkosten können unterschieden werden:

Einmalige Kapitalkosten	► **Beschaffungskosten**, z. B. Kosten der Sicherheitsstellung, Grundbucheintrag, Emissionskosten, Provisionen, Bearbeitungsgebühren
	► **Tilgungskosten**, z. B. Rückzahlungsagio, Kurssicherungskosten, Kosten der Rückerstattung der Sicherheiten
Laufende Kapitalkosten	► **Nutzungskosten** in Form des Zinses, der Überziehungsprovision und der Bereitstellungsprovision bzw. Kreditprovision. Sie betragen gewöhnlicherweise ca. 80 % der Finanzierungskosten. - Die **Überziehungsprovision** wird erhoben, wenn eine Überziehung der zugesagten Kreditlinie stattfindet. - **Bereitstellungsprovision** stellt die Bank in Rechnung für einen zugesagten, aber nicht in Anspruch genommenen Kredit. ► **Effektenkapitaldienstkosten**, z. B. Kosten der Kuponeinlösung, Kosten der Einlösung einzelner Wertpapiere. ► **Marktpflegekosten**, z. B. Kosten für die Kurspflege sowie die Publizierung der Unterlagen, Aktionärsbriefe, Geschäftsberichte, Presseinformationen.

► Der **Kapitaleinfluss**, denn der Finanzierungsvorgang kann Einflussnahmen auf die Entscheidungen des Unternehmens bewirken, die dessen Unabhängigkeit begrenzen können:

Eigenkapital-geber	Ihnen steht i. d. R. das **Recht auf Mitbestimmung** zu, z. B. als Gesellschafter des Unternehmens.
Fremdkapital-geber	Sie verfügen kraft Gesetz nicht über Mitbestimmungsrechte. Zugestandene **Einflussrechte** können jedoch sein:

► Die **Kapitalfristigkeit**, die sich am Verwendungszweck des hereingenommenen Kapitals orientiert, wobei das **Prinzip der Fristenkongruenz** zwischen Kapitalverwendung und Kapitalbeschaffung möglichst einzuhalten ist. So sollen langfristige Kapitalbindungen durch langfristig zur Verfügung gestelltes Kapital abgedeckt sein und kurzfristig gebundene Vermögensgegenstände auch kurzfristig finanziert werden.

► Es ist nicht immer davon auszugehen, dass **Eigenkapital** dem Unternehmen unbegrenzt für langfristige Kapitalbindungen überlassen wird, da es durch Kündigung entzogen werden kann, z. B. durch den Austritt eines Gesellschafters.

► Ebenso kann das befristete **Fremdkapital** dem Unternehmen durch Prolongationen weiterhin zur Verfügung stehen oder aufgrund von besonderen Vorkommnissen vorzeitig gekündigt werden.

► Die **Kapitalflexibilität**, die sich vor allem auf die Möglichkeiten der Umfinanzierung und damit der kurzfristigen Wahrnehmung günstigerer Finanzierungsalternativen bezieht. Die **Umfinanzierung** wird erleichtert durch kürzere Kreditlaufzeiten sowie eingeräumte Kündigungsmöglichkeiten (jedoch i. V. m. höheren Kapitalkosten)

► Die **Kapitalrentabilität**, wobei unter dem Gesichtspunkt der Optimierung auf den **Leverage-Effekt** zu verweisen ist, der die Eigenkapitalrentabilität durch die Aufnahme von Fremdkapitalien erhöht, sofern die Voraussetzung gilt, dass die Gesamtkapitalrendite höher als die zu entrichtenden Fremdkapitalzinsen ist.

► Die **Kapitalsicherheit**, die für das Unternehmen die Sicherstellung der Kapitaldeckung und für den Kapitalgeber die Minimierung seines Verlustrisikos bedeutet, die bei der Fremdfinanzierung durch die Prüfung der **Kreditwürdigkeit** – siehe S. 85 – sowie die Stellung von **Sicherheiten** – siehe S. 90 – erfolgt.

2.2.2.4 Finanzdisposition

Als Finanzdisposition kann die planerische Vorausschau und die den Finanzplan im operativen Geschäft umsetzende Tätigkeit verstanden werden. Sie wird auch als **Cash Management** bezeichnet und dient der Überwachung und Steuerung des **Liquiditätsbestandes**, der sich zusammensetzt aus:

▶ Bargeld und Sichtguthaben

▶ nicht ausgenutzte Kreditlinien

▶ kurzfristig liquidisierbare Finanzanlagen.

Vielfach erfolgt die Finanzdisposition in größeren Unternehmen EDV-unterstützt durch **Cash Management-Systeme**, die von den Kreditinstituten im Rahmen des Electronic Banking angeboten werden. Zielsetzung dieser Systeme ist es, die richtigen Beträge auf den richtigen Konten in den richtigen Währungseinheiten zu den geeigneten Zeitpunkten unter Berücksichtigung der Rentabilität und der Zahlungsbereitschaft des Unternehmens bereitzustellen.

Dienstleistungen, die von Cash Management-Systemen erbracht werden, können unterschiedliche Umfänge aufweisen. Sie umfassen z. B. als:

▶ **Dienstleistungen einfacher Cash Management-Systeme**
- Umsatz- und Saldenübersichten
- bankenübergreifende Berichte
- Kontoauszüge
- Kontoabgleichungen
- valutarische Informationen
- historische Übersichten

▶ **Dienstleistungen anspruchsvollerer Cash Management-Systeme**
- Inlands-/Auslandszahlungen
- Ausführung von Zahlungen
- Plausibilitätsprüfung der Zahlungen
- Datensatzübertragung
- vorformatierte Zahlungsauftragstypen
- datierte Zahlungsaufträge

▶ **Weitere Dienstleistungen**
- Liquiditätsprognosen
- Risikoanalysen
- Finanzplanungen
- sonstige Analysen.

2.3 Organisation

Die organisatorische Einbindung der finanzwirtschaftlichen Führung in das Unternehmen wird durch mehrere **Faktoren** bestimmt. Dies sind insbesondere:

- Unternehmensgröße
- Rechtsform
- Branche
- Art der Einbindung des Unternehmens in einen Konzern.

Es kann festgestellt werden, dass die organisatorische Eingliederung der finanzwirtschaftlichen Führung tendenziell wie folgt geschieht:

- Bei **kleineren Unternehmen** liegen die finanzwirtschaftliche Führung und die Unternehmensleitung zumeist in einer Hand. Finanzielle Entscheidungen unterliegen damit einem oft unterschätzten Engpassfaktor, der die weitere Existenz des Unternehmens gefährden kann.
- **Mittlere bis größere Unternehmen** trennen vielfach die Unternehmensleitung in eine technische und in eine kaufmännische Führung, wobei letztere die finanzwirtschaftliche Leitung übertragen bekommt.
- **Große Unternehmen und Konzerne** besitzen zumeist schon im oberen Organisationsbereich eine eigenständige finanzwirtschaftliche Abteilung.

Bei der organisatorischen **Einordnung** der Finanzwirtschaft lassen sich unterscheiden:

- Die **funktionale Organisation**, die gleichartige Verrichtungen und Arbeitsvorgänge in Abteilungen oder Ressorts zusammenfasst. **Ziel** ist die Realisierung von Spezialisierungsvorteilen und Kostendegressionen. Die Aufgliederung nach dem Verrichtungsprinzip kann nach Ressorts vorgenommen werden.

Beispiel

Ressort Einkauf	Ressort Technik	Ressort Vertrieb	**Ressort Finanzen und Betriebswirtschaft**
			► Controlling
			► Finanzwesen: Banken, Kasse, Kredit, Ausland
			► Rechnungswesen
			► Beteiligungen

Kleinere und mittlere Unternehmen richten sich oftmals funktional aus, was bei wachsender Betriebsgröße jedoch zu Koordinationsproblemen führt.

► Die **divisionale Organisation** ist vor allem bei größeren Unternehmenseinheiten zu finden. Die Gliederung der Aufgaben erfolgt nach Objekten oder Sparten. Das können z. B. Produkte, Produktgruppen, Kunden, Kundengruppen, Regionen oder Länder sein.

Beispiel

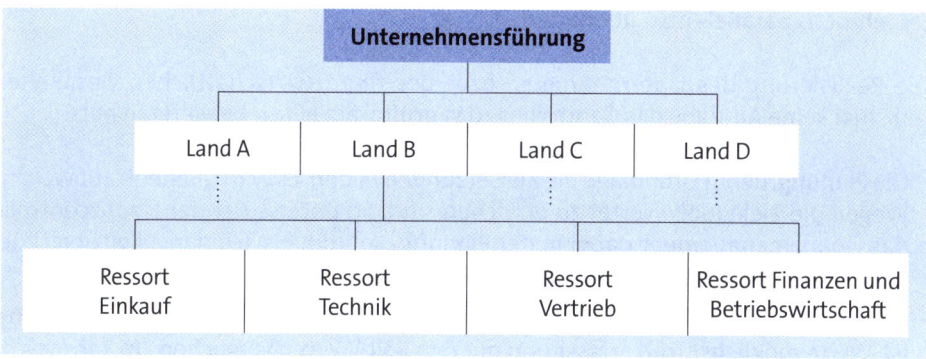

Vorteile dieser Organisationsform sind die konkreten Zielausrichtungen, z. B. auf eine bestimmte Kundengruppe oder ein bestimmtes Land sowie gleichzeitige Spezialisierungsvorteile der Funktionen.

Letztlich schaffen **Profit Center** eine Dezentralisation der Ergebnisverantwortung, wobei dies für Finanzabteilungen nur eingeschränkt gilt, da sie in Großunternehmen oftmals als zentralistisch geführte Querschnittsabteilungen hierarchisch verankert sind.

Beispiel

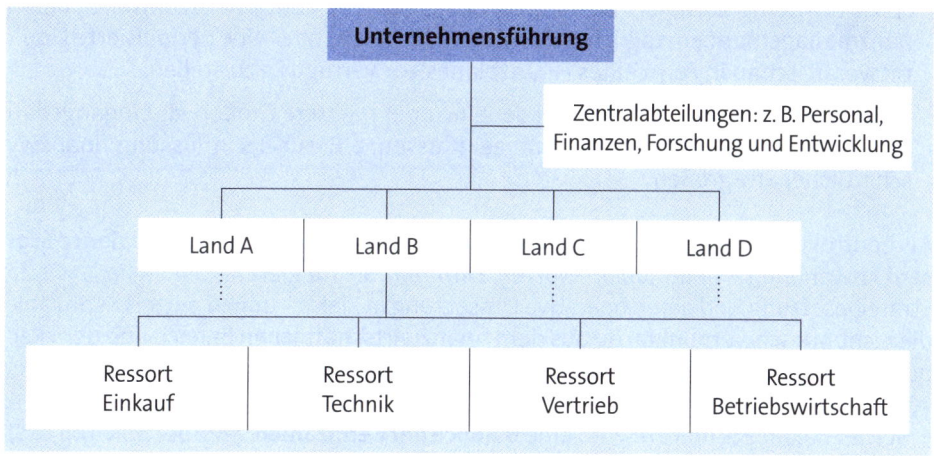

2.4 Controlling

Das Controlling verbindet den Koordinationsprozess der Planung, Kontrolle und Steuerung mit der Informationsversorgung. Es vollzieht nicht das unmittelbare Unternehmensgeschehen, sondern soll die einzelnen Unternehmensbereiche bei ihrer Arbeit unterstützen, so auch den finanzwirtschaftlichen Bereich. Es ist den Bereichen des Unternehmens **parallel-** bzw. **überlagert.**

Die Realisierung des Unternehmens- bzw. des finanzwirtschaftlichen Geschehens selbst ist keine Aufgabe des Controlling, das grundsätzlich zu bewältigen hat:

- ▸ Die **Planung**, deren Grundlage die Zielsetzungen bilden. Es wird überlegt, auf welchen Wegen die Ziele (Soll-Werte) zu erreichen sind. So unterstützt der Finanzcontroller das Finanzmanagement dabei in der Planung, koordiniert Teilpläne, konzipiert, implementiert und betreut Planungs-und Kontrollsysteme.

- ▸ Die **Kontrolle**, die mit der Überwachung beginnt. Bei ihr werden die entstandenen Ist-Werte möglichst früh erfasst und mit den Soll-Werten verglichen. Im Rahmen der Untersuchung erfolgen Abweichungsanalysen, um dieUrsachen abweichender Entwicklungen herauszufinden. Sie kann im Finanzbereich in die periodische Erstellung eines Finanzberichtes münden, der neben der Analyse der Abweichungen auch Maßnahmen zur Korrektur beinhaltet.

- ▸ Von besonderer Bedeutung ist die **Koordinationsfunktion** des Controlling, die durch den Finanzcontroller insbesondere gegenüber anderen Unternehmensteilen wahrgenommen wird. Er hat leistungswirtschaftliche Teilpläne aus der Beschaffung, der Produktion und dem Absatz als Informationsgrundlage für die Finanzplanung zu beschaffen und in die Finanzplanung einzuarbeiten.

- ▸ Die **Information**, die als Weitergabe bzw. Mitteilung von Daten anzusehen ist. Durch Frühwarnung sollen außerhalb festgelegter Planungsansätze gegebene Daten möglichst frühzeitig korrigiert werden. So obliegt es z. B. dem Finanzcontroller, dem Finanzmanagement ein tägliches Cashflow-Statement oder eine periodisierte Liquiditätsvorausschau in Form eines Finanzplanes zur Verfügung zu stellen.

- ▸ Die **Steuerung** als Maßnahme, bei der eine oder mehrere Größen als Eingangsdaten andere Größen als Ausgangsdaten beeinflussen, z. B. zur Beeinflussung finanzwirtschaftlicher Störgrößen.

Als Controlling- bzw. Managementmethode findet inzwischen auch die **Balance Scorecard** Anwendung – siehe *Kaplan/Norton, Ehrmann*. Sie fungiert als Bindeglied zwischen Strategiesetzung und deren operative Umsetzung in Zielsetzungen mittels Kennzahlen, die nicht nur schwerpunktartig aus dem finanzwirtschaftlichen Bereich und dem Rechnungswesen stammen sollen. **Merkmale** sind:

- ▸ Bei der Balance Scorecard wird eine **Balance der Kennzahlen** gefordert. Sie soll bestehen zwischen:

  - vergangenheitsorientierten Ergebnissen und zukünftigen Entwicklungen

- externen Anforderungen, z. B. der Eigentümer oder Kunden, und internen Prozess-größen.

▶ Dazu sind vier **Perspektiven** bei der Balance Scorecard einzubeziehen:

Finanzwirt-schaftliche Perspektive	Sie ist mithilfe traditioneller Kennzahlen darstellbar. Dabei kommen z. B. Umsatz- oder Kapitalrenditen als finanzwirtschaftliche Kennzahlen in Betracht.
Kunden-perspektive	Kundenzufriedenheit oder z. B. Kundenrentabilität legen als kunden-orientierte Kennzahlen die Kundensicht dar.
Interne Prozess-perspektive	Mittels der Prozesskostenrechnung können beispielsweise erfolgs-bestimmte Prozesse innerhalb des Unternehmens festgestellt und bewertet werden.
Lern- und Entwicklungs-perspektive	Unternehmensbezogene Kernkompetenzen sind auszumachen und über Kennzahlen, z. B. der Qualität und Motivation der Mitarbeiter, weiterzuentwickeln.

Auf diese Weise wird ein ganzheitliches Managementsystem angestrebt, in dem die genannten Perspektiven ausgewogen miteinander verknüpft, materielle und immate-rielle Größen einbezogen sowie unternehmensinterne und unternehmensexterne Kennzahlen verwendet werden.

Aufgabe 19 > Seite 195

C. Kreditfinanzierung

Die Kreditfinanzierung dient dazu, dem Unternehmen von außen Fremdkapital zuzuführen. Sie ist eine Form der Außenfinanzierung und wird auch als **Fremdfinanzierung** bezeichnet. Das Fremdkapital weist folgende **Merkmale** auf:

▶ Es begründet ein **Schuldverhältnis**.

▶ Es übernimmt **keine Haftung** für die Geschäftstätigkeit des Unternehmens.

▶ Es ist nach einer **bestimmten Frist** an den Kapitalgeber **zurückzuzahlen**.

▶ Es hat **keinen Anspruch auf Mitbestimmung** bei der Geschäftsführung.

▶ Es bewirkt **Kosten** für das Unternehmen, vor allem in Form von **Zinsen**.

▶ Es steht zumeist nur **gegen Stellung von Sicherheiten** für das Unternehmen zur Verfügung.

Das Fremdkapital kann in verschiedenen Weisen beschafft werden:

▶ Über die **Kreditmärkte**, die zumeist **bankgetragen** sind. Sie stellen den Unternehmen benötigtes Kapital auf der Grundlage abzuschließender Kreditverträge zur Verfügung.

▶ **Kapitalmärkte**, auf denen das Kapital auf der Grundlage von emittierten, langfristig laufenden Gläubigerpapieren. z. B. zum Zwecke der Investition (z. B. Industrieanleihen), Refinanzierung (z. B. Bankanleihen), Haushaltsfinanzierung oder Subventionierung (z. B. Staatsanleihen) bereit gestellt wird. Diese Gläubigerpapiere sind fest- oder variabel verzinsliche Wertpapiere mit einem Rückzahlungsanspruch des Inhabers.

▶ **Weitere Möglichkeiten** der Kapitalaufnahme können sein:

Kredite von Kapitalsammelstellen	Sie stammen z. B. von Versicherungen, die eine Anlageform für eingehende Versicherungsprämien suchen. **Beispiel:** Schuldscheindarlehen
Kredite von Marktpartnern	Sie werden z. B. als Zielzahlungen gewährt, wobei kontrahierungspolitische Zwecke im Marketingmix verfolgt werden. **Beispiel:** Lieferantenkredit
Substitutionsmöglichkeiten	Sie ersetzen eine direkte Kreditaufnahme des Unternehmens an den Kredit- und Kapitalmärkten. **Beispiele:** Factoring, Leasing
Gesellschafterdarlehen	Gesellschafter gewähren anstelle von Eigenkapital dem Unternehmen einen Kredit.

Typische **Merkmale** der Kreditfinanzierung sind:

▸ Die **Kapitalhöhe**, die sich aus unterschiedlichen Sichtweisen bestimmt:

Sicht des Unternehmens	Dabei bestimmen die wirtschaftlichen Notwendigkeiten, also der Kapitalbedarf für Investitionen unter Rentabilitäts-, Sicherheits-, Liquiditäts- und Unabhängigkeitsaspekten, die Höhe der Kreditfinanzierung.
Sicht der Kapitalgeber	Hier ergibt sich die Kredithöhe nach den zur Verfügung gestellten Sicherheiten und nach der wirtschaftlichen Situation des Kreditnehmers.

▸ Die **Kapitalfristigkeit**, nach der zu unterscheiden sind:
- Kreditfinanzierungen mit **kurzfristigen** Laufzeiten (bis ein Jahr)
- Kreditfinanzierungen mit **mittelfristigen** Laufzeiten (ein Jahr bis fünf Jahre)
- Kreditfinanzierungen mit **langfristigen** Laufzeiten (über fünf Jahre).

▸ Die **Kapitalgeber**, die sein können:

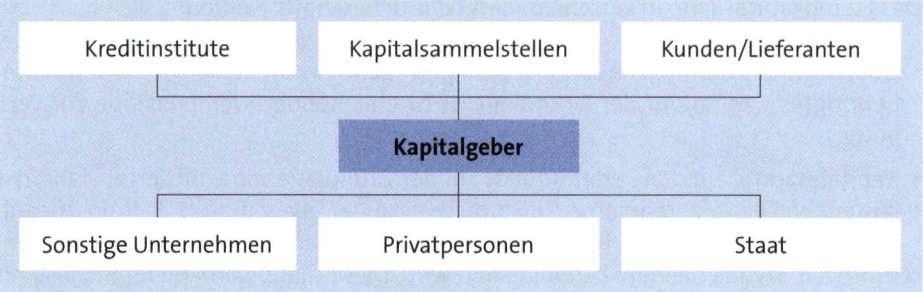

▸ Die **Kapitalverwendung**, nach der sich als Kredit ergibt:
- **Investitionskredit** zur Beschaffung von Anlagevermögen
- **Betriebsmittelkredit** zur Beschaffung von Umlaufvermögen
- **Zwischenfinanzierungskredit** zur Überbrückung von Finanzierungen.

▸ Die **Kapitalformen**, die auftreten können als:
- **Geldkredit** als direkter Kredit in Form von Geld
- **Sachkredit** als Kredit in Form von sachlichen Vermögensgegenständen
- **Kreditleihe** als Zuverfügungstellung der Kreditwürdigkeit.

▸ Die **Kapitalkosten**, die sein können:
- Kosten für die **Nutzung** des Kredits in Form variabler oder fester Zinsen
- Kosten der **Bereitstellung** des Kredits (Bereitstellungsprovision, Disagio)
- Kosten der **Tilgung** des Kredits (Rückerstattung der Sicherheiten).

▸ Die **Kapitalrückzahlung**, die als Tilgung des Fremdkapitals erfolgt:
- in einem Betrag oder mehreren Beträgen
- zu festgelegten oder nicht festgelegten Terminen
- in gleich hohen oder in der Höhe wechselnden Beträgen
- durch Vereinbarung oder Kündigung.

Der **Ablauf der Kreditfinanzierung** erfolgt im besonders wichtigen Bereich der Kreditinstitute typischerweise wie folgt:

Kreditantrag	Er ist Ausgangspunkt für die Kreditfinanzierung, wobei das Unternehmen ihn mündlich oder schriftlich stellen kann. Zumeist werden **Formulare** verwendet. Der Kreditantrag löst beim Kreditinstitut aus: ▸ die Beurteilung der Kreditwürdigkeit des Antragstellers ▸ die Bestimmung von Kreditsicherheiten ▸ die Ausfertigung des Kreditvertrages.

Kreditwürdig-keitsprüfung	Kreditinstitute erwarten vor einer Kreditvergabe vielfältige **Informationen** vom Unternehmen, um Prüfungen des Kreditantragstellers durchzuführen, die sich beziehen auf: ▸ die Kreditfähigkeit eines Kreditantragstellers ▸ die wirtschaftliche Kreditwürdigkeit des Antragstellers ▸ die persönliche Kreditwürdigkeit des Antragstellers. Übersteigt der Kreditbetrag 750.000 € oder 10 % des haftenden Eigenkapitals des Kreditinstituts, ist dieses nach § 18 KWG aus Gründen des Anlegerschutzes verpflichtet, sich die wirtschaftlichen Verhältnisse offenlegen zu lassen. Liegen entsprechende Sicherheiten vor, kann hiervon abgesehen werden.

Kreditzusage	Nach erfolgreicher Prüfung der Kreditwürdigkeit und der positiven Bewertung des Kreditantrags müssen das Kreditinstitut und das kreditsuchende Unternehmen einig werden über: 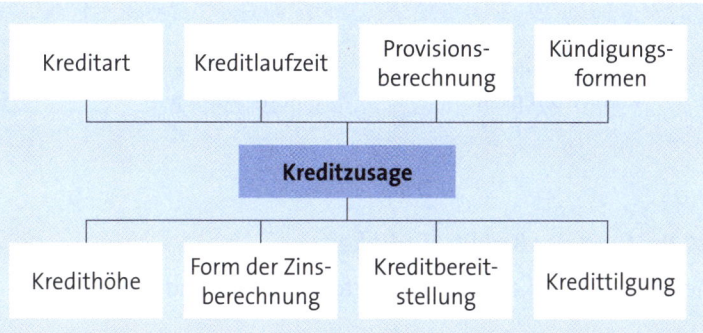 Ist die Einigkeit hergestellt, erteilt das Kreditinstitut die Kreditzusage. Der Kreditvertrag kommt mit Übergabe der **Einverständniserklärung** des Unternehmens zum Kreditangebot zu Stande.

Kreditkontrolle	Die in der Kreditwürdigkeitsprüfung untersuchten Fakten zur wirtschaftlichen Situation des Kreditnehmers werden während der Laufzeit des Kredits vom Kreditgeber überwacht. Dabei sind auch mögliche Wertminderungen von Sicherheiten und die vertragsmäßige Verwendung der Kreditverwendung zu überprüfen.

Üblicherweise sind sämtliche den Kreditantrag, die Kreditwürdigkeitsprüfung, die Kreditzusage und die Kreditkontrolle betreffenden Unterlagen des Kreditinstituts standardisiert.

Im Rahmen der Kreditfinanzierung sollen behandelt werden:

Kreditfinanzierung	Vorbereitung
	Langfristige Kreditfinanzierung
	Kurzfristige Kreditfinanzierung
	Sonstige Kreditfinanzierung

Aufgabe 20 > Seite 195

1. Vorbereitung

Die wichtigsten Schritte bei der Vorbereitung zu einer Kreditfinanzierung sind die Prüfung der Kreditwürdigkeit und die Stellung von Sicherheiten. Bezüglich der Bonitätseinstufung soll ergänzend auf spezielle Regelungen bzw. Verfahrensweisen hingewiesen werden:

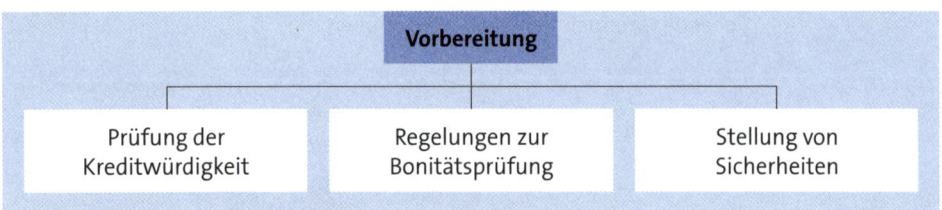

1.1 Prüfung der Kreditwürdigkeit

Die Kreditwürdigkeitsprüfung verfolgt unterschiedliche **Zwecke**:

▶ Der **Kapitalgeber** strebt die Minimierung des Vergaberisikos bzw. des Kreditausfallrisikos an. Er ist an einer vertragsgemäßen Erfüllung aller Verpflichtungen aus dem Kreditvertrag interessiert.

▶ Der **Kapitalnehmer** zielt auf eine möglichst kostengünstige und antragsgerechte, ohne Auflagen belastete Überlassung des Kreditkapitals ab.

Die Kreditwürdigkeitsprüfung erfolgt in drei **Schritten**:

- **Beschaffung notwendiger Informationen**
- **Prüfung der Kreditfähigkeit**
- **Prüfung der Kreditwürdigkeit.**

1.1.1 Beschaffung notwendiger Informationen

Das Kreditinstitut benötigt vielfältige Informationen, um die Kreditwürdigkeit eines Unternehmens beurteilen zu können. Um an sie zu gelangen, gilt es, auf mehrere Informationsquellen zurückzugreifen. Das können sein:

- **Personen**, die über Informationen verfügen, z. B. Geschäftspartner.
- **Banken**, wobei Bankauskünfte vor allem an andere Banken gegeben werden. Sie sind vertrauliche, zumeist ohne Obligo abgegebene Informationen zur Bonitätseinschätzung.
- **Auskunfteien**, die gewerbsmäßig Auskunft über wirtschaftliche Verhältnisse von Unternehmen und Einzelpersonen gegen Gebühr geben.
- Die **SCHUFA**, welche die Schutzgemeinschaft für allgemeine Kreditsicherung ist. Sie gibt Kreditgebern schnell und kostengünstig Auskunft über private Kreditnehmer. Die Kreditgeber verpflichten sich im Gegenzug, positive und negative, SCHUFA-genormte Kreditfolgedaten zu melden.

1.1.2 Prüfung der Kreditfähigkeit

Mit der Prüfung der Kreditfähigkeit werden die **rechtlichen Verhältnisse** des Kreditantragstellers festgestellt und damit dessen Fähigkeit, Kreditverträge rechtswirksam abschließen zu können. Sie ist grundsätzlich bei natürlichen, voll geschäftsfähigen Personen, bei juristischen Personen des privaten und öffentlichen Rechts und bei Personenhandelsgesellschaften (OHG, KG) geboten.

Bei **natürlichen Personen** ist zu beachten:

- Ihre **Geschäftsfähigkeit** liegt bis zum siebten Lebensjahr nicht und danach bis zur Vollendung des 18. Lebensjahres nur beschränkt vor. Für geschäftsunfähige Personen werden Kredite über gesetzliche Vertreter (Eltern, Vormund) aufgenommen, im Falle von beschränkt geschäftsfähigen Personen reicht die Zustimmung der gesetzlichen Vertreter aus.
- Bei verheirateten Personen ist der **Güterstand** festzustellen, der gesetzliche Güterstand (Zugewinngemeinschaft) vertraglicher Güterstand (Gütertrennung, Gütergemeinschaft) sein kann. Er hat ggf. Einfluss auf Haftungsfragen.

Im Falle von **juristischen Personen** und **Personengesellschaften** erfolgt durch eine Prüfung der Legitimation zur Vertretung (z. B. Prokura) der Nachweis einer **Vertretungsbefugnis**.

1.1.3 Prüfung der Kreditwürdigkeit

Bei der Prüfung der Kreditwürdigkeit durch den Kreditgeber werden z. B. bei Gewährung eines Bankkredits persönliche und wirtschaftliche Verhältnisse untersucht. Dementsprechend gibt es:

▸ Die **Prüfung der persönlichen Kreditwürdigkeit**, die auf der Vertrauenswürdigkeit der Person, die für sich selbst oder für ein Unternehmen einen Kredit beantragt, sowie auf der Untersuchung ihrer persönlichen Verhältnisse basiert.

Die sich oft auf Vergangenheitserfahrungen stützende Prüfung hat einen fachlichen Aspekt, der die berufliche Qualifikation untersucht, und einen auf die Vertrauenswürdigkeit der Person gerichteten Aspekt. **Beurteilungskriterien** können sein:

Persönliche Beurteilung	▸ Ausbildung	▸ Erfahrung	▸ Fähigkeiten
	▸ Werdegang	▸ Ruf	▸ Erfolgsnachweise
	▸ Abhängigkeiten	▸ Stellvertretung	▸ Nachfolge
	▸ Familie	▸ Lebensstil	
Geschäftliche Beurteilung	▸ Geschäftliche/berufliche Qualifikation	▸ Zuverlässigkeit bei Vertragserfüllung	▸ Zahlungsmoral
			▸ Geschäftsmoral

Von besonderer Wichtigkeit wird die persönliche Kreditwürdigkeitsprüfung dann, wenn die Kreditvergabe nicht dinglich besichert ist.

▸ Die **Prüfung der wirtschaftlichen Kreditwürdigkeit**, die sich auf die wirtschaftlichen Verhältnisse einer kreditantragstellenden Person bzw. Unternehmens bezieht, um die Rückzahlung der Zins- und Tilgungsbeträge abzusichern. **Beurteilungskriterien** sind z. B. bei:

Privaten Haushalten	▸ Momentane/zukünftige Lage der Einkommensverhältnisse
	▸ Momentane/zukünftige Lage der Vermögensverhältnisse
Unternehmen	▸ Momentane Ertrags-, Liquiditäts-, Vermögenslage sowie Kapitalstruktur
	▸ Zukünftige Ertrags-, Liquiditäts-, Vermögenslage sowie Kapitalstruktur

- **Traditionelle Kreditwürdigkeitsprüfungen** der Banken basieren auf der Bilanzanalyse, die stichtagsbezogene Vergangenheitswerte untersucht. Probleme ergeben sich dabei durch Bewertungsspielräume oder mögliche Bilanzfälschungen.

- **Modernere Kreditwürdigkeitsprüfungen** stellen auf die zukünftige wirtschaftliche Ertragskraft und damit auf die zukünftige Kraft zur Zinszahlung und Schuldentilgung des Kreditnehmers ab. Untersucht wird dies zumeist anhand von Planbilanzen und Cashflow-Prognosen.

1.2 Regelungen zur Bonitätsprüfung

Der Berücksichtigung des **Bonitätsrisikos** als Gefahr, dass ein Kreditnehmer seinen aus dem Kredit resultierenden Zahlungsverpflichtungen (Zinsen, Tilgung) nicht nachkommen will oder kann, dient die Bonitätseinstufung des Kreditnehmers.

Sie kann bei Krediten, wie oben gezeigt, durch das Kreditinstitut erfolgen, bei einer Finanzierung über den Kapitalmarkt in Form von Anleihen wird auf die Einschätzung von Ratingagenturen zurückgegriffen. Es sind diesbezüglich zu betrachten:

▸ **Baseler Akkord**

▸ **Rating.**

1.2.1 Baseler Akkord

Der Begriff Baseler Akkord steht für internationale Vereinbarungen zur Bankenaufsicht, die der *Baseler Ausschuss für Bankenaufsicht (Basel Committee on Banking Supervision)* der **Bank für Internationalen Zahlungsausgleich** mit Sitz in Basel entwickelt, dem Vertreter der Zentralbanken und Bankenaufsichtsbehörden aller wichtigen Industriestaaten angehören. Reguliert wird die Unterlegung von Bankkrediten mit Bankeigenkapital.

Da ausfallende Kredite zu Bankenkrisen führen können, wird mit der Vergabebeschränkung von Bankkrediten auf den Schutz der Einlagen der Bankkunden sowie auf die Stabilisierung des Bankensystems und der internationaler Finanzmärkte gezielt. Zu unterscheiden sind:

▸ Der **Baseler Akkord I**, mit dem 1988 ein internationaler Standard erreicht wurde, der Eingang in Bankgesetzen (KWG) fand und vorgibt, dass mit einigen wenigen Ausnahmen (z. B. Kredite an Staaten) für Risikoaktiva zumindest 8 % haftendes Eigenkapital durch die Kredit vergebende Bank vorzuhalten ist. Dies begrenzt die Kreditvergabemöglichkeit eines Kreditinstitutes auf das 12,5-fache des haftenden Eigenkapitals.

▸ Der **Baseler Akkord II**, der von 2007 bis 2012 Anwendung fand und mehrere Verbesserungen brachte, z. B. bei:

  - den Mindesteigenkapitalanforderungen im Hinblick auf eine differenzierte Risikobetrachtung insbesondere bei Kreditnehmern

  - den bankenaufsichtlichen Überprüfungsverfahren zur Verbesserung der Kontrolle der Risikofreudigkeit und des Risikomanagements der Banken

  - den erweiterten Offenlegungspflichten im Hinblick auf die Eigenkapital- und Risikolage der Banken sowie ihrem Risikomanagement.

Insbesondere bei der Kreditvergabe an private Unternehmen sollte nach Basel II eine stärkere Orientierung der Eigenkapitalunterlegung an tatsächlichen Bonitätsrisiken und damit an eine bonitätsabhängige Gewichtung der Kreditforderungen an Nichtbanken erreicht werden. Für die Ermittlung der unternehmensrelevanten Kreditrisiken standen eine externe (Standardansatz) und eine bankinterne (IRB-Ansatz) Möglichkeit zur Verfügung – siehe nachfolgend „Rating".

▸ In 09/2010 wurde **Basel III** vom Basler Ausschuss beschlossen, der damit Basel II weiterentwickelte und erweiterte. Damit sollte die Stabilität und Krisensicherheit des Bankensektors verbessert sowie erreicht werden, dass die **Banken mehr Selbsthilfe** zu leisten vermögen, als dies in der Vergangenheit der Fall war. Die Regelungen in Basel III beziehen sich u. a. auf die Kapitalarten und die Verschuldungsobergrenze.

Im Hinblick auf die **Kapitalarten** werden unterschieden:

- Das **Eigenkapital**, das zur Absicherung der Risiken erforderliches Kapital darstellt und umfasst:

Kernkapital	Es dient zur Deckung der Risikopositionen durch eigene Mittel. Die **Kernkapitalquote** legt offen, wie viele risikotragende Positionen durch Eigenkapital abzusichern sind. Sie wird bis 2015 auf 6,0 % erhöht. Davon sind 4,5 % **hartes Kernkapital** in Form von eingezahltem Kapital, offenen Rücklagen und Gewinnvortrag und 1,5 % **weiches Kernkapital**, das aus anderen Eigenkapitalpositionen besteht.
Ergänzungskapital	Zu dem Kernkapital kommt das Ergänzungskapital in Form langfristiger nachrangiger Verbindlichkeiten oder Genussrechte mit einer Quote von 2,0 %.

- Der **Kapitalerhaltungspuffer**, der verhindern soll, dass es beim Eintritt von Krisen zu einer schnellen Aufzehrung des Kapitals kommt. Mit ihm wird das harte Kernkapital ergänzt, und zwar schrittweise von 2016 bis 2019 auf 2,5 %.

- Die **Verschuldungsobergrenze** wird durch den Leverage Ratio ausgedrückt. Er gibt an, wie viel Fremdkapital die Bank in der Relation zu ihrem Eigenkapital aufnehmen darf, wobei festgelegt wird, dass die Verschuldungsobergrenze beim **33-fachen des Kernkapitals** liegt.

Basel III soll schrittweise von 2013 bis 2018 bzw. 2019 umgesetzt werden. Weitere bzw. vertiefende Ausführungen zu Basel III sind bei *Ehrmann* zu finden.

1.2.2 Rating

Bezüglich der Ermittlung der unternehmensrelevanten Kreditrisiken lassen sich ein externer und ein bankinterner Ansatz unterscheiden. Sie sollen im Überblick dargestellt werden:

▶ Der **Standardansatz** (Standardised Approach) legt die Risikogewichtung aufgrund von Ratingergebnissen **externer Ratingagenturen** (External Credit Assessment Institution = **ECAI**) fest.

Rating ist eine Form der Kreditwürdigkeitsprüfung, die in den USA um die Jahrhundertwende entstanden ist (*Moody's* um 1900, *Standard & Poor's* 1916). Es überprüft die Ausfallwahrscheinlichkeit eines Kredits, wobei das Ergebnis dieser Überprüfung in einer Note zusammengefasst wird.

Als **Noten**, die zur Modifikation noch mit Pluszeichen bzw. Minuszeichen versehen werden können, gelten z. B. die folgenden **Risikoklassen**:

AAA	Außergewöhnlich gute Fähigkeit des Schuldners, seine finanziellen Verpflichtungen zu erfüllen.
AA	Sehr gute Fähigkeit des Schuldners, seine finanziellen Verpflichtungen zu erfüllen.
A	Gute Fähigkeit des Schuldners, seine finanziellen Verpflichtungen zu erfüllen.
BBB	Angemessene Schutzparameter, jedoch verminderte Fähigkeit des Schuldners bei Eintritt nachteiliger wirtschaftlicher Umstände, seinen finanziellen Verpflichtungen nachzukommen.
BB	Unsicherheitsfaktoren führen bei nachteiligen wirtschaftlichen Bedingungen zur Verminderung der Zahlungsfähigkeit.
B	Wahrscheinlichkeit einer Beeinträchtigung der Zahlungsfähigkeit bei nachteiligen wirtschaftlichen Bedingungen.
CCC	Derzeit Anfälligkeit für Zahlungsverzug.
CC	Derzeit starke Anfälligkeit für Zahlungsverzug.
C	Insolvenzantrag oder dergleichen wurde gestellt, Zahlungen auf die Anleihen werden dennoch gewährleistet.
D	Schuldner ist bereits in Zahlungsverzug.

Den Risikoklassen (AAA, AA ... usw.) werden **Risikogewichte** zugeordnet, welche die Höhe der notwendigen Eigenkapitalunterlegung und damit die Kreditkosten für Unternehmen nach einem Vorschlag der Deutschen Bundesbank bestimmen:

Noten	Gewichte in Prozent für Nichtbanken	Eigenkapitalunter-legung (100 = 8 %)
AAA bis AA-	20	1,6 %
A+ bis A-	50	4,0 %
BBB+ bis BBB-	100	8,0 %
BB+ bis BB-	100	8,0 %
B+ bis B-	150	12,0 %
Unter B-	150	12,0 %

► Da externes Rating in Deutschland kaum verbreitet ist, bietet es sich für die deutschen Kreditinstitute an, einen **bankinternen Rating-Ansatz** (Internal Rating Based Approach = **IRB-Ansatz**) zu verfolgen. Er wurde seit Jahren diskutiert und weist unterschiedliche Varianten (foundation/advanced approach) auf.

Banken teilen ihre Kreditforderungen danach in **sechs Klassen** (Staaten, Banken, Nichtbanken, Privatkunden, Projektfinanzierung und Beteiligungsbesitz) ein, nehmen klassenabhängige bzw. einzelfallorientierte Risikozuschläge und Risikoabschläge vor und berücksichtigen vorhandene Besicherungsmöglichkeiten.

Als Basis für die Berechnungen dienen bankinterne Datenbestände, die das bankinterne Ausfallrisiko mit der Ausfallhöhe und Restlaufzeit des Kredits bestimmen sollen. Letztlich werden auch hier höhere oder niedrigere Sätze der Eigenkapitalunterlegung die Kreditkosten bestimmen.

Inzwischen besteht auch ein Privatkundenportfolio (Kredite bis zu 1 Mio. €), das als eine Detail-Forderung mit einem einheitlichen Risikogewicht von 75 % belegt ist.

1.3 Stellung von Sicherheiten

Das Verlangen nach Sicherheiten ist durch die Risiken begründet, die mit der Bereitstellung von Kapital für den Kreditgeber verbunden sind. Diesbezüglich lassen sich unterscheiden:

- das **Kapitalrisiko**, das sich auf den Untergang des zur Verfügung gestellen Kapitals bezieht
- das **Zinsrisiko**, das aufgrund von Veränderungen des Marktzinses nach der Kapitalvergabe eintreten kann.

Grundsätzlich bestehen **drei Möglichkeiten**, den bei einer Kreditvergabe entstehenden Risiken zu begegnen. Das sind:

- Die **Beschränkung des Risikos** als der Versuch der Kreditgeber, ein ausgewogenes Portefeuille hinsichtlich der Kreditengagements zu gestalten. Das kann geschehen durch:

Risiko-teilung	Verschiedene Kreditgeber schließen sich zusammen, um einen Gesamtbetrag aufzubringen (Kreditkonsortium).
Risiko-streuung	- zeitliche Streuung (unterschiedliche Fristigkeiten) - sachliche Streuung (unterschiedliche Branchen) - örtliche Streuung (unterschiedliche Regionen) - persönliche Streuung (unterschiedliche Kreditnehmer)
Risiko-kompensation	Der Kapitalgeber strebt für den Fall des Risikoeintritts eine Verlustrealisierung an, z. B. durch Gegengeschäfte.
Risiko-überwälzung	Das Risiko wird auf andere überwälzt, z. B. durch Abschluss einer Kreditversicherung.

- Die **Honorierung des Risikos**, die auf zweifache Weise erfolgen kann:

Höherer Zinssatz	Das Eingehen besonderer Risiken wird durch höhere Zinssätze honoriert, d. h. der Kapitalgeber erhebt Risikozuschläge.
Information/ Mitbestimmung	Das besondere Risiko wird durch ein höheres Maß an Information und/oder Mitbestimmung honoriert.

- Die **Sicherung des Risikos**, indem der Fremdkapitalgeber für die Vergabe des Fremdkapitals die Stellung von Sicherheiten fordert.

Werden bei einer Kreditvergabe keine Sicherheiten verlangt, handelt es sich um einen **ungedeckten Kredit**, der auch **Blankokredit** genannt wird. Er hat i. d. R. keine große Bedeutung. Vielmehr neigen die Kreditinstitute dazu, Sicherheiten zu fordern. Diese können sein:

▶ **Personalsicherheiten**

▶ **Realsicherheiten.**

1.3.1 Personalsicherheiten

Bei den Personalsicherheiten erfolgt die Besicherung dadurch, dass neben dem Kreditnehmer noch eine weitere dritte Person für den Kredit haftet. Es sollen näher beschrieben werden:

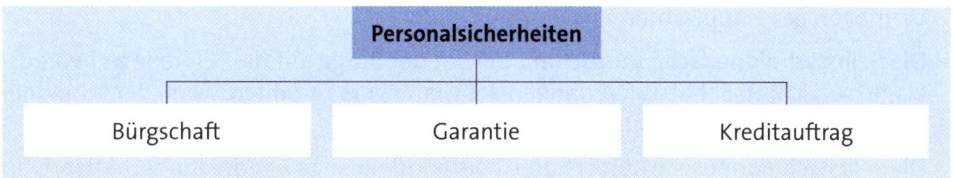

Weitere Personalsicherheiten können sein:

▶ Der **Schuldbeitritt**, der in den Kreditvertrag eine weitere Person mit einbezieht, die gesamtschuldnerisch die Haftung mit übernimmt.

▶ Die **Patronatserklärung**, bei der von einer Muttergesellschaft abhängige Unternehmen ihre Kredite mit einer solchen Erklärung der Muttergesellschaft besichern können. Diese übernimmt eine Verpflichtung, den konzerneigenen Kreditnehmer finanziell so zu stellen, dass er den Verpflichtungen aus der Kreditverbindlichkeit nachkommen kann.

▶ Die **Verpflichtungserklärung**, bei der sich der Kreditnehmer verpflichtet, alle oder besonders festzulegende Kreditgeber gleich zu behandeln oder bestimmte Bilanzrelationen nicht zu unterschreiten (financial covenants).

Sie kann auch in Form einer **Negativerklärung** erfolgen, bei der sich der Schuldner z. B. verpflichtet, künftig keine Belastung von Vermögensteilen durch Sicherheitenstellung zu Gunsten anderer Gläubiger vorzunehmen.

1.3.1.1 Bürgschaft

Die Bürgschaft ist im Gesetz geregelt (§§ 765 - 777 BGB und §§ 349, 350 HGB) und wird von der Kreditwirtschaft bevorzugt als Sicherheit verwandt. Ihre **Merkmale** sind:

▶ Die Bürgschaft stellt einen **Vertrag** dar, der zwischen dem Gläubiger eines Dritten (Bank) und dem Bürgen des Dritten geschlossen wird. Grundsätzlich besagt die Bürgschaft, dass der Bürge für die **Erfüllung der Verbindlichkeiten** des Dritten (Hauptschuldner) gegenüber dem Gläubiger einsteht.

▶ Die Bürgschaft ist **akzessorisch**, d. h. sie ist in Bestand und Höhe abhängig von einer bestehenden Forderung, der **Hauptschuld**. Deren Zinsen und Kapitalkosten können die Bürgschaft erhöhen, Tilgungen der Hauptschuld die Höhe der Bürgschaft mindern.

▶ Die Bürgschaft kann in ihrer **Höhe und Dauer begrenzt** werden. Grundsätzlich ist zur Abgabe der Bürgschaftserklärung die **Schriftform** notwendig, wobei dies für Kaufleute nicht zwingend vorgeschrieben ist.

Arten der Bürgschaft können sein:

▶ Die **Gewöhnliche Bürgschaft**, bei der dem Bürgen das Recht der **„Einrede auf Vorausklage"** (§ 771 BGB) zusteht, d. h. der Bürge muss erst dann zahlen, wenn der Gläubiger erfolglos eine Zwangsvollstreckung auf das Vermögen des Hauptschuldners veranlasst hat. Sie gleicht der **Ausfallbürgschaft**, die zudem bis in das immobile Vermögen des Hauptschuldners greift.

▶ Die **Selbstschuldnerische Bürgschaft**, bei der der Bürge auf die „Einrede auf Vorausklage" verzichtet. Er hat **auf Verlangen** des Gläubigers **zu zahlen**, wenn der Schuldner seinen Verpflichtungen nicht mehr nachkommt.

Die Selbstschuldnerische Bürgschaft ist die häufiger angewandte Bürgschaftsart, für Kaufleute ist sie im Rahmen einer für ihr Handelsgeschäft übernommenen Bürgschaft ausschließlich zulässig.

Als **Formen** der Bürgschaft mit **mehreren Bürgen** lassen sich vor allem nennen:

▶ Die **Mitbürgschaft**, bei der mehrere Bürgen gesamtschuldnerisch für die gleiche Verbindlichkeit haften, auch wenn sie die Bürgschaft nicht gemeinschaftlich übernommen haben.

▶ Die **Nachbürgschaft**, bei der die Haftung erst dann eintritt, wenn Vorbürgen oder Hauptbürgen sich als nicht zahlungsfähig erwiesen haben, d. h. von ihnen keine Zahlungen zu erlangen waren.

▶ Die **Rückbürgschaft**, die das Haftungsverhältnis zwischen einem Hauptbürgen und einem Nachbürgen regelt. Der Rückbürge haftet gegenüber dem Hauptbürgen, wenn dieser aus einer Bürgschaft heraus Zahlungen leisten musste.

Die **Eignung** der Bürgschaft als Mittel der Kreditsicherung hängt von der Kreditwürdigkeit des bzw. der Bürgen ab.

1.3.1.2 Garantie

Die Garantie ist ein bürgschaftsähnlicher Vertrag, in dem sich der Garantiegeber gegenüber dem Garantienehmer verpflichtet, für den **Eintritt eines bestimmten Erfolges** bzw. für das **Ausbleiben eines Misserfolges** Gewähr zu übernehmen. Zu den Garantiegebern zählen u. a. der Staat, Organisationen der Europäischen Union, Banken und Kreditgemeinschaften einzelner Wirtschaftsbranchen.

Garantien werden zumeist für genau definierte **Einzelgeschäfte** abgegeben. Sie sind gesetzlich nicht geregelt und – im Gegensatz zur Bürgschaft – nicht akzessorisch und damit rechtlich von einem zu Grunde liegenden Schuldverhältnis losgelöst. Gebräuchliche Garantien sind:

► Die **Anzahlungsgarantie** zu Gunsten des Auftraggebers, die bei Großaufträgen zur Anwendung kommt und die Rückerstattung der geleisteten Anzahlung absichert, falls die Leistungs- bzw. Lieferungsverpflichtung nicht erfüllt wird. Die Garantie der Bank des Auftragnehmers erlischt nach Leistungserbringung.

► Die **Bietungsgarantie**, die dem Auftraggeber bei Ausschreibungen zusichert, dass die an der Ausschreibung teilnehmenden Unternehmen ihr Angebot im Falle eines Zuschlags aufrecht erhalten.

► Die **Vertragserfüllungsgarantie**, die sich der Bietungsgarantie anschließt und dem Auftraggeber im gewissen Maße zusichert, dass der Auftrag vollständig erfüllt wird.

► Die **Gewährleistungsgarantie**, die absichert, dass Waren oder Leistungen in bestimmten vereinbarten Qualitäten geliefert bzw. erstellt werden.

Die Garantie hat im **Außenhandel** sowie bei **öffentlichen Aufträgen** besondere Bedeutung erlangt.

1.3.1.3 Kreditauftrag

Der Kreditauftrag beruht auf einem **bürgschaftsähnlichen Vertragsverhältnis**. Er entsteht, indem ein Auftraggeber (z. B. Muttergesellschaft) einem zukünftigen Gläubiger (z. B. Bank) die Anweisung gibt, einem Dritten (z. B. Tochtergesellschaft) mit einem Kredit zur Verfügung zu stehen.

Durch die Annahme des Kreditauftrags verpflichtet sich die Bank, im eigenen Namen und auf eigene Rechnung den Kredit zu gewähren. Der Kreditauftrag besichert hauptsächlich Finanzierungen innerhalb von Konzernen, z. B. als Kreditauftrag für eine in- oder ausländische Tochtergesellschaft.

Aufgabe 21 > Seite 196

1.3.2 Realsicherheiten

Realsicherheiten sind **Sachwerte** oder **Rechte an Sachen**, die von einem Kreditnehmer zur Sicherung eines Kredits bereitgestellt werden. Es sind zu unterscheiden:

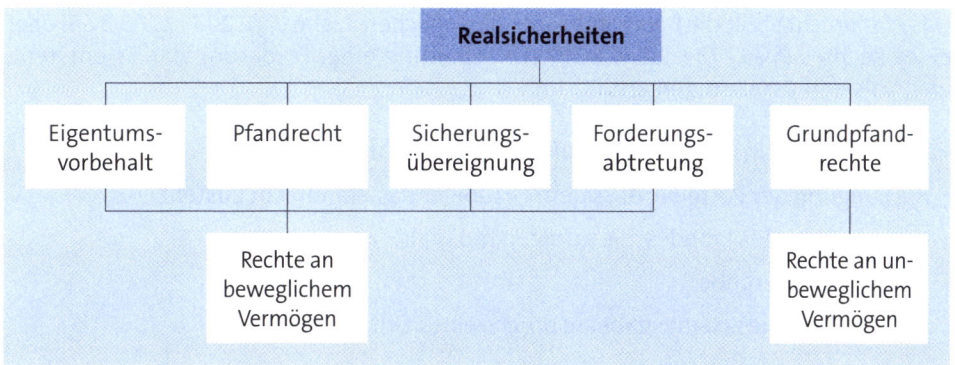

1.3.2.1 Eigentumsvorbehalt

Der Eigentumsvorbehalt verschiebt den Eigentumsübergang vom Verkäufer einer Ware zum Käufer auf den Zeitpunkt der Bezahlung der Ware. Durch die Übergabe der Ware wird der Käufer nur **Besitzer** einer beweglichen Sache.

Der Eigentumsvorbehalt ist das wichtigste Sicherungsmittel für die vielfach genutzten Lieferantenkredite, die durch die Einräumung eines Zahlungszieles zu Stande kommen. Nach ihrem Umfang sind folgende **Formen** des Eigentumsvorbehaltes zu unterscheiden:

▶ Der **einfache Eigentumsvorbehalt**, der sich aus § 449 BGB ergibt, wobei zwischen Lieferer und Käufer vereinbart wird, dass die Ware bis zu ihrer Bezahlung Eigentum des Verkäufers bleibt. Der Verkäufer kann bei Nichtzahlung oder Zahlungsverzug die Herausgabe der Sache fordern.

Die **Wirkung** des einfachen Eigentumsvorbehalts **setzt aus**, wenn die Ware:

- weiterverarbeitet oder mit anderen Gegenständen verbunden wird
- wesentlicher Bestandteil eines Grundstücks wird
- gutgläubig von einem Dritten erworben wurde.

▶ Der **verlängerte Eigentumsvorbehalt**, mit dem verhindert werden soll, dass der Sicherungseffekt des Eigentumsvorbehaltes durch die Weiterverarbeitung bzw. Weiterveräußerung aufgehoben wird. Er erfolgt als:

- Ermächtigung zur Weiterveräußerung durch den Käufer der Ware unter gleichzeitiger Vorausabtretung der entstehenden Forderung an den Lieferanten der Ware (§ 398 ff. BGB)
- Ermächtigung zur Weiterverarbeitung der Ware durch den Käufer mit der Vereinbarung des Eigentumsübergangs an den hergestellten Erzeugnissen auf den Lieferanten (§ 950 BGB).

▶ Der **erweiterte Eigentumsvorbehalt**, bei dem der Eigentumsübergang auf den Käufer erst nach Tilgung aller aus der Geschäftsverbindung stammenden Verbindlichkeiten möglich ist. Dieser Eigentumsvobehalt wird als **Kontokorrentvorbehalt** bezeichnet.

1.3.2.2 Pfandrecht

Das Pfandrecht stellt die Belastung einer beweglichen Sache (§§ 1204 - 1208 BGB) oder eines Rechtes (§§ 1273 - 1274 BGB) zur Sicherung einer Forderung dar. Es entsteht, wenn als **Voraussetzungen** erfüllt sind:

▶ das Vorliegen einer Forderung, auf die sich das Pfandrecht bezieht

▶ die Einigung der Parteien, dass dem Gläubiger das Pfandrecht zusteht

▶ die Übergabe des Pfandes, die erfolgen muss als:

- effektive Übergabe
- Übergabe eines Herausgabeanspruchs eines Dritten

- Übergabe eines verbrieften Rechtes, z. B. eines Lagerscheines als Orderpapier
- Lagerung der Sache unter Mitverschluss des Kreditgebers.

Als **Pfand** eignen sich bewegliche Sachen, die für die Aufrechterhaltung der Geschäftstätigkeit des Unternehmens nicht zwingend notwendig sind, da es in den Besitz des Kreditgeber übergehen muss.

Die Verwertung einer als Pfand gegebenen Sache erfolgt durch eine **öffentliche Versteigerung** oder durch den **freihändigen Verkauf** über einen öffentlich bestellten Makler, falls für die Pfandsache ein Börsenwert besteht oder der Marktwert bestimmt werden kann. Sie ist an die Erfüllung mehrerer **Voraussetzungen** gebunden:

► teilweise oder gänzliche Fälligkeit der Forderung (§ 1228 BGB)

► Androhung der Versteigerung bzw. des Verkaufs des Pfandes (§ 1234 BGB)

► Einhaltung bestimmter, angemessener Wartefristen (§ 1234 BGB, § 368 HGB).

Die **Haftung** des Pfandes erfolgt nach Gesetz nur für die Forderung, für die das Pfandrecht bestimmt ist.

1.3.2.3 Sicherungsübereignung

Die Sicherungsübereignung wird i. d. R. mit beweglichen, genau zu definierenden Sachen durchgeführt, die der Schuldner (Besitzer) dem Gläubiger (treuhändischer Eigentümer) übereignet. Damit ist dem Schuldner im Gegensatz zum Pfandrecht eine **weitere Nutzung** der Gegenstände aufgrund der Einigung über den Eigentumsübergang und die Vereinbarung eines **Besitzkonstituts** (§ 930 BGB) möglich.

Arten der Sicherungsübereignung können sein:

► die **Einzelübereignung**, die für konkret bezeichnete Sachen erfolgt

► die **Raumübereignung** für Sachen in einem bestimmten Raum

► die **Mantelübereignung** für durch Listenführung konkretisierte Sachen innerhalb eines Rahmenvertrages.

Die **Beleihungswerte** liegen üblicherweise zwischen 30 % und 50 % des Wertes der übereigneten Güter. **Probleme** der Sicherungsübereignung treten vor allem auf, wenn Doppelübereignungen erfolgt sind oder Wertminderungen bzw. Verwertungsschwierigkeiten von sicherungsübereigneten Sachen auftreten.

Aufgabe 22 > Seite 196

1.3.2.4 Forderungsabtretung

Bei der Forderungsabtretung tritt der Kreditnehmer (bisheriger Gläubiger = Zedent) Forderungen, die er gegenüber Dritten (Drittschuldner) besitzt, mittels eines formfreien Abtretungsvertrages (§§ 398 ff. BGB) an den Kreditgeber (neuer Gläubiger = Zessionar) zum Zwecke der Besicherung von Krediten ab.

Vielfach wird auch von einer **Sicherungsabtretung** oder **Zession** gesprochen, wenn es sich um eine Forderungsabtretung handelt. Die Abtretung von Forderungen kann unterschiedlich erfolgen. So gibt es:

▸ Nach ihrer **Anzeige gegenüber dem Drittschuldner**

Offene Zession	Sie wird dem **Drittschuldner angezeigt**. Er darf die Zahlung ausschließlich an den Kreditgeber leisten.
Stille Zession	Hier wird der **Drittschuldner nicht** über die Abtretung **informiert**. Er zahlt mit befreiender Wirkung an den Kreditnehmer. Die stille Zession ist in der Praxis weiter verbreitet (Imagegründe) als die offene Zession, birgt aber auch **Gefahren** wie die Doppelabtretung und die Nichtabführung des Forderungsbetrages durch den Kreditnehmer.

▸ Nach dem **Umfang der Abtretungen**

Einzelne Forderung(en)	Die Abtretung wird bei der Besicherung einmaliger oder sehr kurzfristiger Kredite angewandt.
Mehrere Forderungen	▸ Bei der **Mantelzession** verpflichtet sich der Kreditnehmer, laufende Forderungen bis zu einer bestimmten Gesamthöhe abzutreten. Sie wird durch die Einreichung von Rechnungskopien oder Forderungslisten vollzogen, wobei der Kreditnehmer eine Auswahlmöglichkeit hat. ▸ Bei der **Globalzession** erfolgt die Abtretung aller gegenwärtigen und zukünftigen Forderungen, z. B. eines bestimmten Kundenkreises (Buchstabengruppe, Region usw.). Der Zessionar wird bereits bei der Entstehung der Forderung ihr Gläubiger. Eine **Auflistung** der Forderungen wird **nicht notwendig**.

Die **Höhe** der Forderungsabtretung liegt vielfach 20 % - 30 % über dem gewährten Kredit. **Probleme** ergeben sich, wenn Forderungen nicht abtretbar sind, weil sie gesetzlich verboten sind (nicht pfändbare Forderungen, § 400 BGB).

1.3.2.5 Grundpfandrechte

Bisher wurden bewegliche Vermögensgegenstände als Grundlage für Realsicherheiten dargestellt. Indessen gibt es auch **immobile Vermögensgegenstände**, die als Realsicherheiten in Betracht kommen. Das sind Grundpfandrechte, die Grundstücke belasten und grundstücksgleiche Rechte in Form von dinglichen Verwertungsrechten beinhalten.

Grundpfandrechte entstehen durch die Eintragung in das **Grundbuch**, das bei öffentlichen Stellen geführt wird, Eintragungen aller Grundstücke eines Bezirks beinhaltet und folgenden **Aufbau** hat:

Grundakte	Sammlung von Unterlagen, die zur Eintragung in das Grundbuch geführt haben (z. B. Kaufverträge)
Aufschrift	Ausweis des Grundbuchbezirkes, der Nummer des Bandes und des Grundbuchblattes
Bestands-verzeichnis	Bezeichnung von Lage, Art und Größe des Grundstücks (Liegenschaftsregister mit Flurkarten)
Erste Abteilung	Ausweis von Namen des/der Grundstückseigentümer, des Rechtsgrundes, des Zeitpunktes des Erwerbs
Zweite Abteilung	Eintrag der Lasten und Beschränkungen (Dienstbarkeiten, Reallasten, Vorkaufsrechte, Erbbaurechte)
Dritte Abteilung	Darstellung der Grundpfandrechte (Hypotheken, Grundschulden und Rentenschulden)

Wird ein Grundstück, z. B. in der dritten Abteilung, mit mehreren Grundpfandrechten belastet, dann entsteht für diese Rechte ein **Rangverhältnis**. Es erwächst:

- nach der **Reihenfolge** der Eintragungen innerhalb derselben Abteilung
- nach dem **Datum** der Eintragungen bei Rechten in verschiedenen Abteilungen, wobei am gleichen Tag eingetragene Rechte den gleichen Rang erhalten.

Generell gilt, dass das ältere Recht Vorrang vor dem jüngeren Recht hat, sofern kein Rangvorbehalt (§ 881 BGB) oder ein Rangrücktritt ins Grundbuch eingetragen wurden.

Aufgabe 23 > Seite 196

Zur Kreditsicherung verwandte Grundpfandrechte sind die **Hypothek** und die **Grundschuld**, wobei letztere bei Besicherungen fast ausschließlich zur Anwendung kommt:

- Die **Hypothek** (§§ 1113 - 1190 BGB) ist eine Grundstücksbelastung, die eine bestehende Forderung eines Gläubigers besichert, für den **ein dinglicher Anspruch** an das Grundstück **und ein persönlicher Anspruch** an den Schuldner besteht. Sie ist akzessorisch und damit direkt abhängig vom Bestehen und von der Höhe der Forderung.

Arten der Hypothek sind:

Verkehrs-hypothek	Sie wird bei gutgläubigem Erwerb durch Dritte in das Grundbuch eingetragen und kann erfolgen als: ► **Briefhypothek:** Es wird eine Urkunde (Hypothekenbrief) ausgestellt, die ohne Eintrag in das Grundbuch abgetreten und verpfändet werden kann. ► **Buchhypothek:** Es erfolgt ausschließlich eine Eintragung in das Grundbuch. Änderungen sind hier jeweils durch Umschreibungen nachzuvollziehen.
Sicherungs-hypothek	Sie verlagert die Beweisführung der Forderung auf den Gläubiger. Ihre Eintragung als **Buchhypothek** erfolgt zumeist aufgrund von Gerichtsbeschlüssen.
Höchstbetrags-hypothek	Sie begrenzt die Haftung des Grundstücks bis zu einem eingetragenen Höchstbetrag und wird ebenfalls als **Buchhypothek** ausgestellt.

► Die **Grundschuld** ist im Gegensatz zur Hypothek **fiduziarisch** und hebt damit die direkte Bindung an eine bestehende Forderung auf (Abstraktheit der Grundschuld). Durch ihre Eintragung entsteht **ein dinglicher Anspruch** aus dem Grundstück, ein **persönlicher Anspruch** an den Schuldner **besteht nicht**.

Arten der Grundschuld können sein:

Brief-grundschuld	Bei der Briefgrundschuld wird eine **Urkunde** (Grundschuldbrief) ausgestellt.
Buch-grundschuld	Bei der Buchgrundschuld erfolgt **ausschließlich** eine **Eintragung** ins Grundbuch.
Eigentümer-grundschuld	Sie ist in § 1196 BGB geregelt und kann: ► durch die Rückzahlung eines mit einer Hypothek besicherten Kredits entstehen ► von einem Grundstückseigentümer in das Grundbuch eingetragen werden, um später an einen zukünftigen Kreditgeber abgetreten zu werden.

Ein weiteres Grundpfandrecht stellt die **Rentenschuld** dar, bei der aus dem Grundstück in regelmäßigen Abständen ein bestimmter Geldbetrag – die Rente – zu zahlen ist (§ 1199 BGB). Für Zwecke der Kreditsicherung besitzt er keine nennenswerte Bedeutung.

2. Langfristige Kreditfinanzierung

Mithilfe der langfristigen Kreditfinanzierungen wird dem Unternehmen benötigtes Fremdkapital mit einer Laufzeit von mehr als fünf Jahren zur Verfügung gestellt. Diese

Form der Kreditvergabe wird auch **Darlehen** genannt (§§ 607 - 610 BGB). **Kapitalgeber** können sein:

- **Kreditinstitute**, die sämtliche Bankleistungen als Universalbanken oder lediglich einzelne Bankleistungen als Spezialbanken anbieten.
- **Versicherungen**, die als Kapitalsammelstellen Prämieneinzahlungen aus verschiedenen Versicherungsbereichen in Aktien, Anleihen oder Immobilien anlegen, sowie Darlehen in Form von **Schuldscheindarlehen** vergeben.
- **Öffentliche Institutionen**, die eine Kreditaufnahme unterstützen.
- **Private Personen**, die Darlehen gewähren. Das können auch Gesellschafter des Unternehmens sein. Stellen sie **Gesellschafterdarlehen** zur Verfügung, ist **vorteilhaft**, dass keine Änderung der Herrschaftsverhältnisse erfolgt, das Kapital weitgehend ohne Haftungsübernahme überlassen wird und ggf. steuerliche Vorteile entstehen.

  Nachteilig kann sein, dass eine Verzinsung marktgerecht erfolgen muss. Überzogene Zinsforderungen lassen eine versteckte Gewinnausschüttung vermuten. Außerdem lassen sich Darlehen von Gesellschaftern nach § 32a GmbHG im Insolvenzfall nicht als Forderungen gegenüber der eigenen Gesellschaft geltend machen, wenn sie zu einem Zeitpunkt gewährt wurden, an dem „ordentliche Kaufleute" dem Unternehmen stattdessen Eigenkapital zugeführt hätten.

  Schließlich kann sich nach § 8a KStG bei Übersteigen bestimmter Kapitalrelationen ein Abzugsverbot der Fremdkapitalzinsen ergeben bzw. die Zurechnung der Fremdkapitalzinsen zum Einkommen der Gesellschafter erfolgen.

Näher auszuführende **Arten** der langfristigen Kreditfinanzierung sind:

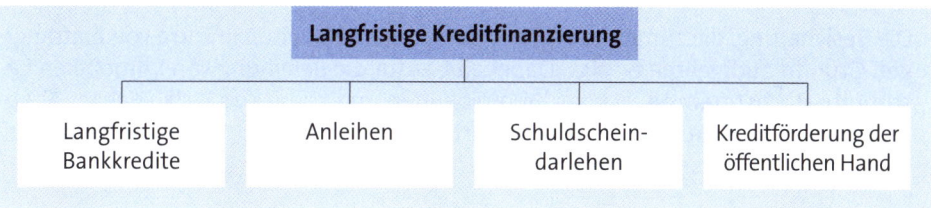

2.1 Langfristige Bankkredite

Langfristige Bankkredite dienen als **Investitionskredite** in den Unternehmen zur Beschaffung oder Erstellung von Gütern des Anlagevermögens, teilweise werden sie aber auch zur Beschaffung von Vorräten verwendet. **Merkmale** langfristiger Bankkredite sind:

- Die **lange Laufzeit**, die bis zu 15 - 30 Jahren betragen kann und bei Investitionskrediten oftmals dem Abschreibungszeitraum entspricht. Damit lässt sich die Finanzierung der Tilgung aus den Abschreibungserlösen absichern.

► Die unterschiedliche **Ausgestaltung** der **Zinskonditionen**. Die Festschreibung eines bestimmten Zinses wird oft nur für einen Teil der Laufzeit vereinbart. Festzinssatzkredite für die gesamte Laufzeit eines Kredites werden immer seltener vergeben.

Kredite mit einer variablen Verzinsung finden hingegen immer öfter Verwendung. Sie sind an einen **Referenzzinssatz** angebunden, der z. B. basiert auf:

Basiszinssatz	Er löste von 1999 bis 2001 den als **Referenzzinssatz** in Kreditverträgen verwendeten Diskontsatz ab. Dabei richtete er sich nach dem Zinssatz für längerfristige Refinanzierungsgeschäfte. Inzwischen entspricht er dem Basiszinssatz des Bürgerlichen Gesetzbuches (§ 247 BGB) und wird jährlich im Januar und im Juli dem Zinsniveau der EZB angepasst.
Spareckzins	Er stellt die Verzinsung der Spareinlagen mit dreimonatiger, „gesetzlicher" Kündigungsfrist dar.
EURIBOR/ LIBOR	Das sind Zinssätze für kurzfristige Anlagen und Kredite zwischen Banken in bestimmten Regionen bzw. an bestimmten Bankplätzen: EURIBOR = **Eur**opean **I**nterbank **O**ffered **R**ate LIBOR = **L**ondon **I**nterbank **O**ffered **R**ate.

► Die unterschiedliche **Ausgestaltung** der **Tilgungskonditionen**, die verschiedene Darlehensformen ergeben, welche in Annuitätendarlehen, Abzahlungsdarlehen und Festdarlehen unterschieden werden können, siehe S. 98 ff.

► Die unterschiedliche **Ausgestaltung** sonstiger **Konditionen**, z. B. die Festlegung eines **Damnums** als nicht auszuzahlender Teil des Darlehens, der vom Kreditnehmer aber dennoch zurückzuzahlen ist, und die Kosten für die Schätzung des Beleihungswertes und die Beurkundung bei der **Bereitstellung** von Sicherheiten als notarielle Beurkundungsgebühren.

► Die **Besicherung**, die zumeist aufgrund der langen Laufzeiten in Form von erstrangigen Grundpfandrechten erfolgt. Dabei gibt es für die Beleihung von Immobilien bestimmte **Höchstgrenzen**, die das Kreditvolumen und damit das Risiko des Kreditgebers begrenzen, z. B. 60 % des Verkehrswertes einer Immobilie bei Hypothekenbanken, 80 % bei Bausparkassen.

Die Tilgung und Verzinsung langfristiger Bankkredite sollen näher betrachtet werden:

► **Tilgung**

► **Verzinsung.**

2.1.1 Tilgung

Bei der Tilgung langfristiger Bankkredite können verschiedene Formen unterschieden werden, weshalb es drei unterschiedliche Arten von **Darlehen** gibt:

► Eine sehr verbreitete Form des Darlehens stellt das **Annuitätendarlehen** dar. Die Annuität ist ein **jährlich** in seiner Höhe **gleichbleibender Rückzahlungsbetrag**. Sie weist deshalb jährlich fallende Zinsen und jährlich steigende Tilgungsraten auf.

Die jährlich gleich hohen Raten führen den ehemals aufgenommenen Kreditbetrag bis zum Ende der Laufzeit vollständig zurück. Die Ermittlung der **Annuität** erfolgt durch die Multiplikation des Barwertes des Darlehens, der den vereinbarten Kreditbetrag darstellt, mit dem Wiedergewinnungsfaktor:

Der **Wiedergewinnungsfaktor** lautet:

$$q^n \cdot \frac{q-1}{q^n-1}$$

Damit ergibt sich für die **Annuität** z:

$$z = K_0 \cdot q^n \cdot \frac{q-1}{q^n-1}$$

K_0 = Barwert des Darlehens
q = 1+i
i = Zinssatz
n = Laufzeit des Darlehens

Aufgabe 24 > Seite 196

- Beim **Abzahlungsdarlehen** vermindern sich die jährlich zu leistenden Rückzahlungsbeträge im Zeitablauf. Das ist bei jährlich gleich hohen Tilgungsraten durch die in ihrer Höhe fallenden Zinsen begründet, da die Restschuld sich ständig vermindert.

  Die Höhe der jährlichen Tilgungsraten ergibt sich aus der Division des Kreditbetrages mit der Laufzeit des Darlehens.

Aufgabe 25 > Seite 197

- Eine dritte Form des Darlehens ist das **Festdarlehen**, bei dem über die Laufzeit nur Zinsen gezahlt werden und keine Tilgung erfolgt. Sie geschieht am Endes der Darlehenslaufzeit durch eine einmalige Rückzahlung des aufgenommenen Kreditbetrages.

2.1.2 Verzinsung

Um die Vorteilhaftigkeit langfristiger Bankkredite einschätzen zu können, ist die Kenntnis der **effektiven Zinsbelastung** erforderlich, die sich in den meisten Fällen von der nominellen Zinsbelastung unterscheidet. Zu ihrer Ermittlung existiert eine praxisübliche **Faustformel**, die ein mögliches Damnum berücksichtigt:

$$r = \frac{Z + \frac{D}{n}}{AK} \cdot 100$$

r = Effektivsatz
Z = Nominalzinssatz
D = Damnum
AK = Auszahlungskurs
n = Laufzeit

Beispiel

Ein Darlehen über 100.000 € wird mit einem 10 %igen Damnum ausgezahlt und mit einem Nominalzins von 9 % versehen. Die Laufzeit soll 20 Jahre betragen.

$$r = \frac{Z + \frac{D}{n}}{AK} \cdot 100 = \frac{9 + \frac{10}{20}}{90} \cdot 100 = \mathbf{10{,}56\,\%}$$

Diese Formel gilt für den Fall, dass das Darlehen am Ende der Laufzeit zurückgezahlt ist. Andere **Tilgungsvarianten** erfordern eine Veränderung der Formel:

▶ Bei einer **Tilgung in jährlich gleichen Raten** ist für die Berechnung der Gesamtlaufzeit n in die Grundformel die mittlere Laufzeit t_m einzusetzen:

$$t_m = \frac{n + 1}{2}$$

▶ Bei einer **Tilgung in jährlich gleichen Raten nach einer tilgungsfreien Zeit** ist für die Berechnung der Gesamtlaufzeit n in der Grundformel die mittlere Laufzeit t_m unter Berücksichtigung der tilgungsfreien Zeit t_f einzusetzen:

$$t_m = t_f + \frac{(n - t_f) + 1}{2}$$

Eine genauere Ermittlung des **Effektivzinssatzes** ist möglich – siehe *Olfert*.

Aufgabe 26 > Seite 197

2.2 Anleihen

Anleihen sind klassische Instrumente der langfristigen Kreditfinanzierung. Sie werden einem breiten Publikum gewährt und können auch als **festverzinsliche Wertpapiere, Schuldverschreibungen, Rentenpapiere** oder **Obligationen** bezeichnet werden. Ihre **Merkmale** sind insbesondere:

- Sie verbriefen eine **schuldrechtliche Verpflichtung** und gewähren dem Inhaber ein Forderungsrecht gegenüber dem Emittenten, das auch im Falle einer Insolvenz weiterbesteht.

- Mit der Ausgabe von Anleihen verschaffen sich private Unternehmen und öffentlich-rechtliche Institutionen **langfristiges Fremdkapital**, das:
  - mit einem im Voraus festgelegten Zinssatz oder Referenzzinssatz zu verzinsen ist
  - zu festen Zeitpunkten gegen Einreichung von Zinsscheinen verzinsbar ist
  - am Fälligkeitstag mindestens zum Nennwert zurückzuzahlen ist.

- Anleihen unterscheiden sich vom Darlehen dadurch, dass nicht ein einzelner Kapitalgeber angesprochen wird, z. B. eine Bank, sondern der gesamte **Kapitalmarkt** als Kreditgeber genutzt wird. Durch diese Risikoteilung und Risikostreuung sind Anleihen zinsgünstig.

- Anleihen sind **fungible Wertpapiere**, wobei die Fungibilität eine Bestimmung von Objekteigenschaften im Geschäftsverkehr ist, um die gleichmäßige Beschaffenheit und damit die mögliche Vertretbarkeit von Wertpapieren im Börsenhandel zu erreichen. Für den **Handel** von Anleihen an den Börsenmärkten gelten unterschiedliche Zulassungsvoraussetzungen (z. B. Börsenprospekt, Zulassungsantrag).

- Anleihen haben zwei **Bestandteile**:

Mantel	Er ist die eigentliche **Schuldurkunde** und verbrieft das Forderungsrecht. Der Mantel enthält z. B. Angaben über: ► das Volumen der Anleihe ► die Nominalverzinsung, die Zinstermine ► die Laufzeit der Anleihe.
Bogen	Er besteht aus: ► **Zinskupons**, die halbjährlich oder jährlich den Zinsbetrag ausweisen ► **Erneuerungsschein** für die Zuteilung eines neuen Bogens.

- Falls eine **Besicherung** von Anleihen vorgesehen ist, ist sie möglich durch:

Grundpfand-rechte	Die Eintragung von **Grundschulden** auf den ersten Rang erfolgt mit bis zu 40 % des Beleihungswertes.
Bürgschaften	Als Bürge tritt insbesondere die **öffentliche Hand** auf. Bürgschaften bilden zur Besicherung einer Anleihe eher die Ausnahme.
Negativklausel	Darin verpflichtet sich der Schuldner vertraglich, zukünftig keine Belastungen seiner Vermögensteile zu Gunsten anderer Gläubiger zuzulassen oder bestimmte Bilanzrelationen (financial covenants) zu unterschreiten. Die Negativklausel wird auch **Negativerklärung** bzw. **Negativrevers** genannt.

▸ Die Ausgabe einer Anleihe wird als **Emission** bezeichnet. Sie kann geschehen als:

Fremdemission	Sie wird über ein **Bankenkonsortium** durchgeführt und ist die in Deutschland übliche Vorgehensweise. Eine Bank, zumeist die Hausbank des Emittenten, übernimmt die Konsortialführung und damit die Vertretung des Konsortiums nach außen hin. Das Bankenkonsortium kann als **Emissionskonsortium** sein: ▸ Ein **Platzierungskonsortium**, das als Kommissionär auftritt und im eigenen Namen, aber für Rechnung des Emittenten handelt. Das Emissionsrisiko verbleibt beim Emittenten. ▸ Ein **Übernahmekonsortium**, das die Anleihe auf eigenen Namen und eigene Rechnung zur Distribution übernimmt und damit alle Risiken selbst trägt.
Selbstemission	Sie erfolgt durch das Unternehmen selbst und hat zum **Vorteil**, dass sich die Kosten der Emission um ca. 2,5 % im Vergleich zur Fremdemission vermindern. Als **Nachteil** entsteht für das Unternehmen aufgrund des Fehlens eines speziellen Vertriebssystems das Risiko der Unterbringung der Anleihe am Kapitalmarkt. Selbstemissionen sind bei Bankobligationen üblich.

▸ Als **Kosten** einer Anleihe fallen an:

Einmalige Kosten	Der größte, einmalig anfallende Kostenblock ist die **Konsortialgebühr**, die je nach Konsortiumsart unterschiedlich hoch sein kann. Weitere einmalige **Kosten** sind: ▸ Börseneinführungsprovision ▸ Börsenzulassungsgebühr ▸ Druck- und Veröffentlichungskosten. Insgesamt können sie ca. 5 % - 6 % des Nominalbetrages einer Anleihe, z. B. bei einem Übernahmekonsortium, betragen.
Laufende Kosten	Dies sind vor allem die halbjährlichen oder jährlichen **Zinszahlungen**, deren Höhe sich an den Kapitalmarktzinsen zurzeit der Emission orientieren. Weitere laufende Posten sind die Kosten für die Kuponeinlösung, Kurspflege und Auslosung.

▸ Die **Kündigung** der Anleihe ist zumeist nach einer bestimmten Laufzeit (z. B. 5 Jahre) vorgesehen und erfolgt einseitig durch den Schuldner. Vonseiten des Anlegers können Anleihen nicht gekündigt werden, aber innerhalb von zwei Börsentagen zum aktuellen Kurs verkauft werden.

Näher betrachtet werden sollen die Tilgung und Verzinsung von Anleihen, die Emittenten von Anleihen, Qualitätsmerkmale und neuere Formen von Anleihen:

- **Tilgung**
- **Verzinsung**
- **Emittenten**
- **Qulitätsmerkmale**
- **neuere Formen.**

2.2.1 Tilgung

Die Tilgung einer Anleihe kann zu einem **einheitlichen Termin** erfolgen, wie z. B. oftmals bei Staatsanleihen. Möglich ist aber auch die Tilgung in **Jahresraten**, wie z. B. bei Industrieobligationen. Ihr wird gewöhnlicherweise eine zu Anfang der Laufzeit tilgungsfreie, mehrjährige Periode vorangestellt. Weiterhin sind zu unterscheiden:

- Die **Tilgungsraten**, die gleichbleibend oder steigend sein können:

Gleichbleibende Raten	Die Tilgungsraten ergeben eine **fallende Belastung** des Unternehmens im Laufe der Zeit aufgrund der Verminderung der Zinszahlungen.
Steigende Raten	Steigende Tilgungsraten **belasten** das Unternehmen entsprechend einer Annuität **gleichbleibend**.

- Die **Tilgungsmethoden**, bei denen zwischen Auslosung und Rückkauf unterschieden wird:

Auslosung	Bei der notariell vorgenommenen Auslosung wird die **vorzeitige Rückzahlung** der in einzelne Serien aufgeteilten Industrieobligationen durch Los bestimmt.
Rückkauf	Der Rückkauf erfolgt durch das emittierende Unternehmen insbesondere dann, wenn der **Börsenkurs unter** den **Rückzahlungskurs** gesunken ist.

2.2.2 Verzinsung

Die Zinsen sind als **Nominalzinsen** auf dem Mantel der Anleihe aufgedruckt und zumeist jährlich nachschüssig zu festen Zinsterminen zu zahlen. Bei festverzinslichen Wertpapieren gelten diese über die gesamte Laufzeit, können aber bei starken Schwankungen des Marktzinsniveaus mittels einer Kündigung der Anleihe durch den Schuldner über eine **Konversion** geändert werden.

Für den Anleger ist der **Effektivzinssatz** einer Anleihe interessant, der sich vom Nominalzinssatz unterscheidet, wenn der Ausgabekurs bzw. Rückzahlungskurs einer Anleihe nicht 100 % beträgt. Als in der Praxis übliche **Faustformel** gilt bei einer Tilgung am Ende der Laufzeit:

$$r = \frac{Z + \frac{RK - AK}{n}}{AK} \cdot 100$$

r = Effektivzinssatz
Z = Nominalzinssatz der Anleihe
RK = Rückzahlungskurs der Anleihe
AK = Auszahlungskurs der Anleihe
n = Laufzeit der Anleihe in Jahren

Aufgabe 27 > Seite 197

2.2.3 Emittenten

Zur langfristigen Kreditfinanzierung haben private Unternehmen die Möglichkeit, Anleihen – z. B. in Form der **Industrieobligationen** – selbst aufzulegen, was aber aufgrund der nötigen Volumina und der erforderlichen Bonität in der Praxis eher eine untergeordnete Rolle spielt. Die Aussteller dieser Anleihen stammen nicht ausschließlich aus dem Industriesektor, sondern können auch Dienstleistungs- oder Handelsunternehmen sein. Als Industrieobligationen lassen sich unterscheiden:

▸ **Industrieobligationen ohne Sonderrechte**, welche i. d. R. als Teilschuldverschreibungen ausgegeben werden, die eine **Stückelung** der Anleihe in Teilbeträge zulässt, die auf 100 €, 500 €, 1.000 € sowie auf 5.000 € und 10.000 € lauten können.

▸ Die sehr hohen Emissionsvolumina sollen langfristige Kapitalbedarfe – zumeist 10 bis 25 Jahre – abdecken. Sofern keine Sonderrechte eingeräumt sind, treffen die vorgenannten Wesensmerkmale der Anleihen auch für Industrieobligationen zu.

▸ **Industrieobligationen mit Sonderrechten**, die Emissionen privater Unternehmen darstellen, welche Sonderfälle der Finanzierung sind. Sie werden auf S. 172 f. abgehandelt. Als **Mischformen** zwischen Kredit- und Beteiligungsfinanzierung räumen sie ein:

- Wandelungsrechte (**Wandelschuldverschreibung**)

  oder

- Gewinnbeteiligungen (**Gewinnschuldverschreibung**).

Wesentlich häufiger geschieht eine langfristige Unternehmensfinanzierung **indirekt**. Andere Emittenten von Anleihen – z. B. der Staat oder Banken – geben verfügbare Liquidität als langfristige Kredite an Unternehmen aus. Zu unterscheiden sind bei der indirekten Unternehmensfinanzierung als **Aussteller**:

▶ Die **Öffentliche Hand**, wobei hier Staats- bzw. Bundesanleihen, Länderanleihen sowie Anleihen der Kommunen oder anderer Körperschaften des öffentlichen Rechts zu nennen sind.

Sie werden zur Finanzierung öffentlicher Haushalte begeben und sind durch das gegenwärtige und zukünftige Vermögen und Steueraufkommen des Austellers besichert. Staatsanleihen genießen eine hohe Bonität und sind daher mündelsicher, deckungsstockfähig und lombardierfähig.

▶ Die **Kreditinstitute**, wobei diese Anleihen als Emissionen der Banken für die langfristige Finanzierung von Unternehmen nur indirekt wirksam sind. Sie können sein:

- **Pfandbriefe** und **Kommunalobligationen**, deren Ausgabe sich auf Hypothekenbanken und öffentlich-rechtliche Kreditinstitute beschränkt. Für die Ausgabe sind besondere Gesetze zu beachten, die bezüglich des Gläubigerschutzes strenge Auflagen machen.

- **Bankobligationen** bzw. **Bankschuldverschreibungen**, die eine Refinanzierungsquelle der Kreditinstitute am Kapitalmarkt darstellen.

2.2.4 Qualitätsmerkmale

Anleihen, die sich durch eine besonders gute **Bonität** auszeichnen und damit risikoarm für den Anleger sind, erhalten folgende **Qualitätsmerkmale**:

▶ Die **Deckungsstockfähigkeit**, denn Versicherungsunternehmen müssen als Risikopolster einen Deckungsstock bilden, der von einem Treuhänder verwaltet wird. In diesen Deckungsstock können Anleihen, die als besonders sicher gelten, aufgenommen werden.

▶ Die **Mündelsicherheit**, wobei mündelsichere Anleihen können durch einen Vormund bzw. Pfleger, der das Vermögen einer nicht geschäftsfähigen Person verwaltet, erworben werden. **Bundesanleihen** sind z. B. mündelsicher, da sie als bonitätsmäßig zweifelsfrei und damit als besonders sicher gelten.

▶ **Sicherheitskategorien der EZB**, denn für alle Kreditgeschäfte als Kauf- oder Pfandgeschäfte mit der Europäischen Zentralbank sind Sicherheiten zu stellen, die besondere, von der Europäischen Zentralbank festgelegte **Bedingungen** erfüllen müssen:

Kategorie-1-Sicherheiten	Sie sind marktfähige Schuldtitel (**Anleihen**), die **europaweit** höchsten Bonitätsanforderungen standhalten.
Kategorie-2-Sicherheiten	Sie können marktfähige und nicht marktfähige Schuldtitel (**Anleihen**) sowie auch **Aktien** sein, deren Bonität von den **nationalen Zentralbanken** nach bestimmten Standards als einwandfrei eingestuft wird.

2.2.5 Neuere Formen

Neben den traditionellen Anleihen entwickeln sich am Kapitalmarkt ständig neue Formen, die z. B. nach ihrer unterschiedlichen Art der Verzinsung und der Tilgung unterschieden werden können. So gibt es:

▸ Anleihen mit unterschiedlichen **Verzinsungsformen**:

Anleihen mit variablen Zinssätzen	Im Gegensatz zu festverzinslichen Wertpapieren weisen diese variabel verzinsten Wertpapiere (**Floating Rate Notes**) eine regelmäßige Zinsanpassung (alle 3 oder 6 Monate) auf. Als Referenzzinssatz fungieren Geldmarktsätze (Euribor, Libor).
Nullkuponanleihen	Hier bestehen während der Laufzeit keine Zinszahlungen, weshalb diese Anleihen auch **Zero Bonds** genannt werden. Nullkuponanleihen werden mit einem hohen Abschlag (Disagio) ausgegeben, ihre Tilgung erfolgt zum Nennwert.
Niedrigverzinsliche Anleihen	Sie weisen eine stark unter dem Marktzinsniveau liegende Verzinsung auf (**Discount Bonds**) und sind, wie der Zero Bond, mit einem hohen Emissionsabschlag begeben.
Hochzinsanleihen	Als **High Yield Bonds** haben sie zur Eigenheit, dass ihre Emittenten eine stark verminderte Bonität aufweisen und damit ein Risikoausgleich durch eine Rendite über dem Marktzinsniveau notwendig wird.
Indexanleihen	Hier bestehen Abhängigkeiten zwischen der Verzinsung und allgemein gültigen Indexgrößen (z. B. Aktien-, Lebenshaltungsindex). Ebenso kann die Rückzahlung dieser **Indexed Bonds** mit Indices gekoppelt werden.

▸ Anleihen mit unterschiedlichen **Tilgungsformen**:

Umtauschanleihen	**Exchangeable Bonds** bieten neben einer Zinszahlung die Tauschmöglichkeit der Anleihe in Aktien eines Unternehmens, das nicht der Emittent der Anleihe ist.
Annuitätenanleihen	Gleich hohe Annuitäten als besondere Tilgungsmethode geben dieser Anleihe den Namen **Annuity Bond**.
Ewige Anleihen	Sie weisen keine Tilgung und keinen Rückzahlungszeitpunkt auf. Der Nominalzinssatz dieser **Perpetual Bonds** wird in größeren Abständen dem Marktzinsniveau angepasst. Der Schuldner hat ein Kündigungsrecht und damit eine Rückzahlungsmöglichkeit.
Aktienanleihen	Die **Equity-Linked Bonds** haben eine weit über dem Marktzinssatz liegende Verzinsung. Sie verbriefen allerdings für den Emittenten ein Wahlrecht, die Anleihe am Laufzeitende zum Nennwert zurückzuzahlen oder eine vorher festgelegte Anzahl einer bestimmten Aktie zu liefern.
Katastrophenanleihen	Als **Catastrophe Bonds** verbinden sie ihre Rückzahlung mit dem Ausbleiben von Versicherungsschäden. Sie werden von Versicherungsgesellschaften ausgegeben und sind in ihrer Rentabilität vom Schadensverlauf abhängig.

Aufgabe 28 > Seite 198

2.3 Schuldscheindarlehen

Das Schuldscheindarlehen ist – ebenso wie die Anleihe – ein **klassisches Instrument** der langfristigen Kreditfinanzierung. Mit seiner Hilfe lassen sich Unternehmen Fremdkapital in großem Umfang durch Kapitalsammelstellen, insbesondere Versicherungen, zur Verfügung stellen.

Gesetzlich ist das Schuldscheindarlehen nicht definiert. Der **Schuldschein** selbst stellt kein Wertpapier dar, sondern ein beweiserleichterndes Dokument. Damit ist die Beweislast der Schuld und insbesondere deren Tilgung vom Gläubiger auf den Schuldner übertragen. Ein Schuldschein muss aber nicht unbedingt ausgestellt werden. So lassen sich langfristige Darlehen von Kapitalsammelstellen auch ohne seine Ausstellung als Schuldscheindarlehen bezeichnen. Ihnen liegen dann **Darlehensverträge** zu Grunde.

Merkmale des Schuldscheindarlehens sind vor allem:

▸ Die **Verzinsung,** die für die Dauer der Kapitalbereitstellung variabel oder fest erfolgen kann. Als Kostenbestandteile sind zu unterscheiden:

Einmalige Kosten	Sie können die Vermittlungsgebühr für einzuschaltende Finanzmakler (ca. 0,5 % - 1,5 %) und die Gebühr der Sicherheitenstellung (ca. 0,5 %) sein.
Laufende Kosten	Sie bestehen ausschließlich aus den Zinsen, die ca. 0,25 % - 0,5 % über den jeweiligen Anleihesätzen liegen.

▸ Die **Auszahlung** des Darlehens muss nicht unbedingt zu 100 % erfolgen, es ist auch eine Aufteilung in **Tranchen** möglich. Das Gesamtschuldscheindarlehen, das zumeist über mehrere Millionen Euro lautet, kann zur besseren Platzierung Teilschuldscheine mit 50.000 € als kleinster Einheit zerlegt werden.

▸ Die **Laufzeit** beträgt zwischen 5 und 15 Jahren, wobei die obere Grenze aufgrund der Beantragung zur Deckungsstockfähigkeit eines Schuldscheindarlehens besteht.

▸ Die **Sicherheiten** sind aufgrund des Erlangens der Deckungsstockfähigkeit erstrangig und dinglich. Sie sind **zumeist mit** einer **Zwangsvollstreckungsklausel** versehen. Neben den Grundpfandrechten sind als mögliche Sicherheiten die Bürgschaften und Negativerklärungen sowie die Verpfändung von Wertpapieren zu nennen. Beim Schuldner sollte beste Bonität vorliegen.

▸ Die **Tilgung** ist in ihren Modalitäten individuell vereinbar und daher für die Liquiditätsplanung eines Unternehmens vorteilhaft. Neben tilgungsfreien Zeiten können besondere Tilgungsmöglichkeiten bis hin zu einem einseitigen Kündigungsrecht des Schuldners festgelegt werden. Oft wird eine endfällige Tilgung festgeschrieben.

Als **Arten** des Schuldscheindarlehens lassen sich unterscheiden:

▸ Das **fristenkongruente Schuldscheindarlehen**, bei dem die Dauer der Kapitalüberlassung durch ein Schuldscheindarlehen mit der Dauer der Kapitalnutzung beim Unternehmen übereinstimmt, d. h. der Schuldschein wird entsprechend der Laufzeit des Darlehens bei einer Kapitalsammelstelle untergebracht.

- Das **revolvierende Schuldscheindarlehen**, bei dem für aufeinander folgende, kürzere Zeitabschnitte verschiedene Kreditgeber in ein langfristig laufendes Schuldverhältnis eintreten. Dadurch werden kurzfristige Geldanlagen in einen langfristigen Kredit transformiert.

- Das **direkte Schuldscheindarlehen**, das zwischen dem Kredit suchenden Unternehmen und der anlagewilligen Kapitalsammelstelle ohne Einschaltung einer vermittelnden Institution abgeschlossen wird.

- Das **indirekte Schuldscheindarlehen**, bei dem in der Vermittlung des Kreditgeschäftes ein Kreditinstitut oder ein Finanzmakler hilft, die neben der Zusammenführung beider Parteien auch noch Aufgaben der Bonitätsprüfung des Kreditnehmers übernehmen. Entsprechend der **Einbeziehung des Vermittlers** gibt es:

Darlehen ohne Festübernahme	Bei einem Darlehen ohne Festübernahme übt das Kreditinstitut oder der Finanzmakler nur **vermittelnde Funktion** aus.
Darlehen mit Festübernahme	Hier übernimmt der Vermittler ein Platzierungsrisiko, da er rechtlich **zunächst** als **Kapitalgeber** auftritt, danach die Forderung aus dem Schuldscheindarlehen an eine anlagewillige Kapitalsammelstelle abtritt.
Refinanzierungs-darlehen	Bei diesem Darlehen ist der Vermittler über die gesamte Laufzeit des Schuldscheindarlehens rechtlich als **Kapitalgeber** zu betrachten.

Die Einschaltung und die unterschiedliche Einbeziehung von Vermittlern erhöhen die Kosten des Schuldscheindarlehens.

2.4 Kreditförderung der öffentlichen Hand

Die Ausstattung besonders von kleineren bis mittleren Unternehmen mit langfristig zur Verfügung stehendem Kapital ist oftmals nicht ausreichend. Zur Problemlösung entwickelten sich private und öffentlich-rechtliche Spezialkreditinstitute, die auf eine **Kreditförderung im Langfristbereich** insbesondere der mittelständischen Unternehmen abzielen, indem sie:

- staatliche, zentrale Aktionen der Kreditvergabe durchzuführen helfen

- langfristige Kredite an ausgewählte Wirtschaftsbereiche gewähren

- Bankenkonsortien gründen, wenn das Potenzial einer einzelnen Bank von der zu bewältigenden Aufgabe überschritten wird.

Als **geförderte langfristige Kredite** lassen sich vor allem nennen:

- Die **AKA-Kredite**, die von der AKA-Ausfuhr-Kredit-Gesellschaft mbH gewährt werden. Sie stellt den Zusammenschluss von über 50 am Export interessierten Banken dar und bietet mittel- bis langfristige Kredite (maximal 10 Jahre), um den Investitionsgüterexport, zum Teil auch staatlich unterstützt, zu fördern.

Der AKA stehen hierzu verschiedene **Plafonds** zur Verfügung:

Plafond A	Er dient der Refinanzierung deutscher Exporteure, ist also ein **Liefe-rantenkredit**, und setzt sich aus Mitteln der an der AKA beteiligten Banken zusammen.
Plafonds C, D, E	Sie werden zur Kreditierung ausländischer Importeure oder Banken in Form von gebundenen Finanzkrediten verwandt und stellen somit **Bestellerkredite** dar.

▸ **Kredite der KfW-Bankengruppe**, die 2003 aus der Fusion der Kreditanstalt für Wiederaufbau (KfW) mit der Deutschen Ausgleichsbank (DtA) entstand. Die staatlichen Förderprogramme wurden damit neu geordnet. Zu unterscheiden sind:

Kredite der KfW-Mittelstands-bank	Diese mittel- bis langfristigen Kredite sind als Förderprogramme insbesondere für kleinere und mittlere Unternehmen in den Bereichen Unternehmensfinanzierung, Existenzgründung und Beteiligungsfinanzierung hilfreich.
	Ausgegeben bzw. über Hausbanken durchgereicht werden staatliche Kredite oder internationale Hilfsmittel, z. B. aus dem **ERP (European Recovery Programm)**. Zielgruppen hierfür sind:
	▸ **Existenzgründer** und **junge Unternehmen** (bis 2 Jahre nach der Geschäftsaufnahme)
	▸ **Wachstumsunternehmen**, deren Geschäftsaufnahme mehr als 2 aber höchstens 5 Jahre zurückliegt.
	▸ **etablierte Unternehmen** (mehr als 5 Jahre am Markt).
Kredite der KfW-Förderbank	Sie stellen **Förderungen** in den Bereichen Infrastruktur (Kommunales/privates Bauen, Wohnen, Energiesparen), Soziales, Bildung (z. B. BAföG) und Umwelt dar.

Weitere Töchter der KfW-Bankengruppe sind die neu gegründete **KfW-IPEX-Bank** mit der Spezialisierung auf Export- und Projektfinanzierung sowie die **KfW-Entwicklungsbank**, die mit Bundeskrediten und Zuschüssen in Entwicklungsländern Projekte fördert.

Die KfW-Bankengruppe deckt ihren Finanzierungsbedarf weitestgehend an den nationalen und internationalen Kapitalmärkten und reicht zudem nationale und internationale Mittel an die jeweiligen Fördergruppen durch.

▸ **Kredite der IKB** (Deutsche Industriebank) als langfristige gewerbliche Kredite vor allem für etablierte **mittelständische Unternehmen**, aber auch für **junge innovative Unternehmen** sowie gewerbliche Immobilieninvestoren. Förderungsgegenstände können Projekte im In- und Ausland, Beteiligungskapital sowie Leasingfinanzierungen für Immobilien, Maschinen und Fahrzeuge sein.

Zudem werden **Beratungen** und **Dienstleistungen** im Bereich der Eigenkapitalfinanzierung, der Immobilienfinanzierung und der Akquisitionsfinanzierung angeboten. Die IKB hat überwiegend private und institutionelle Aktionäre. Die KfW hält 38 % des Aktienkapitals.

▸ **Kreditleihen von Kreditgarantiegemeinschaften**, die nach Branchen (Handel, Industrie, Verkehr, Hotel- und Gaststättengewerbe, freie Berufe usw.) zu unterscheidende Einrichtungen sind. Sie erleichtern oder ermöglichen eine Kreditausreichung an mittelständische Unternehmen einer bestimmten Branche. Dies wird durch Teilgarantien in Form von **Ausfallbürgschaften** erreicht, die 80 % des Kreditbetrages abdecken.

Zu der Kreditleihe ist auch die Vergabe von Ausfallbürgschaften über die **Hermeskreditversicherung** durch den Bund zu rechnen, die den Ausfall von Exportforderungen absichert.

3. Kurzfristige Kreditfinanzierung

Die kurzfristige Kreditfinanzierung ist die Zuführung von Krediten, deren Laufzeiten unter einem Jahr liegen. Grundsätzlich dienen kurzfristige Kredite der Beschaffung der notwendigen Liquidität, um die Geschäftstätigkeit aufrecht zu erhalten. Zur kurzfristigen Kreditfinanzierung zählen:

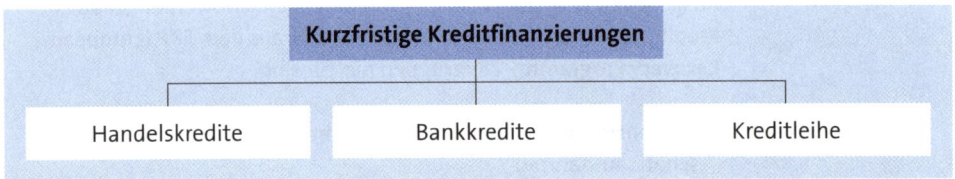

3.1 Handelskredite

Handelskredite werden im Bereich der Industrie und des Handels von Geschäftspartnern gewährt und beruhen auf **Warenlieferungen**. Kreditinstitute sind nur indirekt durch die Finanzierung des Handelspartners eingeschaltet. Als Handelskredite sind zu unterscheiden:

▸ **Lieferantenkredite**

▸ **Kundenkredite.**

3.1.1 Lieferantenkredit

Der Lieferantenkredit ist das bekannteste und am meisten angewandte Instrument im Bereich der Handelskredite. Dem Volumen nach sollen Lieferantenkredite ebenso hohe Bedeutung für die Finanzierung deutscher Unternehmen wie kurz- bis mittelfristige Bankkredite haben. Lieferantenkredite entstehen, indem die Zahlung von erhaltenen Leistungen durch das Unternehmen zeitlich verzögert stattfindet.

Die freiwillige **Stundung des Kaufpreises** von Waren und Dienstleistungen durch den Lieferanten wird als Einräumung eines **Zielkaufes** bzw. eines **Zahlungszieles** bezeichnet. Der Lieferant verspricht sich durch die Gewährung des Kredites die Steigerung seines

Umsatzes und die Bindung des Kunden an sein Unternehmen. Er setzt den Lieferantenkredit als wichtigen Bestandteil der Kontrahierungspolitik innerhalb seines Marketing-Mixes ein.

Wesentliche **Merkmale** von Lieferantenkrediten sind:

▸ Zwischen Lieferant und Kreditnehmer fließen **keine Geldmittel**, sondern es besteht eine enge Verbindung zum Warenabsatz.

▸ Die **Stundung des Kaufpreises** kann erfolgen als:

Buchkredit	Dabei wird das **Debitorenkonto** beim beliefernden Unternehmen gebucht wie ebenso umgekehrt das **Kreditorenkonto** beim Abnehmer der Ware.
Wechselkredit	Er entsteht durch die **Akzeptierung eines** der Rechnung beigelegten **Wechsels** durch das belieferte Unternehmen. Die Anwendung eines Wechselkredites ist aus Sicherheitsgründen bei zweifelhafter Bonität des Schuldners angezeigt oder dient dazu, die Refinanzierung des Gläubigers durch einen Wechseldiskontkredit zu ermöglichen.

▸ Die **Tilgung** des Lieferantenkredits kann teilweise oder bereits ganz aus Umsatzerlösen der gelieferten Ware geschehen.

Die **Beurteilung** des Lieferantenkredits aus der Sicht des belieferten Unternehmens bezieht sich auf:

▸ Die **Rentabilität**, die durch die Höhe der entstehenden Opportunitätskosten eindeutig nachteilig beeinflusst wird. Diese Kosten erwachsen dem Unternehmen, wenn es anstatt einer eingeräumten Skontoausnutzung den Lieferantenkredit ausnutzt.

▸ Die **Besicherung**, die als Eigentumsvorbehalt auf die gelieferte Ware bzw. als Wechselstrenge bei der Ausstellung und Akzeptierung eines Wechsels erfolgt.

▸ Die **Liquidität**, die sich (vorübergehend) verbessert, da aufgrund der Ausnutzung eines eingeräumten Lieferantenkredits die Kreditlinien bei Banken entlastet werden.

▸ Die **Erhältlichkeit**, die insbesondere aufgrund der Schnelligkeit, der Formlosigkeit und der Bequemlichkeit der Kreditgewährung durch den Lieferanten gegeben ist.

▸ Die **Unabhängigkeit**, die einerseits durch die Abhängigkeit gegenüber dem Lieferanten vermindert, andererseits aber gegenüber Kreditinstituten verbessert wird, da eine Kreditgewährung ohne den Einbezug von Banken erfolgt.

Wird einem Unternehmen ein Lieferantenkredit gewährt, besitzt es folgende **Entscheidungsalternativen**, die zu unterschiedlichen Zahlungshöhen führen:

▸ **Nutzung des eingeräumten Zahlungsziels**, wodurch der Zielpreis dem Rechnungspreis entspricht.

- **Prolongation** des eingeräumten Kredits durch Verzögerung oder Absprachen. Dem Zielpreis können somit entstehende Zinsen zugerechnet werden.

- **Skontoausnutzung**, indem vom Zielpreis der gewährte Skonto abgezogen wird. Dies ergibt den Barpreis.

Als **Skonto** wird der „Preisnachlass bei Zahlung vor Fälligkeit" bezeichnet. Durch den Verzicht auf die Skontoausnutzung entstehen dem Unternehmen **Opportunitätskosten** im Sinne eines entgangenen Skontoabzuges, wobei diese auf das Jahr bezogen hohe Prozentwerte erreichen können.

Eine praxisübliche **Faustformel** zeigt die jährlich anfallenden Zinsen:

$$r = \frac{S \cdot 360}{z - s}$$

r = Jahressatz in %
z = Eingeräumtes Zahlungsziel in Tagen
S = Skontosatz in %
s = Vorgegebene Skontofrist in Tagen

Der Zinssatz lässt sich auch genauer ermitteln – siehe *Olfert*.

Aufgabe 29 > Seite 198

Trotz der erheblichen Nachteile aus den entstehenden Opportunitätskosten wird der Lieferantenkredit insbesondere von **kleineren** und **mittleren Unternehmen** in Anspruch genommen. Gründe hierfür sind, dass diese Unternehmen zumeist über geringe Kapitalausstattung und/oder geringe Sicherheiten verfügen und hierdurch von Kreditinstituten nur begrenzt Kreditlinien zur Verfügung gestellt bekommen.

Das Ausnutzen von Lieferantenkrediten kann daher auf eine sehr angespannte Liquiditätssituation des Unternehmens hinweisen.

Größere Unternehmen geben in normalen Finanzierungslagen gewöhnlich zwingend vor, dass aufgrund der Kosteneinsparung der Skontoabzug entsprechend ausgenutzt werden muss, auch wenn Kredite für die Ausnutzung eingeräumter Skonti aufzunehmen sind.

Bei längeren Zahlungszielen sinkt der Opportunitätskostensatz.

Die **Sicherung** des Lieferantenkredites erfolgt vielfach durch Vereinbarung des Eigentumsvorbehaltes.

3.1.2 Kundenkredit

Dem Kundenkredit liegt eine vertragliche Vereinbarung zwischen einem Kunden als Kreditgeber und einem Lieferanten als Kreditnehmer zugrunde, der Leistungen erstellt. Er wird vielfach auch als **Abnehmerkredit**, **Vorauszahlungskredit** oder **(Kunden-)Anzahlung** bezeichnet.

Seine **Nutzung** erfolgt insbesondere dort, wo zwischen Planung und Fertigstellung der Leistung ein großer Zeitraum liegt, große Summen zur Erstellung der Leistung notwendig sind und/oder sehr speziell für die Bedürfnisse des Kunden ausgerichtete Produkte gefertigt werden. Deswegen findet der Kundenkredit z. B. Anwendung beim Schiffs-, Flugzeugbau, Großanlagenbau, Großmaschinenbau, Wohnungsbau.

Die **Beurteilung** des Kundenkredits kann sich vor allem beziehen auf:

► Die **Rentabilität**, wobei die Kreditierung für den Produzenten entweder zinslos oder verzinst erfolgt. Bei letzterem können die Kreditzinsen durch einen unter dem normalen Barpreis liegenden Rechnungsbetrag Berücksichtigung finden.

► Die **Sicherheit** für den Produzenten der Güter, die oft speziell für die Bedürfnisse eines einzigen Kunden gefertigt wurden. Durch den Kundenkredit verringert sich das **Risiko** der **Nichtabnahme** oder der **Nichtzahlung**.

► Durch Kunden wird mit einer solchen **Finanzierungshilfe** die Absicherung der Leistungsfähigkeit des Produzenten unterstützt. Um das Rechtsgeschäft selbst von Risiken freizuhalten, wird oft eine **Bankbürgschaft** verlangt und das Grundgeschäft zumeist mit **Garantien** oder **Konventionalstrafen** versehen.

► Die **Liquidität**, die für den Lieferanten in dem Maße günstig beeinflusst wird, wie die Liquidität des Kunden belastet wird. Das Ausmaß der Liquiditätsbelastung ergibt sich durch die Höhe und die Zeitdauer der Kreditierung.

► Die **Erhältlichkeit** des Kundenkredites, die von mehreren Faktoren abhängig sein kann. Das sind:

Marktstellung der Geschäftspartner	Sie bezieht sich vor allem auf die Stärke der Geschäftspartner im Wettbewerb, also sowohl auf das anbietende Unternehmen als auch auf den Kunden.
Auftragslage des Lieferanten	Der Lieferant hat bei einer guten Auftragslage die Möglichkeit, einen Kundenkredit auszuhandeln, während er bei einer schlechten Lage ggf. auf einen Kundenkredit verzichtet bzw. ihn nicht durchsetzen kann.
Branchenübliche Zahlungsbedingungen	Sie sind ggf. als wichtige Anhaltspunkte anzusehen, z. B. im Wohnungsbau, wo jeweils ein Drittel des Kaufpreises nach Vertragsschluss, nach Rohbaufertigstellung und schließlich nach Gesamtfertigung zur Zahlung fällig wird.

Mit der Gewährung bzw. Entgegennahme des Kundenkredites vermindert sich die **Unabhängigkeit** der beiden Geschäftspartner.

3.2 Kurzfristige Bankkredite

Kurzfristige Bankkredite sind von besonderer Wichtigkeit für die Finanzierung des laufenden Geschäftsbetriebes. Als die **klassischen Instrumente** der bankgetragenen Finanzierung lassen sich nennen:

- ► **Kontokorrentkredit**
- ► **Wechseldiskontkredit**
- ► **Lombardkredit.**

3.2.1 Kontokorrentkredit

Der Kontokorrentkredit ist die am meisten verbreitete Form der kurzfristigen Bankkredite. Dabei bekommt der Kreditnehmer von einem Kreditinstitut eine **Kreditlinie** auf seinem Kontokorrentkonto eingeräumt, die einen Maximalbetrag des flexibel zu beanspruchenden Kredits darstellt. Neben der variablen Tilgung – zumeist aus Umsatzerlösen – ist auch ein Überschreiten dieser Linie möglich, wodurch ein **Überziehungskredit** mit deutlich höherer Verzinsung entsteht.

Der Kontokorrentkredit wird bis auf Weiteres („b. a. w.") eingeräumt, wobei turnusmäßig (meist 1 Jahr) die weitere Vergabe überprüft wird. Sofern kein Anlass zur Auflösung des Vertrages besteht, wird er **prolongiert**, sodass der Kontokorrentkredit von langfristiger Wirkung ist.

Merkmale des Kontokorrentkredits sind:

- ► Die **Rentabilität**, die durch sehr hohe Kapitalkosten beeinflusst wird, welche ca. 5 % über den Geldmarktsätzen liegen. Zudem differenzieren die Kreditinstitute die Zinssätze nach Kundenbonität und erschweren durch sehr unterschiedliche Preismodelle die Markttransparenz. An **Kapitalkosten** werden erhoben:

Sollzinsen	Sie werden für den in Anspruch genommenen Kredit verrechnet und liegen vielfach bei ca. 4 % - 8 % über den Geldmarktsätzen bzw. über den Hauptrefinanzierungszinssatz der EZB.
Kreditprovision	Sie wird neben den Sollzinsen für die Einräumung einer Kreditlinie berechnet als: ► Zuschlag zu den Sollzinsen ► Bereitstellungsprovision.
Überziehungs-provision	Sie entsteht zusätzlich zu den Sollzinsen, wenn die zugesagte Kreditlinie überschritten wird.
Umsatz-provision	Sie wird als Gebühr für die Kontoführung und Bereitstellung der Zahlungsverkehrstechnik erhoben.
Barauslagen	Dies sind z. B. Gebühren, Porti, fremde Spesen.

▸ Die **Sicherheit**, die durch die Überprüfung der Kreditwürdigkeit sowie die laufende Einsicht des Kreditinstituts in die wirtschaftliche Lage des Unternehmens durch die Abwicklung des Zahlungsverkehrs gefördert wird. Vielfach bestehen bei den Kreditinstituten darüber hinausgehende Sicherheitsanforderungen.

So können sie z. B. als **zusätzliche Sicherheiten** verlangen:

- Bürgschaft
- Sicherungsübereignung
- Pfandrecht
- Forderungsabtretung (Zession)
- Grundschuld.

▸ Die **Liquidität**, die vorteilhaft gestaltet werden kann, da die tägliche Disposition des Kapitaleinsatzes sowie auch seiner Tilgung sehr flexibel gehandhabt werden kann. Neben der Finanzierung der laufenden Geschäftstätigkeit dient die Kontokorrentkreditlinie auch als Liquiditätsreserve für auftretende Spitzenbelastungen.

▸ Die **Erhältlichkeit** eines Kontokorrentkredits, wobei als Voraussetzung hierfür die – zumindest teilweise – Abwicklung des Zahlungsverkehrs über die Kredit gebende Bank steht.

▸ Die **Unabhängigkeit**, die umso größer ist, je mehr Kontokorrentkredite von einem Unternehmen bei verschiedenen Kreditinstituten unterhalten werden.

Diese Verhaltensweise kann sich jedoch aus Gründen der Rentabilität nicht anbieten oder dadurch unmöglich gemacht werden, dass das Kreditinstitut auf einer **Ausschließlichkeitserklärung** besteht. Mit ihr wird das Unternehmen veranlasst, sämtliche Bankgeschäfte über das darin bestimmte Kreditinstitut abzuwickeln.

Aufgabe 30 > Seite 198

Der Zahlungsverkehr des Kreditnehmers wird beim Kreditinstitut im Kontokorrent, dem in laufender Rechnung geführten Konto erfasst und **regelmäßig verrechnet**, nach AGB der Kreditinstitute meist vierteljährlich.

3.2.2 Wechseldiskontkredit

Am Wechseldiskontkredit, der auch lediglich als **Diskontkredit** bezeichnet werden kann, sind zunächst drei **Partner** unmittelbar beteiligt:

▸ Der **Lieferant** der Ware, der einen Wechsel in Höhe des Rechnungsbetrages auf den Abnehmer der Ware zieht. Damit entsteht eine **Tratte**, auf welcher der Bezogene vom Wechselaussteller angewiesen wird, einen bestimmten Betrag an ihn oder einen Dritten zu einem bestimmten Zeitpunkt zu zahlen.

▸ Der **Abnehmer** der Ware, der ein Zahlungsziel eingeräumt bekommt. Durch sein **Akzept** auf dem Wechsel verpflichtet er sich zur zukünftigen Zahlung. Er gibt den Wechsel daraufhin an den Lieferanten zurück.

► Das **Kreditinstitut** des Lieferanten, das den Wechsel vor Fälligkeit vom Lieferanten zu einem Laufzeit kongruenten Interbankensatz – z. B. dem 3-Monats-EURIBOR – mit einer kundenindividuellen Marge ankauft und die abgezinste Wechselsumme vergütet. Es kreditiert den Lieferanten innerhalb einer festgelegten Diskontlinie, die auch **Wechselobligo** genannt wird.

Die **Deutsche Bundesbank** refinanzierte den Wechseldiskontkredit bis Ende 1998 zum Diskontsatz, der bis dahin zusammen mit dem Lombardsatz als Leitzins in Deutschland diente. Obgleich mit dem Übergang auf die Europäische Zentralbank diese notenbankgetragenen Refinanzierungsgeschäfte entfallen sollten, gibt die Bundesbank inzwischen aber wieder Ankaufskonditionen für bundesbankfähige Wechsel bis unter 50.000 € bekannt.

Die **Beurteilung** des Wechseldiskontkredits kann sich beziehen auf:

► Die **Rentabilität**, die durch folgende Kapitalkosten beeinflusst wird:

Diskontierungs-satz	Dieser Zinssatz kann Bundesbank- oder Geldmarktsätzen gleichen, die entsprechend der Restlaufzeit des Wechsels (z. B. 30-, 60- oder 90-Tagessätzen) am Interbankenmarkt für diese unterschiedlichen Fristen notiert werden, zuzüglich einer **Marge**, die sich nach der Kreditwürdigkeit bzw. Marktmacht des den Wechsel einreichenden Unternehmens bemisst.
	Die **Effektivverzinsung** ist nach einer in der Praxis üblichen Faustformel errechenbar:
	$$r = \frac{DB + DS}{KB} \cdot \frac{360}{WL}$$
	r = Effektiver Jahreszins
	$$DB = \text{Diskontbetrag} = \frac{\text{Wechselbetrag} \cdot \text{Diskontierungssatz} \cdot \text{Taggenaue Wechsellaufzeit}}{360 \cdot 100}$$
	DS = Diskontspesen KB = Effektiv verfügbarer Kreditbetrag = Wechselbetrag - DB - DS WL = Taggenaue Wechsellaufzeit
	Weitere Möglichkeiten zur Festlegung des Diskontierungssatzes bestehen. Sie orientieren sich z. B. am Kontokorrentkreditsatz und einer kundenindividuellen, davon abzuziehenden Marge.
Diskontspesen	Sie sind relativ gering und fallen vor allem für das **Wechselinkasso** und das Einholen von **Auskünften** an, z. B. als Auslagen, Auskunftsgebühren, Inkassoprovision, Porti.

▶ Die **Sicherheit**, die durch den Wechseldiskontkredit besonders gegeben ist, wobei zwei Tatbestände zu unterscheiden sind:

Eigentums-vorbehalt	Er lastet auf der gelieferten Ware als einfacher, verlängerter oder erweiterter Vorbehalt, siehe S. 94 f.
Wechsel-strenge	Sie führt durch den **Protest** eines nicht eingelösten Wechsels zu einer Beurkundung der Zahlungsverweigerung des Wechselbezogenen und garantiert damit in einem **Wechselprozess** die beschleunigte Abwicklung aufgrund der vereinfachten Beweisführung, siehe S. 38.

▶ Die **Liquidität**, die kurzfristig und fallweise mithilfe des Wechseldiskontkredites verbessert werden kann.

▶ Die **Erhältlichkeit**, deren zukünftige Entwicklung von der Bereitschaft der Banken abhängt, einen Wechseldiskontkredit einzuräumen. Ohne sie sowie die Bereitschaft des Warenlieferanten zur Wechselausstellung und des Belieferten zum Wechselakzept entsteht kein Wechseldiskontkredit.

▶ Die **Unabhängigkeit**, die begrenzt werden kann, wenn der das Zahlungsziel gewährende Aussteller eines Wechsels durch seine Unterschrift und ggf. durch sein Indossament bei der Weitergabe an eine Bank in eine gesamtschuldnerische Haftung für die Wechselsumme gerät.

Aufgabe 31 > Seite 199

3.2.3 Lombardkredit

Der Lombardkredit ist ein Kredit, den ein Kreditinstitut einem Kreditnehmer gegen ein „**Faustpfand**" gewährt, wobei die verpfändeten Güter nicht in voller Höhe ihres Wertes beliehen werden. Er lautet auf einen festen Betrag und hat eine kurze Laufzeit. Aufgrund der Unterschiedlichkeit der verpfändeten Vermögensgegenstände lassen sich folgende **Arten** des Lombardkredites unterscheiden:

▶ Der **Effektenlombard**, bei dem fungible Wertpapiere verpfändet werden, deren Beleihungsgrenzen je nach Sicherheit der Papiere unterschiedlich hoch sind. So werden z. B. festverzinsliche Wertpapiere bis ca. 80 % und Aktien zwischen 50 % und 70 % beliehen. Der Effektenlombard wird auch **Effektenkredit** genannt.

Da die Leistungserstellung des Unternehmens durch die Verpfändung nicht behindert wird und die Kreditinstitute diese Wertpapiere oftmals bereits verwahren, gilt der Effektenlombard als **wichtigste Art** des Lombardkredites.

▶ Der **Warenlombard**, dessen Nachteil darin zu sehen ist, dass die Waren dem Kreditgeber als Pfand übergeben werden müssen, was den Leistungsprozess stören kann. Die Verpfändung geschieht zumeist in Form der Übergabe von Dokumenten, die das Recht an der Ware verbriefen, z. B. eines Lagerscheines. Der Warenlombard ist möglich, wenn die Ware haltbar, bewertbar und marktfähig ist. Die Beleihungsgrenzen liegen bei ca. 50 %.

▸ Der **Wechsellombard**, zur kurzfristigen Beschaffung von Liquidität – früher bei ausgeschöpften Rediskontierungskontingenten genutzt – sowie der **Forderungslombard**, bei dem Forderungen beliehen werden, und der **Edelmetalllombard**, bei dem Edelmetalle als Pfandgegenstände dienen, haben als Lombardkredit für Unternehmen inzwischen keine große Bedeutung.

Die Aufnahme eines Lombardkredites erfolgt vor allem dann, wenn die Kreditlinien ausgeschöpft sind. Die **Beurteilung** des Lombardkredits kann sich beziehen auf:

▸ Die **Rentabilität**, die anhand folgender Kapitalkosten zu beurteilen ist. Sie liegen i. d. R. zwischen den Kosten eines Wechseldiskontkredits und den Kosten eines Kontokorrentkredits und umfassen:

Zinsen	Sie entsprechen der Spitzenrefinanzierungsfazilität der Europäischen Zentralbank, welche die Obergrenze des Tagesgeldsatzes darstellt. Hinzu kann ein sich nach dem individuellen Risiko des Kreditnehmers bestimmender Zuschlag kommen.
Sonstige Kosten	Sie entstehen aufgrund der Bewertung (z. B. Sachverständigenkosten) sowie Verwahrung und Verwaltung (z. B. Depot-/Lagerkosten) der verpfändeten Güter.

▸ Die **Sicherheit**, die über die verpfändeten Güter selbst und die Abschätzung der Bonität des Kreditnehmers erfolgt.

▸ Die **Liquidität**, die sofort bei Gewährung des Kredits zufließt und erst am Ende der Kreditlaufzeit zusammen mit den Zinsen in einer Summe wieder abfließt.

▸ Die **Erhältlichkeit**, die erleichtert wird, wenn die verpfändeten Güter eine hohe Wertbeständigkeit aufweisen, schnell liquidierbar und einfach bewertbar sind.

▸ Die **Unabhängigkeit**, die beim Lombardkredit erhalten bleibt, da im Vordergrund des Interesses das verpfändete Gut steht. Allerdings kann beim Warenlombard der Leistungsprozess des Unternehmens eingeschränkt werden.

3.3 Kreditleihe

Während dem Unternehmen mithilfe eines Bankkredites benötigtes Kapital zugeführt wird, stellen die Banken bei der Kreditleihe ihre **Kreditwürdigkeit** zur Verfügung, indem sie bedingte oder unbedingte Zahlungsverpflichtungen übernehmen und damit ihre einwandfreie Kreditwürdigkeit auf den Kreditnachfrager übertragen. Kreditleihe ist mithilfe folgender **Arten** möglich:

▸ **Akzeptkredit**

▸ **Avalkredit.**

3.3.1 Akzeptkredit

Der Akzeptkredit ist ein **Wechselkredit**, bei dem der Bankkunde einen Wechsel auf sein Kreditinstitut zieht, den das Kreditinstitut akzeptiert. Im Außenverhältnis besitzt der Bankkunde damit ein Wertpapier, das durch das Bankakzept eine einwandfreie, international geltende Bonität aufweist. Er hat für die **Verwertung** des Wechsels drei Möglichkeiten:

- Weitergabe an einen Lieferanten zum Zwecke der Zahlung
- Einreichung zum Diskont bei dem den Wechsel akzeptierenden Kreditinstitut
- Einreichung zum Diskont bei einem anderen Kreditinstitut.

Im **Innenverhältnis** verpflichtet sich der Bankkunde, den Wechselbetrag einen Tag vor Fälligkeit des Wechsels auf einem Konto des Kreditinstituts zur Verfügung zu stellen.

Die **Beurteilung** des Akzeptkredits kann erfolgen für:

- Die **Rentabilität**, die positiv einzuschätzen ist, da keine Zinsen anfallen, weil kein Geld geflossen ist. Es entstehen nur relativ niedrige **Kapitalkosten**, die umfassen:

Akzeptprovision	Sie liegt zwischen 1,2 % und 2,5 % des Nominalbetrages, den der Wechsel aufweist.
Bearbeitungsgebühr	Als Bearbeitungsgebühr werden ca. 0,5 % erhoben, sodass die gesamten Kapitalkosten bis zu 3 % betragen.

- Die **Sicherheit**, die durch den Wechsel und damit durch die wechselrechtlichen Vorschriften gegeben ist. Für den Wechselnehmer ist die Entgegennahme eines solchen Wechsels aufgrund des Bankakzeptes **risikolos**, da ein Kreditinstitut für dessen Einlösung haftet.
- Die **Liquidität**, die durch die Diskontierung geschaffen wird und bei einer Weitergabe des Wechsels genutzt werden kann.
- Die **Erhältlichkeit**, die eingeschränkt ist. Kreditinstitute vergeben den Akzeptkredit nur an Bankkunden mit **bester Bonität**, da sie sich im Außenverhältnis in die Haftung für die Zahlung begeben.
- Die **Unabhängigkeit**, die gefördert wird, da der Bankkunde eine weltweite Zahlungsfähigkeit durch dieses Bankakzept genießt. Allerdings wird er andererseits vertraglich im Innenverhältnis genauso gebunden wie das Kreditinstitut im Außenverhältnis.

Der Akzeptkredit hat besondere **Bedeutung** im Außenhandel erlangt.

3.3.2 Avalkredit

Der Avalkredit ist gesetzlich geregelt (§§ 765 - 778 BGB i. V. mit §§ 349 - 351 HGB) und begründet die Übernahme einer **Bürgschaft** oder einer **Garantie** des Kreditinstituts für die Verbindlichkeiten eines Bankkunden.

Während die Bürgschaft akzessorisch eine Mithaftung für die Bank erzeugt, ist die Garantie ein „abstraktes Schuldversprechen", welches das Vorliegen einer konkreten Forderung nicht voraussetzt. Sie garantiert den Eintritt eines bestimmten Erfolges bzw. das Ausbleiben eines bestimmten Misserfolges.

Wie beim Akzeptkredit fließt auch hier kein Geld, sondern das Kreditinstitut stellt seine **Kreditwürdigkeit** dem Kunden zur Verfügung. Die **Beurteilung** des Avalkredits bezieht sich auf:

► Die **Rentabilität**, die dadurch beeinflusst wird, dass die Inanspruchnahme des Avalkredites im Voraus – zum Teil quartalsweise – zu zahlen ist. Die **Kapitalkosten** sind abhängig vom Volumen, der Art und der Laufzeit der Bürgschaft oder der Garantie. Ausgehend vom Avalkreditvolumen werden i. d. R. zwischen 1 % und 4 % durch die Bank verlangt.

► Die **Sicherheit** bezieht sich aus der Sicht des Kreditnehmers auf eine Absicherung seiner Geschäftstätigkeit. So wird sie ihm durch den Avalkredit erst ermöglicht, wenn z. B. für den Geschäftsabschluss eine Bankbürgschaft notwendig wird. Bei der Bank entsteht aufgrund der möglichen Haftung durch die Vergabe eines Avalkredites eine **Eventualverbindlichkeit**, die nur dann zur Verbindlichkeit wird, wenn der Kreditnehmer seine Leistungen gegenüber Dritten nicht erbringt.

Praktische Anwendung findet der Avalkredit dort, wo eine Sicherheit zu stellen ist, ohne dass der Geschäftspartner selbst eingehende Kreditwürdigkeitsprüfungen durchführen möchte oder kann. Als Sicherheiten kommen in Betracht:

Zollbürgschaft	Die Stundung von Zöllen setzt nach der Abgabeordnung die Stellung einer Sicherheit voraus.
Frachtstundungsbürgschaft	Sie wird Unternehmen mit hohem Frachtaufkommen von der Deutschen Verkehrs-Kredit-Bank als Abrechnungsstelle gewährt.
Bietungsgarantie	Sie beträgt bei Ausschreibungen 1 % - 5 % des Angebotswertes und soll eine Bindung des Bieters an sein Angebot erreichen.
Anzahlungsgarantie	Sie soll im Außenhandel die Rückzahlung einer geleisteten Anzahlung bei Nichterbringen der vereinbarten Leistung garantieren.
Leistungsgarantie	Sie sichert bei schlecht oder verspätet erbrachten Leistungen die Zahlung der vertraglichen Konventionalstrafe.
Gewährleistungsgarantie	Der Garantiebetrag deckt 5 % - 10 % des Objektwertes einer vom Lieferanten erbrachten Leistung ab.

Die **Erhältlichkeit**, die von der Höhe des Risikos des zu besichernden Grundgeschäfts und von den marktüblichen Gegebenheiten abhängig ist, die einen Avalkredit notwendig machen.

Aufgabe 32 > Seite 199

4. Sonstige Kreditfinanzierung

Als sonstige Kreditfinanzierung sollen behandelt werden:

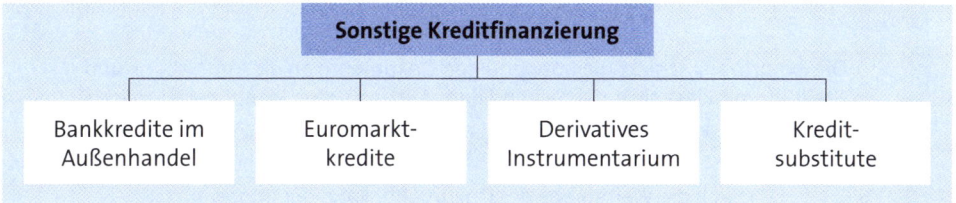

4.1 Bankkredite im Außenhandel

Als **Instrumente** des Auslandszahlungsverkehrs wurden bereits dargestellt – S. 40 ff.:

▸ das **Clean Payment**, bei dem eine reine, ungesicherte Zahlung ohne Dokumente durch Überweisung oder Scheck erfolgt

▸ der **dokumentäre Zahlungsverkehr**, mit dem das Risiko nur einseitiger Leistungserfüllung durch Dokumenteninkasso oder Dokumentenakkreditiv begrenzt werden soll.

Im Folgenden soll auf die **Wechselfinanzierungen**, die zu den traditionellen kurzfristigen Finanzierungen im Außenhandel zählen, eingegangen werden. Dabei sind zwei Bankkredite zu nennen:

▸ Der **Rembourskredit**, der eine **Sonderform des Akzeptkredits** ist, die inzwischen jedoch nur noch selten verwendet und immer stärker durch die obigen Instrumente des Auslandszahlungsverkehrs ersetzt wird. Bei ihm wird – zusätzlich zu den Dokumenten – die Unsicherheit der Zahlung und Übergabe der Ware durch ein Kreditleihgeschäft besichert.

Die **Abwicklung** des Rembourskredites geschieht in folgender Weise:

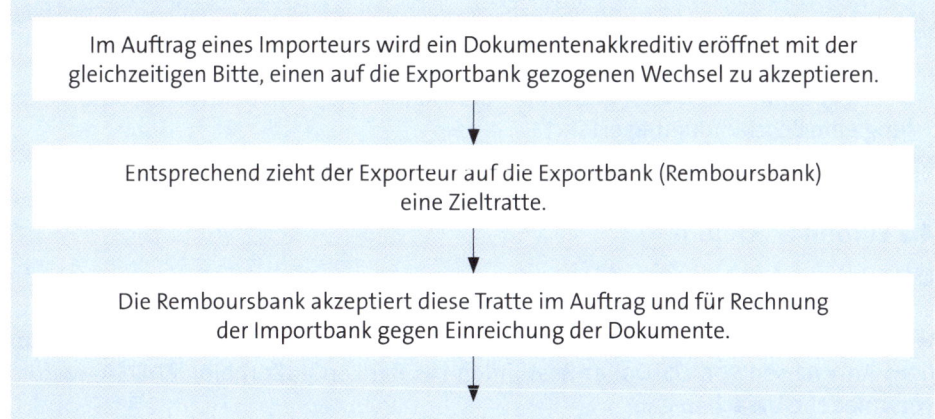

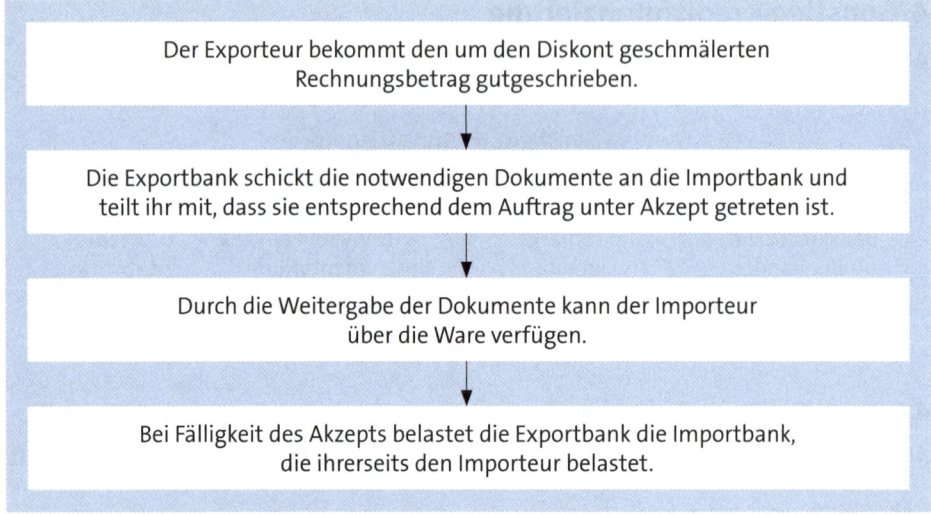

Der **Vorteil** des Rembourskredits ist, dass die Forderung des Exporteurs unmittelbar nach Verladung der Ware durch die Diskontierung des Bankakzepts befriedigt wird, während die Zahlungspflicht des Importeurs für die gelieferte Ware bis zur Fälligkeit des Bankakzeptes hinausgeschoben wird.

▶ Der **Negoziationskredit**, der mit dem Rembourskredit eng verwandt ist und eine **Sonderform des Diskontkredits** darstellt. Bei ihm kauft die Exportbank eine auf den Importeur gezogene Tratte an, verbunden mit der Übergabe der notwendigen Dokumente.

International haben sich zwei **Formen** des Negoziationskredits entwickelt:

Authority to purchase	Bei ihr kauft die Importbank einen auf sie gezogenen Wechsel bei Übergabe der Dokumente an, wobei die Exportbank die Tratte bei Vorlage der Dokumente, die dann an die Importbank übersandt werden, bevorschussen soll.
Order to negotiate	Dabei wird eine Tratte vom Exporteur auf eine vom Importeur angegebene Korrespondenzbank im Lande des Exporteurs gezogen, die von der Korrespondenzbank gegen Vorlage der Dokumente sofort diskontiert oder nur zunächst akzeptiert wird.

Der Negoziationskredit hat gegenüber dem Rembourskredit den **Vorteil**, dass die Zahlung eine Beschleunigung erfährt.

4.2 Euromarktkredite

Der Euromarkt gehört zu den internationalen Finanzmärkten, von denen gesprochen wird, wenn Finanzmarkttransaktionen grenzüberschreitend durchgeführt werden. Er wird auch **Euro-Dollar-Markt** oder **Xeno-Markt** genannt und verdankt seine Entstehung dem Anwachsen von US-Dollar-Beständen bei Banken außerhalb der USA, wofür es verschiedene **Ursachen** gab:

- Die Ostblockstaaten hielten Devisenreserven in US-Dollar bei westeuropäischen und nicht bei amerikanischen Banken.

- Ein ansteigendes Zahlungsbilanzdefizit der USA führte zu einem Anwachsen von US-Dollarbeständen in europäischen Staaten.

- US-Dollaranlagen wurden aufgrund des zeitweise sehr niedrigen Zinsniveaus in den USA auch zu europäischen Kreditinstituten transferiert und dort angelegt.

Die **Teilnahme** am Euromarkt setzt beste Bonität und Bekanntheit sowie größere Volumina bei der Anlage und Aufnahme von Finanztiteln voraus. Teilnehmer sind daher Banken, Versicherungen, Zentralnotenbanken, Regierungen und Großunternehmen.

Die **Märkte** für internationale Finanzierungsmittel lassen sich nach ihrer zeitpunktbezogenen Funktion für den Wertpapierhandel in zwei **Segmente** einteilen:

- Den **Primärmarkt**, der ein Emissionsmarkt ist, auf dem die Aufnahme und Anlage von Finanzierungsmitteln direkt erfolgt.

- Den **Sekundärmarkt**, der einen Zirkulationsmarkt darstellt, in dem der Handel der aus dem Primärmarkt stammenden Wertpapiere stattfindet.

Nach der **Fristigkeit** der Laufzeiten der Finanzierungsmittel sind als Finanzmärkte bedeutsam:

- Der **Eurogeldmarkt**, auf dem kurze Laufzeiten charakteristisch sind. In ihm werden z. B. Devisenguthaben in Form von Eurodollar durch Abtretung unter Banken gehandelt. Am Eurogeldmarkt **im engeren Sinne** nehmen nur Banken teil, am Eurogeldmarkt **im weiteren Sinne** multinationale Großunternehmen.

  Bei der Zinsstellung im Geldhandel unter Banken ist der wichtige **Referenzzinssatz** für die unterschiedlichsten Laufzeiten der am Londoner Bankenplatz ermittelte Zinssatz als:

LIBOR	Die **L**ondon **I**nterbank **O**ffered **R**ate als Geldaufnahmesatz
LIBID	Die **L**ondon **I**nterbank **Bid** Rate als Geldanlagesatz
LIMEAN	Die **L**ondon **I**nterbankrate **Mean** als gebildeter Mittelkurs

Seit 1999 wird der **EURIBOR** (**Eur**opean **I**nter**b**ank **O**ffered **R**ate) als europäischer Referenzzinssatz durch die Kursstellung von bis jetzt 57 Banken – darunter zwölf deutschen Instituten – ermittelt. Er löste die nationalen Zinssätze ab.

Instrumente des Eurogeldmarktes sind:

Reiner Geldhandel	Er findet unter Banken als Handel in Form von Termin- oder Kündigungsgeldern statt, deren Laufzeiten von unter einem Tag (overnight-money) bis hin zu mehreren Monaten reichen können.

Handel mit Geldmarkt-papieren Beispiele	▸ Das kurzfristige **Certificate of Deposit** (CD) stellt als Depositenzertifikat eine handelbare, marktfähige Quittung einer Termineinlage bei einem Kreditinstitut dar und hat kurzfristigen Charakter. ▸ Das meist kurzfristige **Commercial Paper** ist eine von einem bedeutenden Unternehmen emittierte Inhaberschuldverschreibung, die in Stückelungen von 500.000 US-Dollar oder entsprechenden Gegenwerten in Form eines Rahmenvertrages revolvierend aufgelegt wird.

▸ Der **Eurokreditmarkt**, auf dem vor allem Kreditinstitute und andere Finanzmakler die Mittlerfunktion zwischen Angebot und Nachfrage übernehmen. Hier werden Eurokredite kurz- bis mittelfristig von Eurobanken angeboten und von Großunternehmen, Staaten und internationalen Institutionen nachgefragt.

Die **Kredittranchen** weisen große Volumina auf und können als Einzelkredite und Konsortialkredite von mehreren Kreditinstituten gemeinschaftlich vergeben werden. Sie können sein:

Festzinssatz-kredite	Sie weisen einen vorher bestimmten festen Zinssatz über die gesamte Laufzeit des jeweiligen Kredites auf, der nicht veränderbar ist.
Roll-over-Kredite	Dies sind Kredite mit **variablen Zinssätzen**, die anhand des ausgewählten Referenzzinssatzes (z. B. 3-Monats-LIBOR bzw. 6-Monats-LIBOR) nach einer bestimmten Zeit (z. B. nach 3 bzw. 6 Monaten) an die aktuellen Marktsätze angepasst werden. Zu ihnen zählen: ▸ Das **Roll-over-Eurodarlehen**, das in einem Festbetrag ausgegeben wird, der entweder am Ende der Laufzeit als einmaliger Betrag zurückbezahlt wird oder nach einigen tilgungsfreien Jahren in Teilbeträgen zurückfließt, wobei letztere Form weiter verbreitet ist. ▸ Der **Revolvierende Roll-over-Eurokredit** mit einer eingeräumten Kreditlinie, die wie beim Kontokorrentkredit flexibel nutzbar und ebenso flexibel zu tilgen ist. ▸ Der **Stand-by-Roll-over-Eurokredit**, der ein Sicherheitspolster für besonders angespannte Liquiditätssituationen bietet und bei Bedarf fallweise in Anspruch genommen werden kann.

▸ Der **Eurokapitalmarkt**, der einen Markt für längerfristige Finanzierungsmittel darstellt. Bei ihm sind Angebot und Nachfrage hinsichtlich **internationaler Anleihen** in einem freien und nicht reglementierten Markt konzentriert. Euroanleihen sind typischerweise auf Währungen ausgestellt, die nicht mit der Währung des Emissionslandes übereinstimmen müssen.

4.3 Derivatives Instrumentarium

Die zunehmende Internationalisierung der Wirtschaft hat für die Unternehmen den Zugang zu internationalen Geld- und Kapitalmärkten wesentlich erleichtert. Bisher abgeschottete Märkte mit konstanten Zinsgefügen wurden aufgehoben, was für zunehmende Zinsschwankungen sowohl im kurzfristigen als auch im langfristigen Bereich sorgte.

Als Messzahl der Schwankungsbreite der Zinsen gilt die **Volatilität**. Je größer die Volatilität der Zinsen ist, desto stärker streuen sie um ihren Mittelwert, und damit sind die zu erwartenden Zinsschwankungen in der Zeit umso höher ausgeprägt.

Für die Unternehmen ergeben sich durch Geldaufnahmen und Geldanlagen mit unterschiedlichen Zinsbindungsfristen und unterschiedlichen Laufzeiten ständige **Zinsänderungsrisiken**. Sie können die Passiv-Seite wie auch die Aktiv-Seite der Bilanz betreffen und Risiken bei Geschäftsabschlüssen mit sich bringen.

Als Grundsatzentscheidungen zur **Begrenzung der Zinsrisiken** ergeben sich:

► **Zins-Sicherungsentscheidungen** als **Hedging**, bei dem das Ziel verfolgt wird, eine Risikoposition durch ein Gegengeschäft zu neutralisieren.

► **Zins-Risikoentscheidungen** als **Positionierung**, wobei die Erwartungshaltung zur Zinsentwicklung nach sorgfältiger Analysen der Risikosituation bestimmt wird. Eine Positionierung ist auch dann gegeben, wenn ein Unternehmen sich gegenüber Zinsänderungen passiv verhält.

Es bestehen verschiedene **Marktformen** für derivative Instrumente, die einer Risikobegrenzung dienen sollen. Das sind:

► **Kassamarkt**
► **Terminmarkt**
► **Optionsmarkt**.

4.3.1 Kassamarkt

Beim Kassamarkt fallen Geschäftsabschluss und Geschäftserfüllung in einer Transaktion zusammen. Es besteht eine **sofortige Erfüllungspflicht** der Transaktion, die per Kasse getätigt wird. Der Handel im Kassageschäft umfasst vor allem **nicht börsengehandelte, derivative Zinsinstrumente**. Da sind z. B.:

► Der **Zinsswap**, bei dem zwei Partner einen Austausch (Swap = Tausch) vereinbaren, der sich auf **unterschiedlich gestaltete Zinszahlungen** bezieht. Es werden feste gegen variable, variable gegen feste Zinssätze oder variable Zinssätze mit unterschiedlichen Laufzeiten getauscht:

Feste Zinssätze	Sie stellen die jeweiligen Marktzinssätze dar und werden über die gesamte Laufzeit eines Kredites fest vereinbart.
Variable Zinssätze	Sie sind an einen **Referenzzinssatz** mit entsprechender Laufzeit – Zinsbindungsdauer 1, 3, 6 Monate usw. – gekoppelt, der für alle Beteiligten nachvollziehbarer ist, z. B. (LIBOR, EURIBOR).

Weitere **Merkmale** des Zinsswaps sind:

Laufzeit	Sie umfasst einen Zeitraum der von 1 Jahr bis zu 10 Jahren reichen kann.
Zinssatz-berechnung	Sie basiert z. T. beim Festzinssatz auf 30/360 Tagen und erfolgt beim variablen Zinssatz taggenau.
Zahlungs-termine	Beim Festzinssatz wird halbjährlich oder jährlich nachschüssig, beim variablen Zinssatz je nach Zinsbindungsdauer z. B. viertel- oder halbjährlich gezahlt.
Zins-anpassung	Sie erfolgt bei variablem Zinssatz vereinbarungsgemäß z. B. alle 3 oder 6 Monate.
Kapital	Die für die Berechnung der Zinsen zu Grunde liegenden Kapitalbeträge werden unter den Handelspartnern **nicht ausgetauscht**, da sie sich betragsmäßig entsprechen.

Zinsswaps sind faktisch und rechtlich unabhängig von den zu sichernden Grundgeschäften. Zur Absicherung von Änderungsrisiken werden sie jedoch mit den Grundgeschäften, welche die eigentlichen Anlagen oder Kreditaufnahmen darstellen, kombiniert.

► **Zins-/Währungsswaps** stellen eine Kombination aus einem Zins- und einem Währungsswap dar. Während die Handelspartner bei Währungsswaps Kapitalbeträge in verschiedenen Währungen tauschen, erfolgen aus Zinsswaps nur Zahlungen, die sich aus den Währungsbeträgen der entstehenden Zinszahlungen ergeben. Ziel der Zins-/Währungsswaps ist die gleichzeitige Sicherung von Währungs- und Zinsrisiken.

4.3.2 Terminmarkt

Im Terminmarkt **fallen** Geschäftsabschluss und Geschäftserfüllung einer Transaktion **zeitlich auseinander** und sind für beide Handelsparteien verbindlich. Deshalb wird auch von einem unbedingten Termingeschäft gesprochen. Als derivative Instrumente im Terminmarkt stehen zur Verfügung:

► **Börsengehandelte Instrumente**, die standardisiert sind. An der Börse wird im **„Fixing"** ein täglicher Abrechnungspreis festgestellt. Für die Erfüllung der Geschäfte garantiert eine **Clearing-Stelle** und befreit damit beide Kontraktparteien vom Bonitätsrisiko des jeweils anderen Geschäftspartners.

Die **Standardisierung** erbringt mehr Flexibilität und Schnelligkeit im Handel durch eine Liquidisierung des Marktes. Börsengehandelte Instrumente im Terminmarkt sind **Futures auf Bundesanleihen** und **auf Bundesobligationen** sowie **Money Market-Futures**, die unterschiedliche Währungen (EUR, GBP, USD) und Laufzeiten (1 - 3 Monate) aufweisen.

Der **Bund-Future** spiegelt die Kursentwicklung langfristiger Bundesanleihen wider. Er ist ein Kontrakt über die Lieferung oder Abnahme von Bundesanleihen im Nominalbetrag von 100.000 € oder einem Mehrfachen mit einer Restlaufzeit von 8,5 bis 10 Jahren zu einem vereinbarten Preis (= Kurs des Futures) und zu einem vereinbarten Datum (= Fälligkeitsdatum des Futures).

Der Käufer (Verkäufer) eines Bundfutures verpflichtet sich, zu einem festgelegten Datum eine spezifizierte Anleihe zu einem vorher bestimmten Preis zu kaufen (liefern). Der Käufer (Verkäufer) spekuliert auf fallende (steigende) Zinsen.

Der Bund-Future basiert auf einer synthetischen Bundesanleihe mit einer Nominalverzinsung von 6 %, wobei folgende Handelsusancen gelten:

Liefermonate	März, Juni, September, Dezember
Laufzeit	Maximal 9 Monate
Liefertag	Der 10. Kalendertag des Liefermonats
Letzter Handelstag	Zwei Börsentage vor dem Liefertag
Handelsort	EUREX (Zusammenschluss der deutschen und schweizerischen Terminbörsen) und London International Financial Futures Exchange (LIFFE)

Mit **Zins-Futures** werden bestehende und zukünftige Risikopositionen der Aktiv- und Passiv-Seite abgesichert, wobei davon ausgegangen wird, dass ein bestehender oder noch zu erwartender Wertpapierbestand durch eine entgegengesetzte Future-Position neutralisiert wird. Hierdurch wird der Wertpapierbestand gegen Zinsschwankungen immun.

Beim Eintritt der zu erwartenden **Zinsschwankung** gleichen sich die Kassa-Position und die Future-Position aus. So steigt der Wert des Futures in dem Maße, in dem die Kassa-Position an Wert verliert. Tritt die Zinserwartung nicht ein, verliert der Future an Wert. Allerdings steigt dann in gleichem Maße die Kassa-Position.

Gewinne der einen Seite kompensieren die Verluste der anderen Seite. Letztlich hat man durch die Absicherung das jeweils geltende Zinsniveau festgeschrieben.

▶ **Maßgeschneiderte Instrumente**, die nicht an der Börse gehandelt werden. Dabei schließen die Geschäftspartner direkt einen Vertrag ab, wobei meist Kreditinstitute als Mittler dieser Geschäfte auftreten. Diese **OTC-Produkte** („**o**ver **t**he **c**ounter") werden in der Praxis zumeist nachgefragt, da sie die vielfältig und vor allem sehr unterschiedlich auftretenden Probleme sehr individuell lösen können.

Nicht börsengehandelte Zinsinstrumente sind im Terminmarkt der **Forward Swap** und das **Forward Rate Agreement** (FRA), das eine Vereinbarung zwischen zwei Vertragspartnern über die Festlegung eines für beide Parteien verbindlichen festen Zinssatzes darstellt.

Der Käufer und der Verkäufer eines FRA's fixieren den Festzinssatz (FRA-Satz) für eine bestimmte Periode unter Zugrundelegung eines Referenzzinssatzes. Der Käufer erhält z. B. bei einer Steigerung des Referenzzinssatzes über den Festzinssatz vom Verkäufer des FRA's eine **Ausgleichszahlung**. Basis für die taggenaue Berechnung der Zinsen (Ausgleichszahlung) ist ein vereinbarter ausschließlich rechnerischen Zwecken dienender nomineller Kapitalbetrag.

Auf diese Weise ist die Absicherung eines bestehenden Kreditengagements bei zu erwartenden Zinssteigerungen möglich. Entsprechend seiner individuellen Zinseinschätzung fängt der Kreditnehmer das Risiko steigender Zinsen eines variabel verzinslichen Kreditengagements durch den Kauf eines FRA's ab.

4.3.3 Optionsmarkt

Im Optionsmarkt **fallen** Geschäftsabschluss und Geschäftserfüllung einer Transaktion **zeitlich auseinander**. Für den Käufer einer Option besteht ein **Wahlrecht**, was auch zu der Bezeichnung „bedingter Terminmarkt" führt. Die Verpflichtung zur Ausübung besteht nicht. Für die Option hat der Käufer eine Optionsprämie zu zahlen. Auch im Optionsmarkt lassen sich unterscheiden:

► **Börsengehandelte** und damit standardisierte Instrumente, wie z. B. der 3-Monats-Euro-Future als Optionsgeschäft, Futures auf Bundesobligationen sowie Bundesanleihen als Optionsgeschäft.

► **Maßgeshneiderte Instrumente** die als OTC-Produkte weiter verbreitet sind als die standartisierten Instrumente und nicht an der Börse gehandelt werden, z. B. als:

Cap	Er ist eine vertragliche Vereinbarung zwischen einem Cap-Käufer und einem Cap-Verkäufer. Dem Cap-Käufer wird bei Zahlung einer Cap-Prämie eine **Zinsobergrenze** für einen bestimmten Zeitraum und einem bestimmten Nominalbetrag **garantiert**.
	Für bereits bestehende oder zukünftige variabel verzinsliche Verbindlichkeiten folgt hieraus, dass der Käufer eines Caps eine **„Zinsversicherung"** gegen steigende Zinsen abgeschlossen hat.
	Die Belastungen, die sich aus einem variabel verzinslichen Kredit ergeben, weil sich der Referenzzinssatz über den im Cap-Vertrag als Obergrenze festgelegten Maximalzins bewegt, werden vom Cap-Verkäufer erstattet. Er nimmt die Position des Stillhalters in diesem Optionsgeschäft ein.
	Der Cap-Verkäufer ist praktisch ein Versicherungsgeber, der die Mehrbelastungen des Versicherungsnehmers ausgleicht.

Floor	Im Gegensatz zum Cap, der eine Zinsobergrenze festlegt, wird beim Floor – als Gegenstück zum Cap – eine **Zinsuntergrenze bestimmt**. Variable Finanzanlagen werden somit gegen ein Absinken des Zinsniveaus versichert.
	Der Käufer des Floors erwirbt das Recht, bei Unterschreiten des Referenzzinssatzes während der Laufzeit vom Verkäufer des Floors eine Ausgleichszahlung, die sich wiederum auf einen zu Grunde liegenden Nominalbetrag bezieht, zu verlangen. Hierfür zahlt der Käufer des Floors an den Verkäufer eine Prämie.

Es gibt weitere maßgeschneiderte Instrumente – siehe *Becker/Peppmeier, Olfert*.

Aufgabe 33 > Seite 199

4.4 Kreditsubstitute

In Konkurrenz zu den bankgetragenen kurz- und langfristigen Krediten haben sich in den letzten Jahrzehnten Finanzierungsinstrumente entwickelt, die Bankkredite ersetzen können. Diese **Möglichkeiten der Substitution** sind:

- **Factoring**
- **Asset-Backed-Securities**
- **Leasing**
- **Gesellschafterdarlehen** – siehe S. 81.

Während das Factoring eher bzw. häufig kurzfristig ausgerichtet ist, sind Asset-Backed-Securities, Leasing und Gesellschafterdarlehen eher bzw. häufig langfristiger Natur.

4.4.1 Factoring

Factoring ist der **Ankauf von Forderungen** aus Lieferungen und Leistungen eines Unternehmens durch ein Factoringinstitut. Er erfolgt zumeist vor der Fälligkeit der Forderung, wodurch dem Unternehmen vom Factorinstitut finanzierte Liquidität zur Verfügung steht.

Das Factoring gehört nach § 1 KWG nicht zu den genehmigungspflichtigen Bankgeschäften. Da allerdings Factoringinstitute sich über Banken refinanzieren bzw. Tochterunternehmen von Kreditinstituten sein können, gelingt die Substitution von Bankkrediten nicht völlig. Es gibt mehrere **Formen** des Factoring, die unterschieden werden können:

► Nach der **Übernahme des Ausfallrisikos** durch das Factoringinstitut:

Echtes Factoring	Bei ihm übernimmt das **Factoringinstitut** das **Delkredererisiko**, d. h. der Factor kauft Forderungen ohne Rückgriffsrecht auf den Forderungsverkäufer an und übernimmt damit deren Ausfallrisiko.
Unechtes Factoring	Unecht ist ein Factoring, wenn das **Ausfallrisiko beim Forderungsverkäufer** verbleibt. Es liegt lediglich eine Kreditierung bzw. eine Verwaltung der Forderungen durch das Factoringinstitut vor.

► Nach der **Informationsweitergabe an Dritte**:

Offenes Factoring	Es ist dadurch gekennzeichnet, dass ein Unternehmen, das seine Forderungen an ein Factoringinstitut verkauft hat, seinen Kunden die **Forderungsabtretung bekannt** gibt. Die Kunden zahlen mit von der Schuld befreiender Wirkung nur an das Factoringinstitut. Das offene Factoring wird auch **notifiziertes Factoring** genannt.
Halboffenes Factoring	Bei ihm besteht für den Kunden die Wahl der **Zahlung** der Forderung **an** das **Unternehmen** oder **an** das **Factoringinstitut**, denn die Zusammenarbeit des Unternehmens mit dem Factoringinstitut wird ihm bekannt gegeben, eine Abtretung der Kundenforderung aber nicht erklärt.
Stilles Factoring	Von ihm wird gesprochen, wenn die **Verbindung** zwischen Unternehmen und Factoringinstitut **nicht an** den **Kunden bekannt gegeben** wird. Der Kunde zahlt die Forderung an das Unternehmen, das die Zahlung an das Factoringinstitut weiterleitet. Das stille Factoring wird auch als **nicht notifiziertes Factoring** bezeichnet.

Das Factoringinstitut kann verschiedene **Funktionen** für seine Klienten übernehmen:

► Die **Dienstleistungsfunktion**, die sich auf mehrere Aufgabenstellungen beziehen kann, insbesondere z. B.:

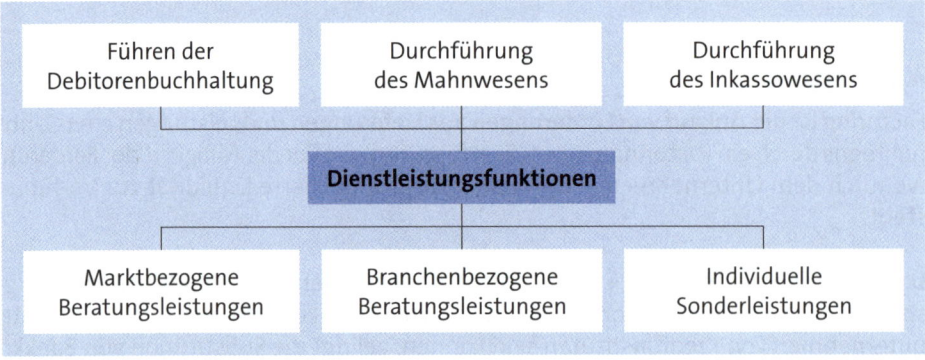

Das Factoringinstitut nutzt zur Erfüllung der Dienstleistungaufgaben seine **Rationalisierungsvorteile**, wie den kostengünstigen Einsatz spezieller EDV-Anlagen und Software-Programme, und **Spezialisierungsvorteile** wie den Einsatz von Spezialisten.

Die Inanspruchnahme der angebotenen Dienstleistungen wird für das Unternehmen zu Kostenentlastungen führen, z. B. indem Abteilungen teilweise oder völlig ersetzbar sind. Diesen Vorteil kann aber entgegenstehen, dass dadurch andererseits eine gewisse Abhängigkeit zum Factor geschaffen wird.

Die **Kosten** für die Übernahme von Dienstleistungen können zwischen 0,3 % und 3 % vom Umsatz betragen und richten sich vorrangig am Umfang der in Anspruch genommenen Dienstleistungen aus, sind aber auch z. B. von der Anzahl der Rechnungen und der Kunden sowie deren Fluktuation, der Laufzeit der Forderungen, dem Ausmaß von Mängelrügen, der Zusammenstellung und dem Umfang von Informationen abhängig.

▶ Die **Delkrederefunktion** bewirkt, dass das Factoringinstitut das Haftungsrisiko bei einem Forderungsausfall trägt. Für dessen Übernahme stellt es **Gebühren** in Höhe von 0,2 % bis 1,2 % des Umsatzes in Rechnung, wobei deren Höhe von der Risikostruktur der Forderungen abhängt.

Das Factoringinstitut behält sich vor, die Übernahme der Forderungen an **Voraussetzungen** zu knüpfen, die darin bestehen:

- Forderungen vor dem Ankauf einer Bonitätsprüfung unterziehen zu können

- Forderungen, die Mängel in der Bonität aufweisen, zurückweisen zu können

- Forderungen eines Unternehmens nur insgesamt oder in einer bestimmten Forderungsgesamtheit anzukaufen, womit das Risiko gestreut werden soll.

▶ Bei der Übernahme der **Finanzierungsfunktion** bevorschusst das Factoringinstitut die angekauften Forderungen. Dies kann erfolgen in **Form** von:

Standard Factoring	Das Factoringinstitut kauft die beim Unternehmen entstehenden Forderungen im Moment des Ausgangs der Rechnungsbeträge an und bevorschusst damit das Unternehmen ab dem Zeitpunkt des Ankaufs.
Maturity Factoring	Der Ankauf erfolgt zu einem errechneten, durchschnittlichen Fälligkeitstag, der sich durch die bündelweise anzukaufenden Rechnungsbeträge ergibt.

Das Unternehmen erhält 80 % - 90 % der Rechnungsbeträge sofort auf seinem Kontokorrentkonto gutgeschrieben. Das restliche Forderungsvolumen wird auf einem **Sperrkonto** für mögliche Rechnungskürzungen, z. B. aufgrund von Mängelrügen und Warenrückgaben, zurückgehalten und erst zu einem späteren Zeitpunkt vom Factoringinstitut an das Unternehmen gezahlt.

Kosten für die Finanzierungsfunktion entstehen ungefähr in Höhe der Zinsen für einen Kontokorrentkredit.

Aufgabe 34 > Seite 199

Die **Beurteilung** des Factoring ist wie folgt möglich:

▶ Die **Kosten** des Factoring können je nach Ausprägung und nach Risikoaspekten unterschiedliche Höhen annehmen. Ihnen sind mögliche Kosteneinsparungen im Unternehmen gegenzurechnen, falls z. B. Outsourcing betrieben werden kann oder Kosten der Beitreibung von Forderungen wegfallen.

Diesen Aspekten sind mögliche, schwer bezifferbare **Imageverluste** gegenüberzustellen, die ein Unternehmen erleidet, wenn es Kundenforderungen nicht selbst, sondern durch einen Dritten bei seinen Kunden beitreibt.

▸ Die **Sicherheit** wird erhöht, da das Ausfallrisiko gegen eine Gebühr auf das Factoringinstitut übertragbar ist. Allerdings kann eine Ablehnung bonitätsschwacher Forderungen das Risiko dennoch beim Unternehmen belassen.

▸ Die **Liquidität** wird gefördert, wenn durch die Finanzierungsfunktion eine Bevorschussung des Unternehmens geschieht. Zufließende Liquidität substituiert Bankkredite, indem z. B. Kontokorrentlinien geschont oder Kredite zurückgeführt werden.

▸ Die **Erhältlichkeit** ist gegeben, wenn die Forderungen gute Bonität sowie bestimmte Eigenschaften aufweisen, z. B. hinsichtlich ihrer Anzahl, Höhe und Laufzeit.

▸ Die **Unabhängigkeit** wird zweifach gestärkt. Zum einen erfolgt eine Schonung der Kreditlinien, zum anderen kann durch Factoring die Bilanzoptik geschönt und damit die Kreditwürdigkeit des Unternehmens erhöht werden. Allerdings begibt sich das Unternehmen in ein **Abhängigkeitsverhältnis**, insbesondere dann, wenn es verstärkt Dienstleistungsfunktionen nachfragt.

Aufgabe 35 > Seite 200

Eine dem Factoring verwandte Art des Ankaufs von Forderungen, die zumeist aus dem Export von Investitionsgütern entstammen, ist die **Forfaitierung**. Im Unterschied zum Factoring bezieht sie sich vor allem auf mittel- bis langfristige Einzelforderungen – also kein Forderungsgesamtheiten – aus Auslandsgeschäften, die zudem noch zusätzlich besichert sind.

4.4.2 Asset-Backed-Securities

Durch die Globalisierung haben die Finanzmärkte einen Wandel erfahren, der klassische Bankkredite zurückdrängt und zu einer Finanzierung über Wertpapieremissionen führt. Diese Verfahrensweise wird als **Securitization** bezeichnet. Sie ist eine Verbriefung von dann handelbaren Zahlungsansprüchen, über die Wertpapiere ausgestellt und verkauft werden.

Auch die **Verbriefung von Forderungsansprüchen** schafft Wertpapiere (**Securities**), die durch Finanzaktiva (**Assets**) abgesichert und gedeckt (**Backed**) sind. Entsprechend können Asset-Backed-Securities als Wertpapiere angesehen definiert werden, die durch Forderungen aus Lieferung und Leistung eine Absicherung erfahren.

Anders als beim Factoring gibt der Forderungsverkäufer – der **Originator** – seine Zahlungsansprüche an eine rechtlich selbstständige **Zweckgesellschaft** (Special Purpose Vehicle), welche aus einem hierdurch entstehenden **Forderungspool** Wertpapiere zur Refinanzierung emittiert, die über ein Platzierungskonsortium (Banken oder Treuhänder) am Markt untergebracht werden (True Sale).

Die Platzierung am Markt bringt eine günstigere Finanzierung für den Forderungsverkäufer, da der Markt generell bereit ist, ein größeres Risiko zu tragen als ein einzelnes

Factoringinstitut, wobei das Risiko der Wertpapiere starr mit der Bonität der Forderungen verbunden ist, die von höchster Güte sein sollte.

Es bestehen zwei **Konzepte** der Verbriefung der Forderung:

▶ Das **Konzept der Fondszertifikate** ermöglicht den Investoren den Kauf von Anteilen (Fondszertifikate) am Vermögen des Forderungspools, wobei Zins- und Tilgungszahlungen unverändert an den Investor weitergeleitet werden. Hierdurch entsteht z. B. das **Risiko** einer vorzeitigen Tilgung (Prepayment Risk), d. h. für den Investor besteht Unsicherheit der Laufzeit seines Fondszertifikats.

▶ Beim **Anleihekonzept** wird der Investor zum Inhaber einer vom Forderungspool emittierten Schuldverschreibung, wodurch er nicht mehr Miteigentümer wie im Fondskonzept ist, sondern Fremdkapitalgeber für den Forderungspool.

Zudem werden Finanzinstitutionen zwischengeschaltet, die z. B. für den Investor ein Ausschüttungsmanagement mit festen Zins- und Tilgungszahlungen übernehmen, weshalb sich allerdings die Rendite der Anleihekäufer vermindert.

Asset-Backed Securities stellen eine Finanzquelle dar, die **kostengünstiger** als das Factoring zu einer Verbesserung der Bilanzoptik aufgrund der Liquidation der Vermögensteile führt.

4.4.3 Leasing

Leasing ist die für einen bestimmten Zeitraum abgeschlossene entgeltliche, pacht- oder mietähnliche Überlassung von Wirtschaftsgütern zur Nutzung oder Gebrauch auf Zeit. Es lassen sich nach verschiedenen Kriterien **Arten** des Leasings unterscheiden. Das sind:

▶ Nach unterschiedlichen **Leasing-Gebern**

Direktes Leasing	Hier ist der **Hersteller** des Leasing-Gutes gleichzeitig auch der Leasing-Geber.
Indirektes Leasing	Dabei wird eine **Leasing-Gesellschaft** eingeschaltet, die zwischen den Hersteller des Leasing-Gutes und den Leasing-Nehmer als Leasing-Geber tritt.

▶ Nach unterschiedlichen **Leasing-Objekten**

Anzahl der Leasing-Objekte	▶ **Equipment-Leasing**, das sich auf das Leasing eines einzelnen, beweglichen Wirtschaftsgutes bezieht ▶ **Plant-Leasing** als Leasing einer Gesamtheit ortsfester und zumeist damit verbundener beweglicher Wirtschaftsgüter
Art der Leasing-Objekte	▶ **Konsumgüter-Leasing** mit Gütern relativ langer Lebensdauer, z. B. Fernsehgeräte ▶ **Investitionsgüter-Leasing**, die alle beweglichen und unbeweglichen Güter des Anlagevermögens sein können

▸ Nach unterschiedlichen, dem Leasingvertrag entsprechenden **Verpflichtungen**

Operate-Leasing	**Merkmale** dieses dem normalen Mietverhältnisrecht nahe kommenden Leasing, das **unechtes Leasing** genannt wird, sind: ▸ kurzfristige Nutzungsüberlassung des Leasing-Gutes ▸ von vertraglicher Laufzeit unabhängige Leasing-Rate ▸ Laufzeit kürzer als betriebsgewöhnlich technische nutzbar ▸ Nutzbarkeit des Gutes durch mehrere Leasing-Nehmer nacheinander ▸ teilweise kurzfristige Kündigung des Vertrages möglich ▸ Verbleiben der Eigentumsrisiken beim Leasing-Geber ▸ Bilanzierung des Leasing-Gutes beim Leasing-Geber. **Vorteilhaft** für das Unternehmen sind der mögliche Ausgleich kurzfristiger Kapazitätsschwankungen durch Operate-Leasing und die Nutzung von Wirtschaftsgütern, die einer sehr schnellen technischen Veralterung unterliegen, ein Investitionsrisiko zu umgehen. **Nachteilig** zu beurteilen sind die hohen Kosten des Operate Leasing.
Finance-Leasing	Es wird auch als **echtes Leasing** bezeichnet und weist als **Merkmale** auf: ▸ langfristige Nutzungsüberlassung des Leasing-Objektes ▸ keine Möglichkeit der Kündigung in der Grundmietzeit ▸ Nutzung üblicherweise durch nur einen Leasing-Nehmer ▸ von der Länge der Grundmietzeit abhängige Leasing-Rate:

Abschlussgebühr:	0 % - 10 % vom Anschaffungswert
Monatliche Rate bei:	
3-jähriger Grundmietzeit:	3,2 % - 3,7 % vom Anschaffungswert
4-jähriger Grundmietzeit:	2,6 % - 3,0 % vom Anschaffungswert
5-jähriger Grundmietzeit:	2,2 % - 2,6 % vom Anschaffungswert
Verlängerungsmiete:	5 % - 10 % der Grundmiete

▸ Übergang der Investitionsrisiken auf den Leasing-Nehmer (z. B. bei Untergang bzw. Zerstörung) und Entstehung der Pflicht zur Objektinstandhaltung und Objektwartung
▸ Bilanzierung je nach Grundmietzeit beim Leasing-Geber bzw. Leasing-Nehmer – siehe unten.

Die **Grundmietzeit** beim Finance-Leasing beträgt 50 % - 75 % der betriebsgewöhnlichen Nutzungsdauer des Leasing-Gutes. Die betriebsgewöhnliche Nutzungsdauer ist aus AfA-Tabellen abzulesen.

Die unterschiedlichen **Verwertungsmöglichkeiten nach der Grundmietzeit** sind von besonderer Bedeutung, da sie die vom Gesetzgeber beeinflusste Vertragsgestaltung prägen (Leasingerlasse von 1971/1972). Diese rechtlichen Vorgaben sind Voraussetzungen für die steuerliche Abzugsfähigkeit der Leasing-Raten beim Leasing-Nehmer sowie für die Bilanzierung des Leasing-Gutes beim Leasing-Geber. Wird der Leasing-Gegenstand dem **Leasing-Nehmer** steuerlich und bilanziell **zugerechnet**, verliert das Leasing entscheidende betriebswirtschaftliche Vorteile.

Grundsätzlich gilt, um das Leasing-Gut dem **Leasing-Geber zuzurechnen**, dass die Grundmietzeit mehr als 40 %, aber weniger als 90 % der betriebsgewöhnlichen Nutzungsdauer zu betragen hat. **Gründe** hierfür sind z. B.:

- **Übersteigt** die Grundmietzeit **90 %**, ist der Leasing-Nehmer als wirtschaftlicher Eigentümer aufgrund der langen Mietdauer („versteckter Kauf") zu vermuten und damit bilanzierungspflichtig.

- Wird die Zeitmarke von **40 % unterschritten** und sind alle Kosten des Leasing-Gutes durch die Leasing-Raten bereits gedeckt, wird vermutet, dass günstige Anschlussmieten oder Optionspreise für einen Kauf die weitere Nutzung des Leasing-Gutes durch den Leasing-Nehmer höchst wahrscheinlich machen und er damit ständiger Eigentümer des Leasing-Gutes wird.

Leasing-Verträge werden nach Verträgen mit **Vollamortisation** (Gesamtkosten sind in der Grundmietzeit abgedeckt) und Verträgen mit **Teilamortisation** (Restbetrag an Kosten bleibt nach Laufzeitende bestehen) unterschieden. Inwieweit die Kosten während der Grundmietzeit abgedeckt sind, ist auch für die Vertragsgestaltung nach der Grundmietzeit wichtig. Als Verträge sind üblich:

- Der **Leasing-Vertrag ohne Optionsrecht,** bei dem keine Abreden für die Zeit nach dem Leasing-Vertrag getroffen werden. Da er einem Mietverhältnis sehr nahekommt, ist er steuerlich und bilanziell **unproblematisch**. Werden die 40 %- und 90 %-Regel eingehalten, ist das Leasing-Gut beim Leasing-Geber zu bilanzieren.

- Der **Leasing-Vertrag mit einer Kaufoption,** bei dem vertraglich die Möglichkeit des Erwerbs nach der Grundmietzeit durch den Leasing-Nehmer gegeben ist. Als **Voraussetzungen** für die Bilanzierung des Leasing-Gutes beim Leasing-Geber sind zu nennen:

  - die **Einhaltung** der 40 %- und 90 %-Grenze

  - der **Kaufpreis** bei Optionsausübung muss **zumindest** dem **Buchwert** entsprechen, der durch lineare Abschreibungen ermittelbar ist.

- Der **Leasing-Vertrag mit einer Mietverlängerungsoption,** bei dem vertraglich die Möglichkeit der Mietverlängerung nach der Grundmietzeit gegeben ist, die dem Leasing-Nehmer eine erheblich niedrigere Miete (5 % - 10 % der bisherigen Miete) bringt. **Voraussetzungen** für die Bilanzierung des Leasing-Gutes beim Leasing-Geber sind:

  - die **Einhaltung** der 40 %- und 90 %-Grenze

  - die **Verlängerungsmiete** muss **mindestens** den **Wertverzehr** des Leasing-Gutes decken, der sich auf Basis des über lineare Abschreibungen ermittelten Buchwertes oder des niedrigeren gemeinen Wertes ergibt.

Die **Beurteilung** des Leasing lässt erkennen:

► Leasing ermöglicht vor allem kleineren und mittleren Unternehmen die **Finanzierung** von Anlagegütern, die durch Eigenkapital- oder Fremdkapitaleinsatz in diesem Umfang nicht möglich wären, weil Sicherheiten fehlen oder Verschuldungsgrenzen erreicht werden.

Insbesondere der **Kreditspielraum** wird etwas ausgedehnt, weil Leasing-Gesellschaften Leasing-Güter oftmals zu 100 % als Sicherheit akzeptieren, während Kreditinstitute dies oft nur bis zu der 60-prozentigen Beleihungsgrenze tun.

Eine eindeutige Erhöhung des Finanzierungsspielraumes kann allerdings nicht festgestellt werden, da im Rahmen von Kreditwürdigkeitsprüfungen durch Kreditinstitute die Verpflichtungen aus Leasingverträgen offen zu legen sind und bei einer Kreditgewährung entsprechend als laufende Belastungen des Unternehmens berücksichtigt werden.

► Leasing beeinflusst im Vergleich zu einem Barkauf die **Liquidität** positiv, da die Auszahlungen über den Zeitraum von mehreren Jahren anfallen. Im Vergleich zu einer kreditfinanzierten Investition schneidet Leasing aus Liquiditätssicht allerdings schlechter ab, da die Leasing-Raten innerhalb der Grundmietzeit sehr hoch sind.

► Leasing kann die flexible Anpassung an den **technischen Fortschritt** sichern, was bei sich schnell wandelnden Technologien nur über kurze Grundmietzeiten ermöglicht wird. Sie führen allerdings zu entsprechend hohen Leasing-Raten.

► Die Übernahme von **Servicefunktionen** durch den Leasing-Geber, z. B. die Instandhaltung oder die Übernahme der gesamten Organisation eines Fuhrparks als Outsourcing-Maßnahmen bzw. die Organisation eines gesamten Bauprojektes im Immobilienleasing, kann zu Einsparungen beim Leasing-Nehmer führen.

► Leasing verursacht im Gegensatz zu Kreditfinanzierungen zumeist höhere **Kosten**, da der Leasing-Geber neben den Finanzierungszinsen noch seine Verwaltungskosten sowie seine kalkulatorischen Wagnisse und Gewinne abzudecken hat. Konditionen von Leasing-Gesellschaften hängen insbesondere von der Länge der Grundmietzeit ab.

► Leasing kann aufgrund vertraglicher Bestimmungen beim Leasing-Nehmer verschiedene **Nebenkosten** verursachen, die z. B. sein können:

- Installationskosten, wie z. B. Fracht, Überführung, Montage

- Versicherungskosten, da der Leasing-Nehmer die Gefahren des Untergangs, Verlustes, Diebstahls usw. zu tragen hat

- Wartungs- und Instandhaltungskosten

- Demontage- und Rückführungskosten des Leasing-Gutes.

Aufgabe 36 > Seite 200

Außer den genannten Kreditinstituten wird das **Franchising** mitunter ebenfalls dazugerechnet. Es ist aber eher ein Marketingkonzept als ein Finanzierungskonzept – siehe *Olfert*.

Aufgabe 37 > Seite 201

D. Beteiligungsfinanzierung

Die Beteiligungsfinanzierung umfasst alle Beschaffungsmaßnahmen von Eigenkapital, das von außerhalb des Unternehmens zufließt und von bisherigen oder neuen Gesellschaftern stammen kann. Sie wird auch **Einlagenfinanzierung** genannt.

Das Eigenkapital ist in unterschiedlichen **Formen** zuführbar, die sein können:

- Eine **Geldeinlage** als die häufigste Form der Zuführung. Sie ist problemlos, da Geld als nominelle Größe – z. B. als 50.000 € – keine Bewertung notwendig macht.
- Eine **Sacheinlage**, die z. B. in Form von Maschinen, Rohstoffen oder Waren erfolgen kann und Probleme ihrer realistischen Bewertung sowie das Risiko eines möglichen Untergangs der Sacheinlage mit sich bringt.
- **Rechte**, die z. B. als Patente, Lizenzen oder Wertpapiere eingebracht werden können, wobei auch hier oftmals das Bewertungsproblem sowie im Falle von Wertpapieren deren Wertbeständigkeit besteht.

Im Rahmen der Beteiligungsfinanzierung werden behandelt:

Beteiligungsfinanzierung	Objekte
	Anlässe
	Mischformen

1. Objekte

Objekte der Beteiligungsfinanzierung sind die Unternehmen, die in **unterschiedlichen Rechtsformen** in Erscheinung treten können, insbesondere als:

► Einzel-unternehmen ► Partner-unternehmen	► Offene Handels-gesellschaft (OHG) ► Kommanditgesell-schaft (KG) ► Stille Gesellschaft ► Gesellschaft des bürgerlichen Rechts (GdbR)	► Gesellschaft mit beschränkter Haf-tung (GmbH) ► Haftungsbe-schränkte Unter-nehmergesellschaft ► Aktiengesellschaft (AG) ► Kommanditgesell-schaft auf Aktien (KGaA)	► Genossenschaften (Gen)
	Personen-gesellschaften	**Kapital-gesellschaften**	

Die Beteiligungsfinanzierung soll bezüglich der Personengesellschaften und Kapitalgesellschaften grundlegend dargestellt werden. Zuvor sind die **übrigen** im Kasten genannten **Rechtsformen** kurz zu beschreiben:

▶ Das **Einzelunternehmen** ist ein Gewerbebetrieb, dessen Vermögen einer Person zusteht, die auch Eigentümer des Unternehmens ist. Es stellt mit rund 90 % aller Unternehmen die am häufigsten vorkommende Rechtsform dar. Der Einzelunternehmer betreibt i. d. R. als Kaufmann ein Handelsgewerbe nach § 15 Abs. 2 EStG, also ein Unternehmen, das nach Art und Umfang einen in kaufmännischer Art und Weise eingerichteten Geschäftsbetrieb verlangt.

Die **Beschaffung von Eigenkapital** bereitet einem Einzelunternehmer im Vergleich zu allen anderen Rechtsformen die größten Schwierigkeiten. Im Rahmen der Außenfinanzierung muss er vor allem auf sein privates Vermögen zurückgreifen, soll die Rechtsform eines Einzelunternehmens erhalten bleiben und will er keinen stillen Gesellschafter aufnehmen, was möglich wäre.

Von **Vorteil** für einen Einzelunternehmer ist, dass er sich nicht mit anderen Personen in der Geschäftsführung auseinander zu setzen hat. Ihm stehen zudem uneingeschränkt das Recht auf Vertretung, Gewinn, Entnahme und Liquidationserlös zu. Als **Nachteile** können die Pflichten angesehen werden, die dem Einzelunternehmer zukommen. So hat er allein das Eigenkapital aufzubringen, Verluste zu übernehmen und für die Geschäftstätigkeit – auch mit seinem Privatvermögen – zu haften.

Die **Firma** von Einzelkaufleuten muss entsprechend bezeichnet werden als *„eingetragener Kaufmann/eingetragene Kauffrau"* bzw. *„e. K.", „e. Kfm."* oder *„e. Kfr."*. Die **Kapitalkosten** sind gering. Sie umfassen die Gewinnausschüttungen sowie die Kosten der Eintragung in das Handelsregister.

▶ Die **Partnergesellschaft** gibt es seit 1995. Sie ist eine Gesellschaft, in der sich Angehörige Freier Berufe (z. B. Ärzte, Steuerberater, Rechtsanwälte) zur Ausübung ihrer Berufe zusammenschließen. Die Partnergesellschaft übt kein Handelsgewerbe aus. Angehörige einer Partnerschaft können nur natürliche Personen sein (§ 1 Abs. 1 PartGG). Der Firmenname muss als notwendige Rechtsformangabe und *„Partner"* oder *„Partnerschaft"* tragen.

▶ Die **Genossenschaft** ist eine Gesellschaft von nicht geschlossener Mitgliederzahl, welche die Förderung des Erwerbs oder der Wirtschaft ihrer Mitglieder (wirtschaftliche Zwecke) oder deren soziale bzw. kulturelle Belange (ideelle Zwecke) durch gemeinschaftlichen Geschäftsbetrieb bezweckt. Ihre rechtliche Regelung erfolgt im Genossenschaftsgesetz (GenG), das 2006 erneuert wude, um Gründungen von Genossenschaften zu vereinfachen und insbesondere kleinere Genossenschaften mit Erleichterungen zu bevorzugen.

Die Genossenschaft ist **rechtsfähig**, d. h. sie ist Träger von Rechten und Pflichten, hat Vermögen, kann erben und im eigenen Namen klagen und verklagt werden. Sie handelt durch ihre Organe, die denen der AG ähnlich sind als:

General- versammlung	Sie besteht aus den Mitgliedern der Genossenschaft und dient ihnen zur Mitbestimmung und Kontrolle. Bei mehr als 1.500 Mitgliedern kann, ab 3.000 Mitglieder muss eine **Vertreterversammlung** ihre Rechte ausüben.

Aufsichtsrat	Er hat u. a. die Geschäftsführung des Vorstandes zu überwachen und den Jahresabschluss zu überprüfen. Ihm gehören mindestens drei natürliche Personen an.
Vorstand	Er besteht aus mindestens zwei Personen und nimmt die Geschäftsführung sowie Vertretung der Genossenschaft gemeinschaftlich wahr.

Die **Firma** oder Genossenschaft kann aus Personen-, Sach- oder Fantasienamen bestehen. Die Bezeichnung *„eingetragene Genossenschaft"* oder die allgemein verständliche Abkürzung *„eG"* sind dem Firmennamen beizufügen. **Arten** der Genossenschaft sind z. B. Bezugs-, Absatz-, Produktiv-, Kredit-, Baugenossenschaften.

Die **Kapitalkosten** der Genossenschaft sind erheblich, z. B. als Notariatsgebühren, Kosten des Registergerichts und der Generalversammlung, Gewinnausschüttung, Steuern.

Personengesellschaften besitzen keine eigene Rechtsfähigkeit. Das in seiner Höhe variable Eigenkapital wird auf den Eigenkapitalkonten der Gesellschafter zugeführt oder entnommen. Ihre rechtlichen Vorschriften sind meist dispositiver Art. Gesellschafter sind überwiegend natürliche Personen, zwischen denen oft persönliche Beziehungen bestehen. Ihre Geschäftsanteile sind schwer mobilisierbar.

Kapitalgesellschaften weisen eine eigene Rechtsfähigkeit auf und verfügen über ein festes Nominalkapital. Aufgrund dessen besitzen sie eigenes, vollständig haftendes Vermögen, wohingegen die Gesellschafter nur bis zur Höhe ihrer Anteile am Kapital haften. Die Unkündbarkeit der Kapitalanteile soll die Verminderung des Haftungsumfanges der Gesellschaft beim Ausscheiden von Gesellschaftern verhindern.

Die **Möglichkeiten** für das Unternehmen, Beteiligungsfinanzierung zu betreiben, können unterschiedlich sein. Dementsprechend lassen sich unterscheiden:

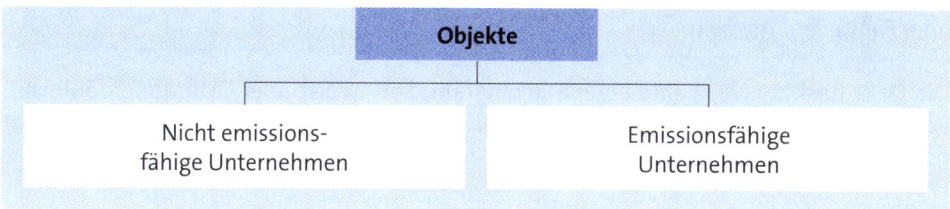

1.1 Nicht emissionsfähige Unternehmen

Nicht emissionsfähige Unternehmen haben keine Möglichkeiten, Eigenkapital über die Nutzung eines organisierten Kapitalmarktes zu beschaffen. Der Zugang zur Börse bleibt in Deutschland den Aktiengesellschaften und den Kommanditgesellschaften auf Aktien vorbehalten.

Neben dem fehlenden Zugang zum organisierten Kapitalmarkt bestehen beim Zufluss neuen Kapitals im Rahmen einer Beteiligungsfinanzierung folgende **Probleme** für Gesellschafter nicht emissionsfähiger Unternehmen:

- **Bisherige Gesellschafter** werden von der sich verändernden Aufteilung der stillen Reserven und der zukünftigen Gewinne und der Beeinträchtigung der Mitspracherechte ggf. negativ betroffen.

- **Neue Gesellschafter** erwerben nicht fungible Geschäftsanteile, die sich schwer wiederveräußern lassen. Zudem bestehen Schwierigkeiten, das Anlagerisiko zu beurteilen bzw. eine realistische Bewertung der Geschäftsanteile vorzunehmen.

Als Rechtsformen nicht emissionsfähiger Unternehmen sollen im Einzelnen dargestellt werden:

- **Offene Handelsgesellschaft**
- **Kommanditgesellschaft**
- **Stille Gesellschaft**
- **Gesellschaft des bürgerlichen Rechts**
- **Gesellschaft mit beschränkter Haftung**
- **Haftungsbeschränkte Unternehmergesellschaft.**

1.1.1 Offene Handelsgesellschaft

Die Offene Handelsgesellschaft ist die vertragliche Vereinigung von zwei oder mehreren Personen, die ein Handelsgewerbe unter gemeinschaftlicher Firma betreiben und unbeschränkt haften. Sie ist gesetzlich in §§ 105 - 160 HGB, ergänzend §§ 705 - 740 BGB geregelt.

Der **Firmenname** muss die Bezeichnung **„Offene Handelsgesellschaft"** oder eine allgemein verständliche Abkürzung, wie z. B. **„OHG"** beinhalten. Er kann ein Personen-, Sach- oder Fantasiename sein.

Die OHG besitzt zwar **keine** eigene **Rechtsfähigkeit**, weist aber Grundbuchfähigkeit, Prozessfähigkeit und Deliktfähigkeit auf. Die Gesellschafter können natürliche oder juristische Personen sein.

Die **Erhöhung** des Eigenkapitals kann durch Einlagen alter Gesellschafter oder durch die Aufnahme neuer Gesellschafter geschehen. Es empfiehlt sich nicht, Gesellschafter in unbegrenztem Umfang aufzunehmen, da die Leitungsbefugnis bei einer großen Anzahl an Gesellschaftern nicht mehr zu handhaben wäre.

Das zugeführte Eigenkapital sollte in ausreichendem Maße auf eine längere Zeit zur Verfügung stehen. Erhöhungen der Geschäftsanteile müssen, wenn die Eigentumsverhältnisse nicht verändert werden sollen, im Verhältnis der bisherigen Anteile erfolgen.

Aufgabe 38 > Seite 202

Als **Kapitalkosten** entstehen bei der Offenen Handelsgesellschaft:

► Kosten des Registergerichts (Eintragungen, Löschungen, Veröffentlichungen)

► Gewinnausschüttungen nach HGB oder dem Gesellschaftsvertrag

► Einkommensteuer, bei natürlichen Personen als Gesellschafter

► Körperschaftsteuer, jedoch nur bei KSt-pflichtigen Gesellschaftern

► Gewerbeertragsteuer beim Betrieb eines Gewerbes

► Kosten der Publizitätspflicht bei publizitätspflichtigen Unternehmen.

Als Rechte und Pflichten für die Gesellschafter einer Offenen Handelsgesellschaft ergeben sich:

Rechte	Pflichten

► Die Gesellschafter haben ein Recht auf **Geschäftsführung**, soweit der Gesellschaftsvertrag nichts anderes vorsieht.
 	
► Jeder Gesellschafter kann die OHG **vertreten**, wobei geregelt sein kann, dass die Vertretung durch einen Gesellschafter oder durch alle Gesellschafter gemeinsam erfolgt.
 	
► Die **Gewinnverteilung** ist vertraglich geregelt oder erfolgt nach HGB durch eine 4 %-Verzinsung des eingebrachten Kapitalanteils sowie die Aufteilung des dann noch vorhandenen Gewinns nach Köpfen.
 	
► Die **Übertragung** einer Beteiligung bedarf der Zustimmung aller Gesellschafter, soweit der Vertrag nichts anderes besagt.
 	
► Die **Kündigung** eines Gesellschafters kann zum Geschäftsjahresschluss mit einer sechsmonatigen Kündigungsfrist erfolgen.
 	
► Bei einer **Liquidation** der OHG werden die Gesellschafter am Erlös gemäß ihrer Kapitalanteile beteiligt.
	► Die Gesellschafter sind zur **Geschäftsführung** verpflichtet.
	
	► Die **Kapitaleinlage** ist entsprechend dem Gesellschaftsvertrag zu leisten, wobei keine Vorschriften zu Mindesthöhen bestehen.
	
	► Es besteht die Pflicht zu einer **Verlustübernahme** pro Kopf, wenn vertraglich dies nicht anders geregelt wird.
	
	► Eine gesamtschuldnerische **Haftung** für die Gesellschafter bedeutet, dass sie
	  - unmittelbar,
	  - unbeschränkt
	  - solidarisch
	für die Schulden der OHG zur Verantwortung herangezogen werden können.
	
	► Die Gesellschafter unterliegen einem **Wettbewerbsverbot**, d. h. sie dürfen ohne Zustimmung der anderen Gesellschafter keine Geschäfte auf eigene Rechnung betreiben oder sich vollhaftend bei gleichartigen Gesellschaften beteiligen.

1.1.2 Kommanditgesellschaft

Die Kommanditgesellschaft (KG) ist die vertragliche Vereinigung von zwei oder mehr Personen, die ein Handelsgewerbe gemeinschaftlich betreiben, wobei mindestens ein Gesellschafter unbeschränkt und ein anderer Gesellschafter nur beschränkt haftet:

- Vollhafter werden als **Komplementäre** bezeichnet.
- Teilhafter stellen **Kommanditisten** dar.

Für die KG maßgebliche gesetzliche Regelungen finden sich in §§ 161 - 177a HGB, ergänzend §§ 105 - 160 HGB und §§ 705 - 740 BGB. **Gesellschafter** können natürliche oder juristische Personen sein.

Der **Firmenname** muss die Bezeichnung *„Kommanditgesellschaft"* oder eine Abkürzung wie *„KG"* als Zusatz enthalten und ausreichende Unterscheidungskraft aufweisen.

Ebenso wie die OHG besitzt die KG **keine** eigene **Rechtsfähigkeit**, ist aber gleichermaßen grundbuch-, prozess- und deliktfähig. Im Gegensatz zur OHG bietet die KG eine verbesserte Möglichkeit zur Beteiligungsfinanzierung. Es wird Eigenkapital in Form der Kommanditeinlage aufgenommen, wobei für die Kommanditisten die Mitarbeit in der Gesellschaft nicht notwendig und die Vollhaftung nicht gegeben ist.

Für die **Kapitalkosten** gelten im Wesentlichen die Ausführungen zur OHG. Als Rechte und Pflichten für die Gesellschafter einer KG ergeben sich:

Rechte	Pflichten
- Komplementäre haben das Recht auf die **Geschäftsführung**, während Kommanditisten von der Geschäftsführung ausgeschlossen bleiben. - Kommanditisten verfügen über ein **Kontrollrecht** und ein **Widerspruchsrecht**, das bei Handlungen greift, die über den gewöhnlichen Geschäftsbetrieb hinausgehen. - Der oder die Komplementäre **vertreten** die KG, wobei Regelungen wie bei der OHG bestehen können. - Die **Gewinnverteilung** ist vertraglich geregelt oder erfolgt durch eine 4 %-Verzinsung des Kapitalanteils. Komplementäre haben ein Recht auf **Entnahmen**, Kommanditisten nur das Recht auf Auszahlung ihres Anteils. - Die **Übertragung** einer Beteiligung bedarf der Zustimmung aller Gesellschafter, soweit der Vertrag nichts anderes besagt. - Die **Kündigung** eines Komplementärs oder eines Kommanditisten kann nur zum Geschäftsjahresschluss mit einer sechsmonatigen Kündigungsfrist erfolgen. - Die **Liquidation** erfolgt wie bei der OHG.	- Komplementäre sind zur **Geschäftsführung** verpflichtet, Kommanditisten nicht. - Die **Einlage** ist nominell zu benennen, wobei die Konten der Kommanditisten im Gegensatz zu denen der Komplementäre feste Konten sind. - Es besteht die Pflicht zu einer **Verlustübernahme** nach angemessenem Verhältnis, sofern vertraglich nichts anderes feststeht. - Es liegt eine gesamtschuldnerische **Haftung** für die Komplementäre vor, wohingegen Kommanditisten nur bis zur Höhe ihrer Kapitaleinlage haften. - Komplementäre unterliegen im Gegensatz zu den Kommanditisten einem **Wettbewerbsverbot**.

Eine **Sonderform** der KG ist die **GmbH & Co KG**. Hier ist eine GmbH, also eine Gesellschaft mit beschränkter Haftung, der vollhaftende Komplementär, wobei die KG-Vorschriften generell und für die GmbH das GmbHG gelten.

Die GmbH und Co. KG ist als zweckmäßige Gesellschaftsform anzusehen, wenn eine Personengesellschaft betrieben werden soll, aber ohne volle Haftung der natürlichen Personen.

1.1.3 Stille Gesellschaft

Gesetzliche Regelungen (§§ 230 - 237 HGB, ergänzend §§ 705 - 740 BGB) sehen für die Stille Gesellschaft einen Vertrag im **Innenverhältnis** zwischen einem Unternehmer und einem Kapitalgeber vor. Dessen Kapitaleinlage geht in das Vermögen des Unternehmers über, sodass die Bilanz des Unternehmers auch weiterhin nur ein Eigenkapitalkonto ausweist.

Da die Rechtsform des Unternehmens unverändert bleibt, d. h. keine gemeinsame Firma entsteht, wird die Stille Gesellschaft für Außenstehende **nicht ersichtlich**. Sie besitzt dementsprechend auch keine Rechtsfähigkeit.

Zwei **Formen** der Stillen Gesellschaft sind in der Praxis zu finden:

► Die **typische Stille Gesellschaft**, bei welcher der typische stille Gesellschafter bei seinem Ausscheiden lediglich seine Einlage zurück erhält, die er geleistet hat. Er wird damit **ähnlich** behandelt wie ein **Fremdkapitalgeber**.

► Die **atypische Stille Gesellschaft**, bei welcher der atypische stille Gesellschafter am Vermögenszuwachs des Unternehmens mit beteiligt ist, d. h. bei seinem Ausscheiden an den gebildeten stillen Reserven. Steuerrechtlich ist der stille Gesellschafter als **Mitunternehmer** anzusehen.

An **Kapitalkosten** fallen bei der Stillen Gesellschaft an:

► Gewinnausschüttungen nach dem HGB oder dem Gesellschaftsvertrag

► Einkommensteuer, bei natürlichen Personen als Gesellschafter

► Körperschaftsteuer, bei körperschaftsteuerpflichtigen Gesellschaftern

► Abgeltungssteuer auf den Gewinnanteil des stillen Gesellschafters.

Als Rechte und Pflichten ergeben sich:

Rechte	Pflichten
► Das Recht auf **Geschäftsführung** liegt beim Geschäftsinhaber. Der stille Gesellschafter hat ein Kontrollrecht.	► Für den stillen Gesellschafter besteht keine Pflicht zur **Geschäftsführung**.

Rechte	Pflichten
► Der stille Gesellschafter hat kein Recht auf **Vertretung**, außer es werden ihm Prokura oder Handlungsvollmacht übertragen.	► Die Einlage ist nominell festzulegen, wobei keine Vorschriften zu einer **Mindesthöhe** bestehen.
► Der Anspruch auf **Gewinn** ist entweder vertraglich geregelt oder in seiner Höhe ein nach dem Gesetz den Umständen nach angemessener Betrag, der zu Geschäftsjahresabschluss auszuzahlen ist.	► Die Pflicht einer seinem Anteil angemessenen **Verlustübernahme** gilt insoweit als vorausgesetzt, soweit dies vertraglich nicht ausgeschlossen wird.
► Das Recht auf **Auszahlung** des Beteiligungsbetrages besteht jeweils am Geschäftsjahresschluss mit einer sechsmonatigen Kündigungsfrist.	► Eine Pflicht zur **Haftung** für die Geschäftstätigkeit des Unternehmers besteht für den stillen Gesellschafter nicht.
► Die Möglichkeit der **Übertragung** (Wechsel der stillen Gesellschafter) besteht, bedarf allerdings der Zustimmung des Geschäftsinhabers.	

1.1.4 Gesellschaft des bürgerlichen Rechts

Die Gesellschaft des bürgerlichen Rechts (GdbR) ist die vertragliche Vereinigung von Personen, die ein gemeinsames Ziel anstreben. Gesetzliche Regelungen für die GdbR finden sich in §§ 705 - 740 BGB. Mindestens zwei Gesellschafter führen die GdbR, die **keine** eigene **Firma** und damit auch nicht rechtsfähig ist. Auch ist die Grundbuch-, Prozess- und Deliktfähigkeit nicht gegeben.

Insbesondere dann, wenn handelsrechtliche Formalitäten vermieden werden sollen und die Rechtsform nicht auf Dauer eingerichtet werden soll, eignet sich die GdbR für vielfache Zwecke, z. B. Gelegenheitsgesellschaften, Vermögensverwaltungen und Arbeitsgemeinschaften.

Als **Formen** der GdbR lassen sich steuerlich unterscheiden:

► die **typische GdbR**, bei der die Gesellschafter als Mitunternehmer anzusehen sind

► die **atypische GdbR**, bei welcher – ähnlich einer stillen Gesellschaft – die Kapitalbeteiligung im Vordergrund, als Publikums-GdbR steht.

An **Kapitalkosten** fallen bei der Gesellschaft des bürgerlichen Rechts an:

► Gewinnausschüttungen gemäß BGB oder Gesellschaftsvertrag

► Einkommensteuer, die sich nach der steuerrechtlichen Form unterscheidet:

   - Gewinnanteile als Einkünfte aus Gewerbebetrieb bei der typischen GdbR

   - Einkünfte aus Kapitalvermögen bei der atypischen GdbR

- Körperschaftsteuer bei körperschaftsteuerpflichtigen Gesellschaftern
- Gewerbeertragsteuer bei der Ausübung einer gewerblichen Tätigkeit.

Es entstehen keine Kosten für die Prüfung und Publizierung des Jahresabschlusses und für den Eintrag in das Handelsregister. Ebenso können Notargebühren vermieden werden.

Als Rechte und Pflichten für die Gesellschafter einer GdbR ergeben sich:

Rechte	Pflichten
- Es besteht eine gemeinschaftliche **Geschäftsführung** aller Gesellschafter mit entsprechender Zustimmung für jedes Geschäft, soweit der Gesellschaftsvertrag dies nicht anders regelt. Für Gesellschafter, die nicht zur Geschäftsführung zugelassen sind, gibt es ein **Kontrollrecht**. - Entsprechend **vertreten** alle Gesellschafter die GdbR, außer es sind Einzelvertretungen oder der Ausschluss von Gesellschaftern von der Vertretung – allerdings mit einem **Widerspruchsrecht** für Einzelgeschäfte – vorgesehen. - Die **Gewinnverteilung** ist entweder vertraglich geregelt oder es erfolgt eine Verteilung zu gleichen Teilen. - Die **Übertragung** einer Beteiligung bedarf der Zustimmung aller Gesellschafter, soweit der Vertrag nichts anderes besagt. - Die **Kündigung** der Gesellschafter kann zu jedem Zeitpunkt erfolgen. Ist die GdbR für eine abgegrenzte Zeitdauer gegründet, kann die Kündigung nur aus wichtigem Grund erfolgen.	- Die **Kapitaleinlage** ist entsprechend dem Vertrag zu leisten, wobei keine Mindesthöhen bestehen. - Es besteht die Pflicht zu einer **Verlustübernahme** zu gleichen Teilen, sofern vertraglich nichts anderes feststeht. - Es liegt eine gesamtschuldnerische **Haftung** für die Gesellschafter vor, sodass sie - unmittelbar, - unbeschränkt, - solidarisch für die Schulden, wie bei der OHG, zur Verantwortung herangezogen werden können.

1.1.5 Gesellschaft mit beschränkter Haftung

Die Gesellschaft mit beschränkter Haftung stellt eine Handelsgesellschaft mit eigener Rechtspersönlichkeit dar, deren Gesellschafter mit Einlagen auf das in Geschäftsanteile zerlegte **Stammkapital** von mindestens 25.000 € beteiligt sind. Jeder Geschäftsanteil muss auf volle Euro lauten. Die rechtliche Grundlage für die GmbH ist das GmbH-Gesetz (GmbHG), das 11/2008 reformiert wurde.

Der **Firmenname** muss die Bezeichnung *„Gesellschaft mit beschränkter Haftung"* oder eine Abkürzung wie *„GmbH"* bzw. *„Ges.mbH"* und ausreichende Unterscheidungskraft aufweisen. Er kann ein Personen-, Sach- oder Fantasiename sein.

Gesellschafter der GmbH können natürliche oder auch juristische Personen sein, wobei bei der Errichtung der GmbH ein oder mehrere Gesellschafter mitwirken müssen. Die **Rechtsfähigkeit** der GmbH bringt mit sich, dass die GmbH:

▸ Vermögen haben und erben kann

▸ in eigenem Namen klagen oder verklagt werden kann

▸ als juristische Person für ihre Handlungsfähigkeit **Organe** benötigt, die sind:

Gesellschafterversammlung	Sie setzt sich aus den Gesellschaftern der GmbH zusammen und gibt diesen die Möglichkeit, ihre **Rechte** geltend zu machen – siehe dazu unten Kasten *„Rechte/Pflichten"*.
Aufsichtsrat	Er **überwacht** den/die **Geschäftsführer** und muss bei Unternehmen mit regelmäßig mehr als 500 Arbeitnehmern vorhanden sein. Bei 501 bis 2.000 Arbeitnehmern besteht der Aufsichtsrat zu einem Drittel aus Belegschaftsmitgliedern, bei mehr als 2.000 Arbeitnehmern ist er hälftig mit Anteilseignern und Arbeitnehmern besetzt.
Geschäftsführer	Er oder sie **vertreten** die GmbH **nach außen** hin und **leiten im Innenverhältnis** das Unternehmen. Ihre Bestellung erfolgt durch die Gesellschafterversammlung oder gesellschaftsvertragliche Vorgaben, wobei sie nicht Gesellschafter der GmbH sein müssen.

Kapitalkosten der GmbH sind:

▸ Notariatsgebühren für die Beurkundungen

▸ Kosten (Eintragungen, Löschungen, Veröffentlichungen) des Registergerichts

▸ Kosten der Gesellschafterversammlungen

▸ Gewinnausschüttungen, die sich aus dem Reingewinn ableiten:

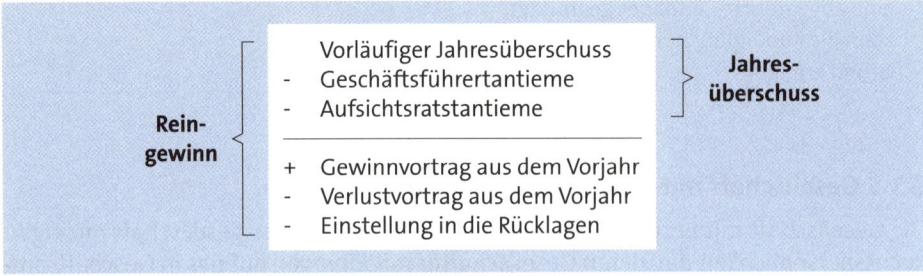

▸ Körperschaftsteuer bei GmbH, Einkommensteuer bei Gesellschaftern

▸ Abgeltungssteuer (früher Kapitalertragsteuer)

▸ Gewerbeertragsteuer

▸ Kosten der Publizität und Prüfung des Jahresabschlusses, wenn die GmbH publizitätspflichtig ist.

Als Rechte und Pflichten für die Gesellschafter einer GmbH ergeben sich:

Rechte	Pflichten
▸ Die Gesellschafter besitzen Mitbestimmungsrechte bei: - Feststellung von Jahresbilanz und Reingewinn - Einforderung von Stammeinlagenzahlungen - Rückzahlung von Nachschüssen - Teilung oder Einziehung von Geschäftsanteilen - Bestellung, Abberufung und Entlastung von Geschäftsführern - Prüfung und Überwachung der Geschäftsführer - Bestellung von Prokuristen und Handelsbevollmächtigten - Vertretung der GmbH in Prozessen. ▸ Alle Gesellschafter der GmbH haben ein **Auskunftsrecht**, das jeder Zeit besteht und auch die Einsichtnahme in Bücher und Schriftverkehr der Gesellschaft beinhaltet. ▸ Die Verteilung des Reingewinns erfolgt nach Geschäftsanteilen oder ist vertraglich geregelt. ▸ Die Übertragung von Anteilen ist notariell oder gerichtlich möglich, soweit der Vertrag nichts Zusätzliches, wie z. B. die Zustimmung der Gesellschafter, verlangt. ▸ Die Gesellschafter haben das Recht auf einen Anteil am **Liquidationserlös**.	▸ Die **Stammeinlage** der Gesellschafter ist fristgerecht zu leisten, wobei jeder Geschäftsanteil auf volle Euro lauten muss. Sie kann zunächst nur zum Teil eingezahlt sein und ist entsprechend später nachzuzahlen, was wiederum der Gesellschaftsvertrag oder die Gesellschafterversammlung regelt. ▸ Gleichgültig, ob ein oder mehrere Gesellschafter die GmbH gründen gilt, dass vor Eintragung in das Handelsregister mindestens 25 % auf jeden Geschäftsanteil von jedem Gesellschafter eingezahlt werden. Dabei ist insgesamt auf das Stammkapital mindestens so viel einzuzahlen, dass 50 % des Mindeststammkapitals erreicht werden, also 12.500 €. ▸ Die **Erhöhung der Stammeinlage** wird mit einer 3/4-Mehrheit durch die Gesellschafter beschlossen. ▸ Die **Haftung** der Gesellschafter ist auf die Stammeinlage beschränkt, wenn ein Handelsregistereintrag vorliegt. ▸ Gesellschafter unterliegen einem **Wettbewerbsverbot**, soweit der Vertrag dies nicht anders regelt.

Die GmbH kann seit 11/2008 in einem **vereinfachten Verfahren** gegründet werden, wenn höchstens drei Gesellschafter gegeben sind und die Verwendung des Musterprotokolls aus dem GmbHG erfolgt.

Aufgabe 39 > Seite 202

1.1.6 Haftungsbeschränkte Unternehmergesellschaft

Die haftungsbeschränkte Unternehmergesellschaft (UG haftungsbeschränkt) ist eine Rechtsformvariante der GmbH, die es seit 11/2008 gibt – siehe § 5a GmHG. Insofern stellt sie **keine neue Rechtsform** dar. Ihr bedeutendster Unterschied zur GmbH liegt imMindeststammkapital. Deshalb wird sie auch als **Mini-GmbH** bezeichnet und soll dazu dienen, Existenzgründern und Kleinunternehmern mit wenig verfügbarem Kapital die Gründung einer haftungsbeschränkten Gesellschaft zu ermöglichen.

Wesentliche **Merkmale** der haftungsbeschränkten Unternehmergesellschaft sind:

▸ Das **Stammkapital** liegt zwischen 1 € und 24.999 €, also unterhalb der GmbH.

▸ Die Einlagen auf das Stammkapital dürfen ausschließlich in Form von Bareinlagen erfolgen. Sacheinlagen sind ausgeschlossen.

▸ Die **Handelsregister-Anmeldung** erfordert – anders als bei der GmbH – die vorherige Einzahlung des gesamten Stammkapitals. Auch hier ist für die Gründung – wie bei der GmbH – das Musterprotokoll verwendbar, das aufgrund einer kostenrechtlichen Privilegierung zu Kostenersparnissen führt.

▸ Der **Jahresüberschuss** muss zu 25 % in die gesetzliche Rücklage eingestellt werden, bis Rücklage und Stammkapital zusammen 25.000 € betragen.

▸ Die haftungsbeschränkte UG kann sich bei Erreichen der 25.000 € beim Stammkapital in eine **„normale" GmbH** umwandeln, muss dies aber nicht.

1.2 Emissionsfähige Unternehmen

Unternehmen mit Zugang zur Börse haben es unter Finanzierungsaspekten vielfach erheblich einfacher als Unternehmen, denen Emissionen nicht möglich sind. Die Emissionsfähigkeit führt im Vergleich mit nicht emissionsfähigen Unternehmen zu mehreren **Vorteilen** (*Perridon/Steiner/Rathgeber*):

▸ Dem Unternehmen kann in größerem Umfang und auf leichtere Weise von ihnen benötigtes Eigenkapital zufließen.

▸ Das Eigenkapital ist in **viele Teilbeträge** aufteilbar, wodurch sich Kapitalgeber bereits mit kleineren Beträgen an den Unternehmen beteiligen können. Zudem entsteht der Effekt der Risikostreuung bzw. Risikoteilung.

▸ Für Aktien bestehen **organisierte Märkte**, die hohe Fungibilität garantieren, d. h. aufgrund gleichen Nennwertes, gleicher Stückelung und gleicher verkörperter Rechte vertretbar sind.

▸ Die Kapitalgeber haben zumeist **kein Interesse** an der **Geschäftsführung**, sondern vornehmlich an einer entsprechenden Rentabilität des eingesetzten Kapitals.

▸ Das Aktiengesetz gibt sichere Rahmenbedingungen für die Ausgestaltung der **Gesellschaftsverträge** der Unternehmen vor.

In Deutschland können folgende Rechtsformen den Zugang zum organisierten Kapitalmarkt zur Beschaffung von Eigenkapital nutzen:

- **Aktiengesellschaft**
- **Kommanditgesellschaft auf Aktien.**

1.2.1 Aktiengesellschaft

Die AG ist eine Handelsgesellschaft und besitzt eine eigene Rechtspersönlichkeit. Am
festen Nominalkapital, das als **gezeichnetes Kapital** bezeichnet wird, sind Gesellschafter als Aktionäre mit in Aktien zerlegten Kapitaleinlagen beteiligt. Sie können natürliche und juristische Personen sein.

Rechtliche Grundlage ist das AktG, das ein Grundkapital von mindestens 50.000 € und
einen Mindestnennbetrag von 1 € je Aktie vorschreibt. Höhere Nennwerte dieser als
Nennwertaktien bezeichneten Aktien sind zulässig. Es gibt aber auch **Stückaktien**, die
einen Anteil am Grundkapital verkörpern, indem es durch die Anzahl der ausgegebenen
Aktien dividiert wird.

An der **Gründung** bzw. an der Feststellung der Satzung müssen eine oder mehrere Personen mit gleichzeitiger Aktienübernahme teilnehmen. Der **Firmenname** muss den
Zusatz *„Aktiengesellschaft"* oder *„AG"* enthalten. Es kann ein Personen-, Sach- oder Fantasiename sein.

Organe der Aktiengesellschaft sind:

- Nach §§ 118 - 147 AktG ist oberstes Organ der AG die **Hauptversammlung**, in der die
  Aktionäre ihre Rechte geltend machen können – siehe unten Kasten „Rechte/Pflich-
  ten".
- Nach §§ 95 - 116 AktG hat der **Aufsichtsrat** die Aufgabe, den Vorstand der AG zu bestellen, zu überwachen und abzuberufen, wobei ein Einsichtsrecht in die Bücher und
  die Unterlagen der AG besteht. Die Anzahl der Aufsichtsräte beträgt mindestens drei,
  ist aber auch in der Satzung entsprechend bestimmbar, z. B.:
  - 9 Aufsichtsratsmitglieder bei einem Grundkapital bis 1,5 Mio. €
  - 15 Aufsichtsratsmitglieder bei einem Grundkapital von 1,5 bis 10 Mio. €
  - 21 Aufsichtsratsmitglieder bei einem Grundkapital über 10 Mio. €.

  Bei über 500 - 2.000 Arbeitnehmern wählt die Belegschaft ein Drittel der Aufsichtsratsmitglieder, bei über 2.000 Arbeitnehmern die Hälfte, wobei bei Stimmengleich-
  heit die Stimme des Aufsichtsratsvorsitzenden entscheidet.
- Nach §§ 76 - 94 AktG leitet der **Vorstand** der AG in eigener Verantwortung das Unternehmen. Er kann aus einer oder mehreren natürlichen Personen bestehen. Ab einem
  Grundkapital von über 3 Mio. € müssen mindestens zwei Vorstände bestellt werden.

Kapitalkosten der Aktiengesellschaft sind:

- ▶ Notariatsgebühren für die Beurkundungen
- ▶ Kosten des Registergerichts (Eintragungen, Löschungen, Veröffentlichungen)
- ▶ Kosten der Hauptversammlung
- ▶ Kosten der Aktienemission (Druckkosten, Provisionen)
- ▶ Gewinnausschüttungen und des Vorgangs der Dividendenzahlung
- ▶ Kosten der Kurssicherung, i. V. m. der Marktpflege der Aktie
- ▶ Kosten der Publizität und Prüfung des Jahresabschlusses
- ▶ Körperschaftsteuer
- ▶ Gewerbeertragsteuer.

Als Rechte und Pflichten ergeben sich für die Aktionäre einer Aktiengesellschaft:

Rechte	Pflichten

▶ Sie besitzen **Mitbestimmung** bei:
  – Verwendung des Bilanzgewinns
  – Bestellung der Aufsichtsratsmitglieder
  – Entlastung des Vorstands und des Aufsichtsrats
  – Bestellung der Abschlussprüfer
  – Satzungsänderung
  – Kapitalerhöhung bzw. Kapitalherabsetzung
  – Bestellung von Prüfern bei Vorgängen der Gründung oder Geschäftsführung
  – Auflösung der Gesellschaft.
▶ Alle Aktionäre haben ein **Auskunftsrecht**, das in der Hauptversammlung vom Vorstand mit gewissen Ausnahmen (§ 131 AktG) eingefordert werden kann.
▶ Die Aktionäre haben einen Anspruch auf den **Bilanzgewinn**, soweit dieser nicht von der Verteilung an die Aktionäre, z. B. aufgrund einer Gewinnrückstellung, ausgeschlossen ist.
▶ Die Aktionäre haben einen Anspruch auf den **Bezug** neuer Aktien bei Kapitalerhöhungen.
	▶ Bei **Gründung** müssen Aktionäre ihre Einlage leisten, wobei im Falle einer Bargründung 25 % des geringsten Ausgabebetrages der Aktien sowie ein Agio voll einzuzahlen sind.
	Dabei gilt:
	  – Das Agio wird in die Kapitalrücklage gestellt.
	  – Gründungskosten sind im Verlustvortrag zu verbuchen.
	  – Sacheinlagen müssen voll eingebracht werden.
	▶ Die **Haftung** der Aktionäre ist auf den effektiven oder bei der Stückaktie fiktiven Nennbetrag der Aktie beschränkt, wenn ein Handelsregistereintrag vorliegt.
	▶ Liegt noch **kein** solcher **Eintrag** vor, haften die Aktionäre unbeschränkt und solidarisch.

Rechte	Pflichten
► Die **Übertragung** von Aktien ist durch Kauf oder Verkauf an der Börse möglich. ► Die Aktionäre haben das Recht auf einen Anteil am **Liquidationserlös.**	

Im Folgenden soll unterschieden werden:

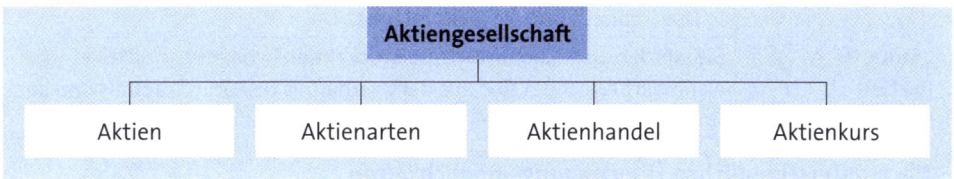

1.2.1.1 Aktien

Die Gesellschafter der Aktiengesellschaft sind als Aktionäre mit in Aktien zerlegten Kapitaleinlagen beteiligt. Dabei handelt es sich um Wertpapiere, die Rechte an einer Mitgliedschaft in einem Unternehmen verbriefen – siehe oben. Aktien bestehen, wie auch festverzinsliche Wertpapiere, aus zwei **Teilen**:

► dem **Mantel** als eigentlicher Wertpapierurkunde, die Anteilsrechte verbrieft

► dem **Bogen**, der enthält:

Kupons	Dies sind durchnummerierte **Dividendenscheine**, die vom Bogen im Falle einer Dividendenauszahlung oder einer Ausgabe neuer Aktien abgetrennt und eingelöst werden.
Erneuerungs-schein	Er wird auch **Talon** genannt und stellt den letzten Abschnitt des Bogens dar. Er wird zur Beschaffung eines neuen Bogens verwandt.

Aktien sind handelbare, marktgängige Wertpapiere. Ihr **Handel** ist organisiert und kann an der Effektenbörse als Präsenzhandel oder Computerhandel zu den Handelszeiten oder außerbörslich auch vor und nach den Handelszeiten via Telefon und Computer abgewickelt werden.

An der Börse bestehen für den Handel dieser Wertpapier verschiedene **Segmente**, die unterschiedlich hohe Anforderungen für die Zulassung einer Aktie zum Handel stellen, wie sie auf S. 156 näher ausgeführt sind als Regulierter Markt und Freiverkehr.

Solche Anforderungen beziehen sich vor allem auf die Hergabe von Informationen, verschiedene Mindestemissionsvolumina und Streuungsvorschriften sowie die Stellung eines Emissionsbegleiters, zumeist einem Kreditinstitut.

1.2.1.2 Aktienarten

Es gibt verschiedene Arten von Aktien. Sie lassen sich systematisieren:

► **Nach unterschiedlichen Wertbezeichnungen**

Nennwert-aktien	Hier lauten Aktien auf einen Nennwert, der mindestens 1 € oder ein Vielfaches davon betragen muss.
Quoten-aktien	Dies sind Aktien, die im angelsächsischen Raum verbreitet sind und einen bestimmten prozentualen Bruchteil des Grundkapitals verkörpern. In Deutschland sind sie **nicht erlaubt**.
Stück-aktien	Sie werden auch **„nennwertlose Stückaktien"** genannt. Ihr fiktiver Nennwert errechnet sich aus dem Verhältnis des Grundkapitals und der Anzahl der ausgegebenen Aktien und muss mindestens 1 € betragen.

► **Nach unterschiedlichen Übertragungsmöglichkeiten**

Inhaberaktien	Die Inhaber der Aktien sind auch Berechtigte, da sie **keinen Namen** eines Berechtigten tragen. Die Übertragung erfolgt durch Einigung und Übergabe. **Voraussetzung** für ihre Ausgabe ist, dass der Aktien-Nennbetrag voll einbezahlt wurde.
Namensaktien	Sie tragen den **Namen** eines berechtigten Aktionärs. Dieser ist im Aktienregister der Gesellschaft eingetragen. Da Namensaktien **Orderpapiere** sind, erfolgt die Übertragung durch Einigung, Indossament und Übergabe. Die **Übertragung** ist der AG zur Umschreibung im Aktienregister anzuzeigen, da nur eingetragene Berechtigte als Aktionäre gelten. Verschiedene Unternehmen wandelten in der Vergangenheit vorhandene Inhaberaktien in Namensaktien um. Gründe dafür waren die bessere weltweite Handelbarkeit, die gezieltere Ansprechbarkeit bzw. Information der Aktionäre sowie die dadurch erlangbare Kenntnis der Aktionärszusammensetzung.
Vinkulierte Namensaktien	Sie haben gegenüber den Namensaktien noch eine weitere Übertragungsbeschränkung. Dies ist eine **Zustimmungspflicht** der Gesellschaft beim Aktienübergang. Verschiebungen der Beteiligungsverhältnisse können so verhindert werden.

► **Nach unterschiedlichen Eigentümerrechten**

Stammaktien	Sie haben die größte Verbreitung in Deutschland und verkörpern die **Gleichberechtigung** für alle Aktionäre hinsichtlich: ► Stimmrecht ► Liquidationserlös ► Recht an einer gleich hohen Dividende ► Bezugsrecht bei Kapitalerhöhungen

Vorzugsaktien	Den Aktionären wird ein **Sonderrecht** eingeräumt bei:
	▸ der Dividende (stimmrechtslose Vorzugsaktie)
	▸ dem Stimmrecht (in Ausnahmefällen erlaubt, z. B. als Mehrstimmrechtsaktien)
	▸ dem Liquidationserlös (vorrangige Befriedigung).
	Die verbreitetste Form ist die **stimmrechtslose Vorzugsaktie**, die dem Berechtigten eine höhere Dividende als den Stammaktionären einräumt, gleichzeitig aber die Stimmrechte beschränkt.

▸ **Nach unterschiedlichen Ausgabezeitpunkten** gibt es:
- **alte Aktien**, die schon vor einer Kapitalerhöhung im Umlauf befindlich sind
- **junge Aktien** oder **neue Aktien**, die zum Zeitpunkt einer Kapitalerhöhung ausgegeben werden.

Die jungen Aktien werden zu alten Aktien, wenn sie diesen in allen Rechten, z. B. der vollen Dividendenberechtigung, gleichgestellt sind.

Aufgabe 40 > Seite 202

1.2.1.3 Aktienhandel

Der Handel einer Aktie erfolgt an oder außerhalb der Börse, wobei hierdurch ihr Wert ermittelt wird. Es bestehen verschiedene **Segmente**, in denen der Handel mit Aktien stattfindet:

▸ Der **börsliche Handel** hat zwei mögliche **Marktformen**:

Kassamarkt	Charakteristisch für ihn ist, dass die Börsengeschäfte **sofort erfüllt** werden. Das heißt, dass die Preisfeststellung für eine Wertpapiertransaktion und die Erfüllung derselben zeitlich zusammenfallen (Ausführung innerhalb von zwei Börsentagen).
Terminmarkt	Im Terminmarkt abgeschlossene Geschäfte verschieben den Tag der **Erfüllung** – im Gegensatz zum Kassageschäft – **in die Zukunft** (mindestens drei Werktage). Es wird ein Vertrag geschlossen, der die Konditionen für den Wertpapierkauf bzw. Wertpapierverkauf in der Zukunft bereits heute festlegt.
	Für **bedingte Termingeschäfte** erhalten nur ausgewählte Aktien die Zulassung, um in Form von **standardisierten Optionsgeschäften** an der deutschen Terminbörse abgewickelt zu werden.

▸ Der **Kassamarkt** unterscheidet folgende **Börsensegmente**:

Regulierter Markt	Seit 2007 sind der **Amtliche Markt** und der **Geregelte Markt** als Einteilung der Zulassung aufgehoben und durch die Regelungen des General bzw. Prime Standard (siehe unten) ersetzt worden. Die wichtigsten **Anforderungen** an ein Unternehmen sind: ▸ Das emittierende Unternehmen muss mindestens drei Jahre bestehen. ▸ Der voraussichtliche Kurswert der Aktien muss 1,25 Mio. € überschreiten. ▸ Die Emission von Stückaktien muss mindestens eine Anzahl von 10.000 erreichen. ▸ Der Streubesitz sollte 25 % der Aktien umfassen. ▸ Die Dokumente der Zulassung müssen einem Börsenprospekt entsprechen.
Freiverkehr	In diesem Segment für sehr kleine, junge, unbekannte Unternehmen bestehen die geringsten Zulassungs- und Publizitätsvorschriften. Hier stellen freie Makler die Kurse fest.

Im Jahr 2003 ordnete die **Deutsche Börse AG** die Börsensegmente an der Frankfurter Wertpapierbörse neu und löste die Segmente **Neuer Markt** und **Smax** ab. Beide gingen in den **Prime Standard** über.

Die Neustrukturierung der Deutschen Börse soll den höchsten Europäischen Transparenzstandard erbringen und das Nebeneinander von Märkten und Segmenten sowie öffentlich-rechtlicher und privatrechtlicher Regelungen abschaffen.

Neue Segmente strukturieren den Markt, der als regulatorische Zulassungsvoraussetzungen die gesetzlichen Bestimmungen zum Amtlichen Handel und Geregelten Markt beibehält. Das sind:

▸ Der **General Standard**, bei dem Mindestanforderungen gelten, die sich an nationalen gesetzlichen Regeln orientieren und damit allgemein verpflichtend für alle Emittenten an der **Frankfurter Wertpapierbörse** sind. Er soll sich aufgrund seiner günstigen Kosten als Marktsegment für kleine und mittlere Unternehmen eignen sowie vor allem nationale Investoren anziehen. Gesetzliche **Publizitätsanforderungen** sind z. B. der Jahres- und Halbjahresbericht.

▸ Der **Prime Standard**, bei dem weitaus höhere Transparenzanforderungen gestellt werden, z. B. standardisierte Quartalsberichte, Abschlüsse nach internationalen Rechnungslegungsstandards, Unternehmenskalender, jährliche Analystenkonferenz, englischsprachige Ad-hoc-Mitteilungen sowie Berichterstattung.

Dieses Segment will z. B. durch die Umstellung auf internationale Rechnungslegung der **Internationalisierung** der aktiennotierten Unternehmen und der Investoren entsprechen. Durch den Prime Standard kommt es zu einem **Indexkonzept**, das einen pyramidenähnlichen Aufbau aufweist. Die Einteilungskriterien der Indizes sind die Unternehmensgröße und der Branchenbezug. Das Spitzensegment des Indexkonzeptes ist der DAX, der ergänzt wird:

DAX	Als **Deutscher Aktienindex** bildet er die 30 größten deutschen Unternehmen ab.
MDAX	Als **Midcap-DAX** umfasst er nach dem DAX die 50 nächst größten Unternehmenswerte, die aus klassischen Branchenbereichen stammen.
SDAX	Der **Smallcap-DAX** schließt sich direkt dem MDAX an und fasst die dem MDAX folgenden 50 nächst größten Unternehmen zusammen, die auch hier aus klassischen Branchen stammen.
TecDAX	Als bildet er die 30 größten Unternehmen aus der Technologiebranche ab und steht damit parallel zum MDAX als Nachfolger des ehemaligen Indexes NEMAX 50.

Hinzu kommen **All-Share-Indizes** (z. B. der Prime-All-Share-Index oder auch der CDAX, der als Composite-DAX alle deutschen Werte gesamthaft erfasst), **Benchmark-Indizes** (z. B. Classic-All-Share-Index und Technology-All-Share-Index, die alle Unternehmen unterhalb des DAX abbilden) und 18 **Branchenindizes**.

► Der **Entry Standard**, der sich als Open Market an den Regeln des Freiverkehrs orientiert und einen schnellen und kostengünstigen Marktzugang ermöglichen soll, wobei niedrigste formelle Vorschriften gelten.

► Der Handel wird in verschiedenen **Formen** durchgeführt:

Parketthandel	Hier stellen Makler und zum Börsenhandel zugelassene Personen vor Ort während der Handelszeiten (9:00 - 20:00 Uhr) Kurse für die jeweils notierten Wertpapiere. Er wurde durch den Computerhandel inzwischen fast abgelöst. So gibt es ihn an der **Frankfurter Börse** seit 06/2011 überhaupt nicht mehr.
Computerhandel	Diese Handelsform (9:00 - 17:30 Uhr) dominiert den Börsenhandel. **Xetra** (= **Ex**change **E**lectronic **Tra**ding) ist das elektronische Wertpapierhandelssystem der **Deutschen Börse**. Aus einem zentralen Orderbuch können online Kurse abgerufen, Aufträge erteilt und noch nicht ausgeführte Aufträge eingesehen werden.

1.2.1.4 Aktienkurs

Der Aktienkurs ergibt sich aus dem Handel in den verschiedenen Marktsegmenten als **Börsenkurs**. Er spiegelt den Ankaufswert und Verkaufswert einer Aktie an einem Börsentag wider und ist in seiner Höhe generell abhängig vom Angebot- und Nachfrageverhalten der Marktteilnehmer. **Einflussfaktoren** für dieses Verhalten können sein:

► Anbieter und Nachfrager errechnen den **inneren Wert** einer Aktie über die Instrumente der Fundamentalanalyse, um die Kaufwürdigkeit einer Aktie zu bewerten. Die Chartanalyse versucht dies auf grafischem Wege.

▸ Neben wirtschaftlichen Überlegungen beeinflussen aber auch stark **psychologische Faktoren** die Marktteilnehmer. Gerüchte, Stimmungen und Ängste bestimmen dann spekulative Verhaltensweisen.

▸ Die **gesamtwirtschaftliche Lage** im nationalen wie im internationalen Bereich und ihre voraussichtliche Entwicklung beeinflusst das Verhalten der Börsenteilnehmer.

▸ Die **geld-, kredit-** und vor allem die **zinspolitischen Maßnahmen** der Zentralbank haben starken Einfluss auf den Börsenmarkt. Insbesondere bei Zinserhöhungen sind nachlassende Aktienkurse und ein Umschwenken der Anlegerschaft in Anleihen denkbar.

▸ Einflüsse der **Politik**, insbesondere durch wirtschaftspolitische Entscheidungen und die Finanzpolitik, nehmen im nationalen und internationalen Ausmaß Einfluss auf das Verhalten der Börsenteilnehmer.

Folgende **Börsenkurse** sind von Bedeutung:

▸ Der **Eröffnungs-** bzw. **Schlusskurs** ist der erste bzw. letzte verfügbare Kurs eines Handelstages. Beide Kurse werden im Parkett wie auch in Xetra festgestellt. In ihrer Bedeutung haben sie gegenüber dem Kassakurs zugenommen, was auf die erweiterten Handelszeiten und den Computerhandel zurückzuführen ist.

▸ Der **variable Kurs** kommt durch fortlaufende Notierungen, z. B. im Xetra-Handel zu Stande. Welche Mindestvolumina bei Kauf- und Verkaufsaufträgen vorliegen müssen, um im variablen Handel berücksichtigt zu werden, ist an den Börsenplätzen und Börsenmärkten unterschiedlich geregelt.

▸ Der **Kassakurs** gibt den Marktwert einer Aktie zu einem bestimmten Zeitpunkt im börsentäglichen Handel an. Er wurde in der Vergangenheit als **Einheitskurs** von amtlichen Maklern nach dem Meistausführungsprinzip festgestellt.

▸ Dieses Prinzip der Kursfeststellung findet heute noch im Präsenzhandel und in den Auktionen in Xetra statt, die den fortlaufenden Handel unterbrechen. In der Regel ist nach dem **Meistausführungsprinzip** der Kurs festzusetzen, bei dem die größten Umsätze zu Stande kommen.

Beispiel

Kaufaufträge	Limit	Verkaufsaufträge	Limit
40 Stück	biligst	30 Stück	bestens
20 Stück	124 €	50 Stück	124 €
60 Stück	125 €	40 Stück	125 €
50 Stück	126 €	20 Stück	127 €

„Limit" ist der vom Verkäufer bzw. Käufer festgelegte Kurs, zu dem gekauft oder verkauft werden soll. „Billigst" gilt als die Kauforder eines Marktteilnehmers, der eine Aktie zu jedem Preis kaufen möchte, also ohne Vorgae eines Kaufpreises. „Bestens" ist der entsprechende unlimitierte Verkaufsauftrag, bei dem die Aktie zum nächsthandelbaren Kurs verkauft werden soll.

Der Makler bzw. das Xetra-System stellen die Kauf- und Verkaufsaufträge gegenüber und ermitteln den Aktienkurs, bei dem der größte Umsatz möglich wird.

Beispiel

Kurs	Käufe Stück	Verkäufe Stück	Umsatz Stück
124 €	170	80	80
125 €	*150*	*120*	*120*
126 €	90	120	90
127 €	40	140	40

- Zum Kurs von 124 € könnten alle Kaufaufträge, also 170 Stück, ausgeführt werden. Bei einem Kurs von 125 € fallen dann aber die auf 124 € limitierten Kaufaufträge heraus.

- Bei den Verkäufen würden zu einem Kurs von 124 € die unlimitierten („bestens") Verkaufsorder und die auf 124 € limitierten Verkaufsaufträge ausgeführt werden können. Dieser Umsatz würde 80 Stück betragen.

- Der **Kassakurs** wird **beim größten Umsatz** mit 120 Stück und einem Kurs von 125 € festgesetzt. Bei diesem Kurs bleiben nur 20 Stück der Verkaufsaufträge und 30 Stück der Kaufaufträge mit einem Limit unerfüllt.

▸ Aus der stärkeren Nachfrage zum festgestellten Kurs wird ein **Kurszusatz** „bG" an den Kurs zur Information hinzugefügt. Das Kürzel „bG" heißt „bezahlt Geld" und drückt aus, dass zum festgestellten Kurs die limitierten Kaufaufträge nicht vollständig ausgeführt werden konnten.

▸ **Bedingungen** für die Ermittlung sind:

- Zu diesem Kurs muss der größte Absatz möglich sein.

- Alle Bestens- und Billigst-Aufträge müssen ausgeführt werden können.

- Alle über den Kurs limitierten Kaufaufträge und alle unter den Kurs limitierten Verkaufsaufträge müssen ausgeführt werden können.

- Die zum festgestellten Kurs limitierten Kauf- und Verkaufsaufträge müssen wenigstens teilweise ausgeführt werden.

Aufgabe 41 > Seite 203

Die angegebenen Kurse werden im amtlichen **Kursblatt** veröffentlicht. Hier sind dann auch, wie oben im Beispiel, unterschiedliche Kurszusätze und Hinweise als Kurzzeichen hinzugefügt, welche die Marktentwicklung und Marktsituation verdeutlichen.

Kurszusätze sind z. B.:

b oder Kurs ohne Zusatz	bezahlt	Alle Aufträge sind ausgeführt.
bG	bezahlt Geld	Die zum festgestellten Kurs limitierten Kaufaufträge müssen nicht vollständig ausgeführt sein. Es bestand weitere Nachfrage.
bB	bezahlt Brief	Die zum festgestellten Kurs limitierten Verkaufsaufträge müssen nicht vollständig ausgeführt sein. Es bestand weiteres Angebot.
ebG	etwas bezahlt Geld	Die zum festgestellten Kurs limitierten Kaufaufträge konnten nur zu einem geringen Teil ausgeführt werden.
ebB	etwas bezahlt Brief	Die zum festgestellten Kurs limitierten Verkaufsaufträge konnten nur zu einem geringen Teil ausgeführt werden.
ratG	rationiert Geld	Die zum Kurs und darüber limitierten sowie unlimitierten Kaufaufträge konnten nur beschränkt ausgeführt werden.
ratB	rationiert Brief	Die zum Kurs und niedriger limitierten sowie unlimitierten Verkaufsaufträge konnten nur beschränkt ausgeführt werden.
*	Sternchen	Kleine Beträge konnten nicht gehandelt werden.

Hinweise sind z. B.:

G	Geld	Zu diesem Preis bestand nur Nachfrage.
B	Brief	Zu diesem Preis bestand nur Angebot.
-	gestrichen	Ein Kurs konnte nicht festgestellt werden.
- G	gestrichen Geld	Ein Kurs konnte nicht festgestellt werden, da überwiegend Nachfrage bestand.
- B	gestrichen Brief	Ein Kurs konnte nicht festgestellt werden, da überwiegend Angebot bestand.
- T	gestrichen Taxe	Ein Kurs konnte nicht festgestellt werden. Der Preis ist geschätzt.
exD	ohne Dividende	Notierung am Tag des Abschlags der Dividende.
exBR	ohne Bezugsrecht	Notierung am Tag des Abschlags eines Bezugsrechts.
exBA	ohne Berechtigungsaktien	Erste Notiz nach Umstellung des Kurses auf das aus Gesellschaftsmitteln berechtigte Aktienkapital.
- Z	gestrichen Ziehung	Die Notierung ist an den beiden dem Auslosungstag vorangehenden Börsentagen ausgesetzt.
exZ	ausgenommen Ziehung	Der notierte Kurs versteht sich für die nicht ausgelosten Stücke. (Der Hinweis ist nur am Auslosungstag zu verwenden.)

1.2.2 Kommanditgesellschaft auf Aktien

Die KGaA ist in den §§ 278 - 290 AktG geregelt und stellt eine Sonderform der Aktiengesellschaft dar. Sie hat in Anlehnung an die Kommanditgesellschaft mindestens einen Gesellschafter, der als **Komplementär** den Gesellschaftsgläubigern unbeschränkt haftet und kraft Gesetz als Vorstand die Gesellschaft führt.

Der eingezahlte **Kapitalanteil eines Komplementärs** ist **gesondert** vom Grundkapital der Kommanditaktionäre **auszuweisen**, das im Gegensatz zum variablen Eigenkapitalanteil des Komplementärs ein konstantes Eigenkapital darstellt. Allerdings hat der Komplementär keine ausdrückliche Verpflichtung, sich mit einer Einlage an den Aktien der KGaA zu beteiligen.

Die **Aktien** der KGaA weisen gegenüber den Kommanditanteilen einer KG eine höhere Fungibilität auf, soweit sie an der Börse zugelassen ist. Allerdings sind die **Rechte** der Kommanditaktionäre gegenüber den Rechten der Aktionäre einer AG stark eingeschränkt. So bedürfen z. B. Beschlüsse, welche die Feststellung des Jahresabschlusses oder Angelegenheiten des Komplementärs betreffen, in der Hauptversammlung der Zustimmung des persönlich haftenden Gesellschafters.

Diese Gesellschaftsform wird vor allem von großen Familienunternehmen bevorzugt, die noch patriarchisch geführt werden oder eine persönliche Haftung der Komplementäre als Besonderheit haben möchten.

2. Anlässe

Für die Beteiligungsfinanzierung kann es – von der Gründung bis zur Liquidation eines Unternehmens – verschiedene Anlässe geben. Sie werden auch als **Sonderfälle der Beteiligungsfinanzierung** bezeichnet und können sein:

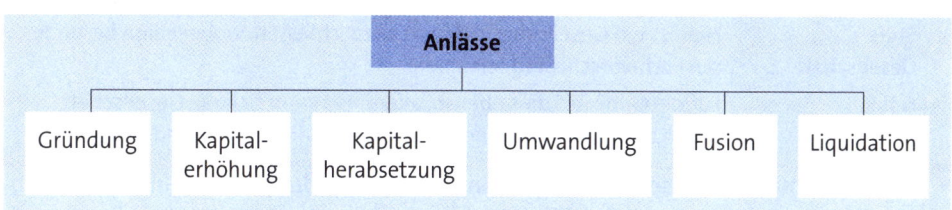

2.1 Gründung

Die Gründung ist ein Ereignis, durch das ein Unternehmen ins Leben gerufen wird. Sie umfasst zwei **Schritte**:

▸ **rechtliche Schritte**, die sich vom Entschluss zur Gründung bis hin zur gegebenenfalls notwendigen Eintragung in das Handelsregister erstrecken können

▸ **betriebswirtschaftliche Schritte**, die eine Errichtung der Geschäftätigkeit in Form eines technisch-organisatorischen Geschäftsablaufes darstellen.

Die Gründung eines Unternehmens kann nach der unterschiedlichen **Einbringung des Eigenkapitals** vollzogen werden als:

- **Bargründung**, wobei das Eigenkapital hier ausschließlich in Form von Geld eingebracht wird
- **Sachgründung**, die durch die Einbringung des Eigenkapitals in Form von Vermögenswerten gekennzeichnet ist, z. B. Maschinen
- **Mischgründung**, bei der sowohl Geldwerte als auch Sachwerte als Eigenkapital eingebracht werden.

Bei den verschiedenen Rechtsformen der Unternehmen gibt es unterschiedliche **Gründungsvorgänge**. Es sollen betrachtet werden:

- **Personengesellschaften**

OHG	▸ Im **Innenverhältnis** ist zwischen mindestens zwei Gesellschaftern ein Gesellschaftsvertrag abzuschließen, für den keine Formvorschriften bestehen. ▸ Im **Außenverhältnis** entsteht die OHG durch die Aufnahme der Geschäftstätigkeit oder durch den Eintrag in das Handelsregister. Einträge sind Daten zu den Gesellschaftern, des Unternehmens und des Gründungszeitpunktes.
KG	▸ Im **Innenverhältnis** ist ebenso ein Gesellschaftsvertrag die Grundlage, worin die beschränkte Haftung der Kommanditisten besonders darzulegen ist. ▸ Im **Außenverhältnis** hat sich die KG in das Handelsregister eintragen zu lassen, damit die Teilhaftung der Kommanditisten wirkt. Einträge sind Daten zu den Gesellschaftern, des Unternehmens, des Gründungszeitpunktes und den Kommanditeinlagen.
Stille Gesellschaft	Hier ist ein Gesellschaftsvertrag abzuschließen, wobei **keine** besonderen **Formvorschriften** bestehen.
GdbR	Für die GdbR gilt dies **ebenso**, allerdings kann sich die Gesellschaft schon aufgrund eines gemeinsamen konkludenten Handelns ergeben.

- Die **Gesellschaft mit beschränkter Haftung**, deren Gründung durch einen oder mehrere Gesellschafter in Form eines Gesellschaftsvertrages notariell zu beurkunden ist, wobei sich die Gesellschafter verpflichten, die Geschäftsanteile zu übernehmen, deren Höhe unterschiedlich sein können.

  Für einen **Handelsregistereintrag** müssen mindestens 25 % jedes Geschäftsanteils und in Summe mindestens die Hälfte des Mindeststammkapitals von 25.000 € durch die Gesellschafter eingezahlt worden sein.

  Bei der Rechtsformvariante, der **haftungsbeschränkten Unternehmergesellschaft**, dürfen ausschließlich Bareinlagen geleistet werden. Es muss das gesamte Stammkapital, das allerdings ab 1 € festlegbar ist, eingezahlt werden.

  Sowohl bei der GmbH als auch bei der haftungsbeschränkten UG ist bei der Gründung das **Musterprotokoll** aus dem GmbHG verwendbar.

▶ Die **Aktiengesellschaft**, für die das AktG detaillierte Angaben zum Ablauf einer Gründung enthält. §§ 23 - 53 AktG sehen folgende **Phasen** vor:

- **Feststellung der Satzung** mit den Unternehmensangaben, der Grundkapitalhöhe, den Aktienarten, der Aktienanzahl sowie unter Umständen dem Nennbetrag der Aktien. Dies ist notariell zu beurkunden.

- **Übernahme der Aktien** mit einer Einzahlungsverpflichtung der Gründer.

- **Bestellung der Organe**, wobei die Gründer Aufsichtsrat und Abschlussprüfer für das erste Geschäftsjahr bestellen.

- **Leistung der Einzahlungen**, die mindestens 25 % des Nennbetrages vom Grundkapital erfordert. Wird nicht voll eingezahlt, müssen Namensaktien ausgegeben werden.

- **Abgabe eines Gründungsberichtes** durch die Gründer.

- **Durchführung der Gründungsprüfung** durch Vorstand und Aufsichtsrat.

- **Anmeldung zum Handelsregister**, wofür Urkunden der Satzung, der Bestellung von Vorstand und Aufsichtsrat sowie ein Gründungs- und Prüfungsbericht beizubringen sind. Ebenso nötig werden Genehmigungsurkunden, soweit dies vonseiten des Staates gefordert wird.

- **Eintragung ins Handelsregister**, wodurch eine juristische Person entsteht.

2.2 Kapitalerhöhung

Eine Kapitalerhöhung besteht in der Zuführung von Eigenkapital von außerhalb des Unternehmens, wodurch sich insbesondere bei Kapitalgesellschaften eine strukturelle Änderung zu Gunsten des gezeichneten Kapitals ergibt. **Gründe** für eine Kapitalerhöhung können z. B. die Verbesserung der Liquiditätslage, eine Kapazitätserweiterung, die Erhöhung der Kreditwürdigkeit, eine Umschuldung oder die Umwandlung von Rücklagen sein.

Kapitalerhöhungen erfolgen bei den einzelnen Rechtsformen der Unternehmen auf **unterschiedliche Weise**. Es sollen dargestellt werden:

▶ Personengesellschaften

Alte Gesellschafter	Sie können bei Personengesellschaften ihre Einlagen erhöhen. Dabei ist zu berücksichtigen, dass das Kapital möglichst im Verhältnis der bisherigen Anteile zugeführt wird, um die **Verschiebung der Anteile** an den bisher gebildeten Vermögen zu vermeiden, wie dies in der Aufgabe 38 festzustellen ist.
Neue Gesellschafter	Sofern kein Einzelunternehmen vorliegt, das erhalten bleiben soll, können auch neue Gesellschafter in die Gesellschaft eintreten. Hier ergibt sich ebenso das **Problem der Verschiebung** gegebener Anteile, das jedoch durch die Gestaltung des Gesellschaftervertrages vermieden werden kann, z. B. durch die Regelung, dass neue Kapitalien nur im Verhältnis zu den bisherigen Geschäftsanteilen zugeführt werden dürfen.

Aufgabe 42 > Seite 203

Die Durchführung der Kapitalerhöhung erfordert keine besonderen Formalitäten, soweit vollhaftende Gesellschafter aufgenommen werden. Werden Kommanditisten in einer KG aufgenommen, ist dies im Handelsregister einzutragen.

▸ **Gesellschaft mit beschränkter Haftung**

Alte Gesellschafter	Sind alte Gesellschafter für die Kapitalerhöhung verantwortlich, kann die Gesellschafterversammlung mit einer Drei-Viertel-Mehrheit bei einer bestehenden **Nachschusspflicht** die Einforderungen zusätzlichen Kapitals beschließen. Einem nachträglichen Beschluss zu einer Nachschuss-pflicht muss die Gesamtheit der Gesellschafter zustimmen.
Neue Gesellschafter	Die Aufnahme neuer Gesellschafter erfordert eine Drei-Viertel-Mehrheit in der Gesellschafterversammlung, wobei obige **Verteilungsprobleme** z. B. durch zusätzliche Agiozahlungen zu den Stammeinlagen der neuen Gesellschaftern zu lösen sind. Dieses Aufgeld ist in die Kapitalrücklage einzustellen.

Änderungen des Stammkapitals sind notariell zu beurkunden.

Bei der **haftungsbeschränkten UG** als Rechtsformvariante der GmbH muss der erwirtschaftete Jahresüberschuss solange in Höhe eines Viertels in die gesetzliche Rücklage gestellt werden, bis Rücklage und Stammkapital zusammen 25.000 € erreichen. Sodann kann – muss aber nicht – die Gesellschaft in eine „normale" GmbH umgewandelt werden.

▸ **Aktiengesellschaft**

Ordentliche Kapital-erhöhung	Sie ist die **Normalform** der Kapitalerhöhung bei einer AG, wobei neue Aktien ausgegeben werden. Gesetzliche Regelungen bestehen in §§ 182 - 191 AktG. **Voraussetzungen** sind:
	▸ Zustimmung der Drei-Viertel-Mehrheit des vertretenen Grundkapitals.
	▸ Das bisherige Grundkapital ist voll eingezahlt.
	▸ Der Vorgang ist beim Handelsregister angemeldet und die Durchführung eingetragen.
	▸ Bei Stückaktien ist die Anzahl der Aktien im selben Verhältnis wie das Grundkapital zu erhöhen.
	Besonderheiten der ordentlichen Kapitalerhöhung sind das **Bezugsrecht** der Altaktionäre und die **Emission**, auf die unten noch eingegangen wird.

Bedingte Kapital- erhöhung	Hierfür bestehen gesetzliche Regelungen in §§ 192 - 201 AktG, wobei als Besonderheit der **Ausschluss der Bezugsrechte der bisherigen Aktionäre** hervorzuheben ist. Diese Kapitalerhöhung ist **zweckgebunden** auf die Gewährung von:
	▸ Umtausch- oder Bezugsrechten auf Aktien bei der Ausgabe von **Wandelschuldverschreibungen**
	▸ Umtausch- oder Bezugsrechten bei einer **Fusion**
	▸ Bezugsrechten an die Arbeitnehmerschaft für den Erwerb von **Belegschaftsaktien**.
	Auch hier sind eine Drei-Viertel-Mehrheit und die Eintragungen in das Handelsregister notwendig. Zu beachten ist eine **Obergrenze**, die sich auf die Hälfte des Grundkapitals zum Zeitpunkt der Beschlussfassung bezieht.
Genehmigte Kapital- erhöhung	Als gesetzliche Regelungen bestehen §§ 202 - 206 AktG. Der **Zeitpunkt** der Kapitalerhöhung ist entsprechend der Kapitalmarktlage später **wählbar** (5 Jahre), ohne dass ein Beschluss der Hauptversammlung zu einer Kapitalerhöhung notwendig wird.
	Es sind eine Drei-Viertel-Mehrheit in der Hauptversammlung und die Eintragungen in das Handelsregister notwendig. Die **Obergrenze** des genehmigten Kapitals beträgt die Hälfte des Grundkapitals zum Zeitpunkt der Beschlussfassung.
Kapital- erhöhung aus Gesellschafts- mitteln	Sie ist im Gegensatz zu dem bisher genannten **keine Zuführung neuer Mittel**. Gesetzliche Regelungen (§§ 207 - 220 AktG) sehen eine Umschichtung von Rücklagen in gezeichnetes Kapital vor. Diese Rücklagen können aus der **Kapitalrücklage** oder der **Gewinnrücklage** stammen.
	Es werden an die bisherigen Aktionäre – im Verhältnis ihrer Anteile – **Zusatzaktien** oder **Gratisaktien** ausgegeben, wodurch sich keine Änderungen der Vermögensverhältnisse der Aktionäre ergeben. **Voraussetzungen** sind die Drei-Viertel-Mehrheit und die Anmeldung sowie Eintragung in das Handelsregister.
	Wurden **€-Nennwertaktien** angestrebt, konnten die dann nach der Euro-Umstellung gebrochenen Nennwerte durch eine solche Kapitalerhöhung geglättet werden.

Das **Bezugsrecht** besteht bei der ordentlichen Kapitalerhöhung zum Bezug neuer Aktien für Altaktionäre, da sich durch die Ausgabe neuer Aktien die bisherigen Stimmrechtsverhältnisse und insbesondere die bisherigen Vermögensverhältnisse in der Aktiengesellschaft verschieben. Die offenen und stillen Rücklagen verteilen sich nach einer Kapitalerhöhung auf mehrere Anteilseigner.

Faktoren der Bestimmung des Bezugsrechtwertes sind:

Bezugs-verhältnis	Es ergibt sich aus der Relation des bisherigen Grundkapitals zum Erhöhungskapital.
Bezugskurs	Für den Bezugskurs einer neuen Aktie ist die gesetzliche **Untergrenze** der Nominalwert der Aktie. Er wird durch die AG bestimmt, wobei wirtschaftlich der Nennwert zuzüglich der Emissionskosten mindestens zu erreichen ist, üblicherweise aber noch ein vom Markt abhängiges Agio aufgeschlagen wird, das in die Kapitalrücklage fließt. Als **Obergrenze** des Bezugskurses steht der Börsenkurs der alten Aktie, weil sonst der Kauf junger Aktien nicht lohnend erscheint.

Der **rechnerische Wert** des Bezugsrechtes ergibt sich aus der Formel:

$$\text{Bezugsrecht} = \frac{\text{Börsenkurs der alten Aktie - Bezugskurs der jungen Aktie}}{\text{Bezugsverhältnis} + 1}$$

Der Wert des Bezugsrechtes liegt rechnerisch umso höher, je näher der Bezugskurs für die neuen Aktien am Nennwert liegt.

Aufgabe 43 > Seite 203

Bedingt durch den Ausgabetermin kann ein **Dividendennachteil** für die jungen Aktien entstehen, d. h. sie erhalten nicht die volle, auf das ganze Geschäftsjahr bezogene Dividende. Entsprechend ändert sich die obige Formel:

$$\text{Bezugsrecht} = \frac{\text{Börsenkurs der alten Aktie} - (\text{Bezugskurs der jungen Aktie} + \text{Dividendennachteil})}{\text{Bezugsverhältnis} + 1}$$

Der rechnerische Wert des Bezugsrechtes ist **nicht** der **tatsächliche Wert** eines Bezugsrechtes. Dieser ergibt sich durch den Handel der Bezugsrechte an der Börse. Hier können Altaktionäre ihre Bezugsrechte verkaufen, wenn sie nicht an der geplanten Kapitalerhöhung teilnehmen wollen.

Der **Handel** mit Bezugsrechten beginnt zum ersten Tag der Bezugsfrist, dauert zwei bis drei Wochen an und endet zwei Börsentage vor dem Ende der Bezugsfrist. Durch den Verkauf erhalten die Altaktionäre einen Ausgleich des oben angesprochenen Vermögens- und Stimmrechtsverlustes.

Aufgabe 44 > Seite 203

Die **Emission** ist eine weitere Besonderheit bei der ordentlichen Kapitalerhöhung. Sie stellt die Erstausgabe von Aktien dar und ist in Form der **Selbstemissionen** oder der **Fremdemissionen** möglich, wie bereits bei der Emission von Anleihen beschrieben wurde – s. Seite 104.

Schließlich ist die **Börsenzulassung** der Aktien erforderlich, wenn diese an der Börse gehandelt werden sollen. Dazu ist ein Zulassungsantrag für ein bestimmtes Börsensegment zu stellen, was zumeist über den Emissionsbegleiter erfolgt. Ein **Emissionsbegleiter** ist ein Unternehmen, das sich mit der Platzierung von Neuemissionen als Komissionär oder Eigenhändler befasst, wobei hier insbesondere Kreditinstitute oder Wertpapierdienstleister tätig sind.

Das Zulassungsverfahren dient dem Schutz der Anleger. In einem **Börsenprospekt** werden alle relevanten Daten veröffentlicht, für deren Richtigkeit Haftung der Aktiengesellschafter und des Emissionsbegleiters bestehen. Die Kosten einer Emission können zwischen 7 % und 9 % der emittierten Kapitalsumme betragen.

2.3 Kapitalherabsetzung

Die Kapitalherabsetzung bringt für ein Unternehmen die Verminderung des Eigenkapitals. **Gründe** hierfür können z. B. Entnahmen der Gesellschafter oder deren Ausscheiden, eine Verminderung des Kapitalbedarfes oder eine Sanierung des Unternehmens sein. Die Kapitalherabsetzung erfolgt bei den einzelnen Rechtsformen der Unternehmen auf unterschiedliche Weise:

► **Personengesellschaften**

Entnahmen durch Gesellschafter	Bei der **OHG** besteht eine jährliche Entnahmeberechtigung von 4 % der Kapitalanteile, sofern der Gesellschaftsvertrag keine anderen Regelungen vorsieht. Weitere Gewinnentnahmen dürfen nicht zum Schaden der Gesellschaft führen.
	Bei der **KG** sind die **Komplementäre** in ihren Ansprüchen OHG-Gesellschaftern gleichgestellt. **Kommanditisten** haben nur ein Anrecht auf die Auszahlung ihres Gewinnanteils, wenn ihr Kapitalanteil nicht durch Verluste gemindert wurde.
Ausscheiden eines Gesellschafters	Hier ist eine **Auseinandersetzung** notwendig, um den Auszahlungsanteil des ausscheidenden Gesellschafters festzulegen, der oftmals wegen der Vermögensbildung während der Geschäftstätigkeit wesentlich höher sein kann als der nominelle Kapitalbetrag des ausscheidenden Gesellschafters.

► **Gesellschaft mit beschränkter Haftung**

Für sie ist das GmbHG bedeutsam, das die Verminderung des Stammkapitals regelt, da hierdurch auch eine **Verringerung der Haftungsmasse** eintritt. So müssen z. B. Gläubiger, die der Kapitalherabsetzung nicht zustimmen, befriedigt oder mit Sicherheiten versehen werden sowie die Tatsache der Kapitalherabsetzung dreimalig bekannt gegeben werden.

► **Aktiengesellschaft**

Ordentliche Kapitalherab-setzung	Nach dem Gesetz (§§ 222 - 228 AktG) kann der Nennwert der Aktie vermindert werden durch das **Herunterstempeln** des Nennwertes, z. B. von 50 € auf 5 €, oder es werden mehrere **Aktien zusammengelegt**. Hier ergeben z. B. zwei alte Aktien eine neue Aktie des gleichen Nennwertes.
	Für die ordentliche Kapitalherabsetzung bedarf es einer Drei-Viertel-Mehrheit in der Hauptversammlung und eines Eintrages in das Handelsregister.
Vereinfachte Kapitalherab-setzung	Als Sanierungsmaßnahme wird die in den §§ 229 - 236 AktG geregelte vereinfachte Kapitalherabsetzung als **buchmäßige** oder **reine Sanierung** zum Zwecke des Ausgleichs von Wertminderungen oder Verlusten sowie der Einstellung von Kapital in die Kapitalrücklage durchgeführt. So wird in der Bilanz das gezeichnete Kapital um einen Betrag vermindert, der die in der Bilanz ausgewiesenen Verluste abdeckt bzw. die Kapitalrücklage anwachsen lässt.
	Die vereinfachte Kapitalherabsetzung ist dann **zulässig**, wenn bestehende Gewinn- und Kapitalrücklagen zur Deckung von Verlusten bereits aufgelöst wurden. Bei dieser buchmäßigen Sanierung wird die Bilanz bereinigt.
	Damit erfüllt allerdings oftmals das nun geminderte Grundkapital nicht mehr ausreichend seine Haftungsfunktion für die weitere Geschäftstätigkeit, sodass zumeist als nächster Schritt zum Erhalt des Unternehmens eine Kapitalerhöhung oder eine Zuzahlung der Aktionäre erfolgen muss.
Einziehen von Aktien	Hier bestehen nach dem Gesetz (§§ 237 - 239 AktG) zwei **Formen**, wobei die Vorschriften einer ordentlichen Kapitalherabsetzung ebenso zu beachten sind:
	► Eigene Aktien werden von der Gesellschaft erworben und eingezogen.
	► Aktien werden zwangsweise eingezogen, sofern dies in der Satzung gestattet ist.

Aufgabe 45 > Seite 204

2.4 Umwandlung

Die Umwandlung ist die Überführung eines Unternehmens von einer Rechtsform in eine andere. Rechtliche Regelungen für die Umwandlung finden sich im 1995 novellierten Umwandlungsgesetz bzw. im Umwandlungssteuergesetz. **Gründe** für Umwandlungen sind das Wachstum oder die Schrumpfung eines Unternehmens, steuerliche Überlegungen, Haftungsbeschränkungen, die Vergrößerung der Kapitalbasis oder der Tod eines Gesellschafters.

Es gibt verschiedene **Arten** der Umwandlung:

▶ Die **Umwandlung mit Liquidation**, die notwendig wird, wenn das Gesetz eine Rechtsnachfolge vorsieht. Dabei erfolgt zunächst in der **Einzelrechtsnachfolge** formell eine Liquidation, also die vollständige Auflösung des Unternehmens, um mit einer Neugründung die angestrebte Rechtsform annehmen zu können.

Erforderlich ist die Umwandlung mit Liquidation bei der Umwandlung eines Einzelunternehmens in eine Personengesellschaft und umgekehrt (Umwandlung einer OHG oder KG in ein Einzelunternehmen).

▶ Die **Umwandlung ohne Liquidation**, bei der die Vermögenswerte des umzuwandelnden Unternehmens nicht einzeln übertragen werden. Bei dieser Art der Umwandlung lassen sich unterscheiden:

Übertragende Umwandlung	Sie erfolgt im Rahmen einer **Gesamtrechtsnachfolge**, wobei das Vermögen als eine Einheit in das übernehmende Unternehmen übergeht. **Formen** der übertragenden Umwandlung sind: ▶ eine **verschmelzende Umwandlung**, bei der das Vermögen des zu wandelnden Unternehmens bereits auf ein bestehendes Unternehmen übergegangen ist, was einer Fusion sehr ähnelt ▶ eine **errichtende Umwandlung**, wobei das Vermögen auf ein neu zu errichtendes Unternehmen übertragen wird.
Formwechselnde Umwandlung	Es wird ein Rechtsformwechsel vorgenommen, bei dem **kein Vermögensübergang** notwendig wird, da die Rechtspersönlichkeit des Unternehmens weiterhin bestehen bleibt.

2.5 Fusion

Bei der Fusion verschmelzen zwei oder mehrere Unternehmen, die bis dahin rechtlich selbstständig waren, zu einer neuen wirtschaftlichen und rechtlichen Einheit. **Gründe** dafür sind zumeist erwartete Rationalisierungseffekte in den Beschaffungs-, Produktions- und Absatzbereichen sowie die Hoffnung auf Synergieeffekte und das Ausnutzen stärkerer Marktpositionen.

Als Fusionen können unterschieden werden:

▶ Nach der **leistungswirtschaftlichen Beziehung** der fusionierenden Unternehmen. Danach gibt es:

Horizontale Fusion	Die beteiligten Unternehmen gehören der gleichen Leistungsstufe oder dem gleichen Wirtschaftszweig an.
Vertikale Fusion	Im Leistungsprogramm vor- oder nachgelagerte Unternehmen schließen sich hier zusammen.
Laterale Fusion	Unternehmen aus völlig verschiedenen Leistungsstufen oder Wirtschaftszweigen fusionieren.

▸ Nach der aufgrund rechtlicher Vorschriften anzuwendenden **Art** der Fusion:

Fusion mit Liquidation	Im Rahmen der **Einzelrechtsnachfolge** wird das Vermögen des sich auflösenden Unternehmens einzeln auf das übernehmende Unternehmen übertragen. Solche Übertragungsformen sind bei Fusionen von Einzelunternehmen oder Personengesellschaften notwendig.
Fusion ohne Liquidation	Im Rahmen der **Gesamtrechtsnachfolge** ist die Fusion von Kapitalgesellschaften insbesondere im Aktienrecht und im Kapitalerhöhungsgesetz geregelt. Zwei **Formen** sind zu unterscheiden: ▸ Die **Verschmelzung durch Aufnahme** beendet auf Basis eines durch eine Drei-Viertel-Mehrheit beschlossenen Verschmelzungsvertrages die wirtschaftliche und rechtliche Existenz der zu übertragenden Gesellschaft, die übernehmende Gesellschaft bleibt weiterhin bestehen. ▸ Die **Verschmelzung durch Neubildung**, wobei ein neues Unternehmen nach der Fusion gegründet wird.

2.6 Liquidation

Die Liquidation kennzeichnet das freiwillig durchgeführte oder gerichtlich durch das Insolvenzverfahren erzwungene Ende einer unternehmerischen Tätigkeit. Ihre **Gründe** können persönlicher Natur, z. B. Krankheit/Tod des Unternehmers, oder sachlicher Natur sein, z. B. mangelnder Erfolg. Mit Beginn der Liquidation wird das Unternehmen abgewickelt, d. h. es wird aufgelöst.

Nach dem **Zweck** der Liquidation lassen sich unterscheiden:

▸ die **materielle Liquidation**, die eine Wandlung einer Erwerbsgesellschaft in eine Abwicklungsgesellschaft erwirkt, welche die Vermögensgegenstände in Geld umwandeln soll

▸ die **formelle Liquidation**, die das Dasein des Unternehmens durch den Untergang dessen Rechtsform beendet, aber die Erwerbstätigkeit in einer neuen Rechtsform weiterführt. Vermögenswerte sind einzeln auf das neue Unternehmen zu übertragen.

Dem **Umfang** der Liquidation entsprechend gibt es:

▸ die **Totalliquidation**, die alle Vermögensgegenstände des Unternehmens in die Liquidation mit einbezieht

▸ die **Teilliquidation**, welche nur Teile der Vermögenswerte betrifft, also nicht auf das gesamte Vermögen des Unternehmers gerichtet ist.

Liquidationen erfolgen bei den einzelnen Rechtsformen auf unterschiedliche Weise. Zu unterscheiden sind:

▸ **Personengesellschaften**

Offene Handels-gesellschaft	Bei einer OHG sind die Gesellschafter die Liquidatoren, die eine Liquidation durchführen, wenn der Gesellschaftsvertrag dies nach einer vereinbarten Zeit so vorsieht oder dies von den Gesellschaftern oder einem Gericht so beschlossen wurde.
Kommandit-gesellschaft	Ebenso gilt dies für die KG, allerdings stellt der Tod eines Kommanditisten keinen Liquidationsgrund dar.
Gesellschaft des bürgerlichen Rechts	Die GdbR löst sich nach dem zeitlichen Ablauf oder insbesondere durch die Erreichung oder das Unmöglichwerden des Gesellschaftszweckes auf, ebenso durch ein Insolvenzverfahren oder den Tod eines Gesellschafters.
Stille Gesellschaft	Für die stille Gesellschaft gilt dies ebenso, ausgeschlossen ist allerdings der Liquidationsgrund „Tod eines Gesellschafters".

▸ **Kapitalgesellschaften**

Gesellschaft mit beschränkter Haftung	Die Geschäftsführer einer GmbH sind Liquidatoren, während die Gesellschafter aus folgenden **Gründen** die Geschäftstätigkeit eines Unternehmens beenden: ▸ Ablauf der im Gesellschaftsvertrag vereinbarten Zeit ▸ Drei-Viertel-Mehrheitsbeschluss der Gesellschafter ▸ Gerichtsbeschluss ▸ Insolvenzverfahren.
Aktiengesell-schaft	Bei der AG handelt der Vorstand als Liquidator, wobei folgende **Gründe** gegeben sein können: ▸ Ablauf der in der Satzung vereinbarten Zeit ▸ Drei-Viertel-Mehrheitsbeschluss der Hauptversammlung ▸ Insolvenzverfahren.

Zum Ende der Liquidation wird eine **Liquidations-Schlussbilanz** erstellt, die **Löschung** des Unternehmens, soweit notwendig, im Handelsregister beantragt und der **Liquidationserlös**, soweit vorhanden, auf die Anteilseigner verteilt.

Aufgabe 46 > Seite 204

3. Mischformen der Kredit- und Beteiligungsfinanzierung

Die Mischformen zeichnen sich dadurch aus, dass sie nicht als Formen der Außenfinanzierung eindeutig der Kreditfinanzierung *oder* der Beteiligungsfinanzierung zugerechnet werden können. Sie sollen beschrieben werden als:

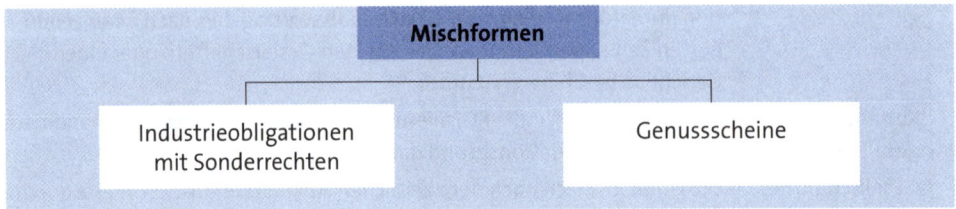

Die Mischformen der Kredit- und Beteiligungsfinanzierung werden auch **Mezzanine** genannt. Der Begriff (italienisch „Zwischengeschoss" eines Hauses), macht die Zwitterstellung von Eigen- und Fremdkapital deutlich.

Zu ihnen zählen – außer den Industrieobligationen mit Sonderrechten und den Genussscheinen – auch bereits beschriebene Finanzierungsinstrumente:

► atypische stille Beteiligung
► wandelbares Gesellschaftsdarlehen.

Ebenso kann der **Debt-Equity-Swap** dazu gerechnet werden, der einen Tausch (Swap) von Unternehmensverbindlichkeiten (Debt) in Eigenkapitalwerte (Equity) vorsieht. Damit geschieht eine Umwidmung von ehemaligen Verbindlichkeiten oder Gesellschafterdarlehen in zum Beispiel atypische stille Beteiligungen oder Genussrechtskapital. Hierdurch wandeln sich Fremdkapitalgeber zu Eigenkapitalbeschaffern.

Weiterhin sind unbesicherte **Darlehen von Banken** als Mezzanine anzusehen, die vor allem aufgrund von **Nachrangvereinbarungen** und eingeschränkten Kündigungsmöglichkeiten eine Stellung zwischen Eigen- und Fremdkapital einnehmen. Im Insolvenzfalle würden diese erst nach anderen, klassisch ausgestalteten Kreditverträgen vom Schuldner bedient. Diese Darlehen stehen oft langfristig für spezielle Investitions- bzw. Akquisitionsvorhaben zur Verfügung und helfen Liquiditätssituationen sowie Bilanzstrukturen hinsichtlich der „wirtschaftlichen" Eigenkapitalausstattung zu verbessern.

3.1 Industrieobligationen mit Sonderrechten

Industrieobligationen **ohne** Sonderrechte wurden im Rahmen der Kreditfinanzierung auf Seite 106 als **Anleihen** behandelt. Industrieobligationen *mit* Sonderrechten sind:

► Die **Wandelschuldverschreibung**, die neben den Rechten aus der Teilschuldverschreibung ein Umtauschrecht von einer Obligation in eine Aktie verbrieft, das nach einer bestimmten Sperrfrist wahrgenommen werden kann. Sie wird auch **Wandelanleihe** genannt.

Mit der Wandelung wird also aus einem **Forderungspapier**, das für das Unternehmen Fremdkapital aus einem Gläubigerverhältnis darstellt, ein **Anteilspapier**, das Eigenkapital in einem Beteiligungsverhältnis repräsentiert. Entsprechend erlöschen die Forderungsrechte auf Zinszahlungen und Rückzahlung aus der Teilschuldverschreibung.

Voraussetzung für den Umtausch ist eine **bedingte Kapitalerhöhung**, wie sie auf Seite 165 beschrieben wurde, die nach dem Gesetz in ihrer Höhe maximal 50 % des Grundkapitals erreichen darf. Altaktionären muss ein Bezugsrecht eingeräumt werden, das sich als **Bezugsverhältnis** ermitteln lässt:

$$\text{Bezugsverhältnis} = \frac{\text{Gezeichnetes Kapital}}{\text{Nennwert der Wandelschuldverschreibung}}$$

Beispiel

Das gezeichnete Kapital eines Unternehmens beträgt 100 Mio. €, der Nennwert der Wandelschuldverschreibung lautet über 20 Mio. €. Hieraus ergibt sich ein Bezugsverhältnis von 5 : 1, d. h. jeder Aktionär der über Aktien im Nennwert von 500 € verfügt, kann eine Wandelschuldverschreibung zum Nennwert von 100 € erwerben.

Bei der **Emittierung** von Wandelschuldverschreibungen sind festzulegen:

Wandel-verhältnis	Es ergibt sich aus dem Nennwert der Wandelobligation zum Nennwert der eintauschbaren Aktien.
Umtauschkurs	► Dieser kann mit der Emission bereits festgelegt werden.
	► Er kann fixiert veränderlich und damit zeit- oder periodenabhängig festgelegt werden.
	► Er kann veränderlich sein, wobei Abhängigkeiten von z. B. dem Börsenkurs oder der Dividende bestehen.
Wandlungsfrist	Dies ist eine Angabe über Beginn und Ende der Wandlungsmöglichkeiten.
Zuzahlungs-angaben	Da mögliche Wertsteigerungen der Aktie bestehen, werden oftmals Zuzahlungen bei der Wandlung verlangt, die über die Wandlungsfrist konstant, steigend oder auch fallend sein können.

► Bei der **Optionsanleihe** behält der Gläubiger im Gegensatz zur Wandelschuldverschreibung seine Position als Kreditgeber im Zeitablauf bei, d. h. die **Obligation bleibt** über ihre gesamte Laufzeit **erhalten**. Neben den daraus resultierenden Forderungsrechten auf Zinszahlungen und Rückzahlung aus der Teilschuldverschreibung, erwächst dem Käufer einer Optionsanleihe **zusätzlich** ein **Optionsrecht** auf Aktienbezug.

Für das Unternehmen steht das **Fremdkapital** damit **bis zum Ende der Laufzeit** der Obligation zur Verfügung, während bei Ausübung des Optionsrechts durch die Ausgabe neuer Aktien zusätzlich Eigenkapital zufließt.

Wie bei der Wandelschuldverschreibung haben die Altaktionäre ein **Bezugsrecht**. Für den während einer bestimmten Optionsfrist möglichen Bezug von Aktien ist ein Bezugsverhältnis anzugeben, das die erforderliche Anzahl von Optionsscheinen für den Bezug einer Aktie nennt. Der Geldbetrag, der für den Kauf einer solchen Aktie zu entrichten ist, heißt **Optionspreis** oder **Bezugspreis**.

An der **Börse** wird die Optionsanleihe in unterschiedlichen Notierungsformen gehandelt. Sie sind:

- Optionsanleihe mit („cum") Optionsschein

- Optionsanleihe ohne („ex") Optionsschein

- nur der Optionsschein.

Optionsscheine werden nach der Anleiheemission i. d. R. separat an der Börse gehandelt und haben den für eine Option typischen Hebeleffekt innerhalb ihrer Kursentwicklung. Hierdurch bieten sie starke Kurschancen, können aber auch den Totalverlust des eingesetzten Kapitals mit sich bringen.

Beispiel

Die Hebelwirkung des Optionsscheines soll anhand des folgenden Kursszenarios erklärt werden. Es besteht:

► Ein Bezugsverhältnis von 2 : 1, d. h. 2 Optionsscheine berechtigen zum Bezug einer Aktie im Nennwert von 50 €.

► Ein Bezugskurs von 240 €, d. h. bei Einreichung von 2 Optionsscheinen werden 240 € fällig für den Erwerb einer Aktie zum Nennwert von 50 €.

Bezugs- preis	Börsen- kurs	Steigerungs- rate des Börsenkurses	Differenz Börsenkurs Bezugskurs	Rechnerischer Wert des Optionsscheins	Steigerungs- rate des Optionsscheins
240	200	0 %	- 40	0	0 %
240	240	20,00 %	0	0	0 %
240	280	16,66 %	40	20	200,00 %
240	320	14,29 %	80	40	100,00 %
240	360	12,50 %	120	60	50,00 %
240	400	11,10 %	160	80	33,33 %

Bei einer Entwicklung des Börsenkurses von 280 auf 320 kommt es zu einer Steigerungsrate von 14,29 %. Der rechnerische Wert des Optionspreises entwickelt sich von 20 € auf 40 €. Dies entspricht einer Steigerung von 100 %.

▸ Bei der **Gewinnschuldverschreibung** liegt die Besonderheit darin, dass sie ein Sonderrecht auf Gewinnbeteiligung des Fremdkapitalgebers begründet. Die Ausgestaltung der **Gewinnbeteiligung** kann sein:

Festzinssatz und Zusatzverzinsung	Hier erfolgt eine fixe Mindestverzinsung und eine variable Zusatzverzinsung, die z. B. abhängig sein kann von der Aktiendividende, z. B. pro Prozent Aktiendividende ein halbes Prozent Zusatzzins.
Gewinnabhängige Verzinsung	Bei der gewinnabhängigen Verzinsung entfällt eine Festverzinsung, dafür wird eine üblicherweise nach oben hin begrenzte gewinnabhängige Verzinsung gewährt.

Rechtlich ist die Gewinnschuldverschreibung eine Kreditfinanzierung. Wirtschaftlich lässt sie sich den Mischformen zurechnen, da sie eine Verbindung von Gewinnansprüchen einer Beteiligungsfinanzierung und Industrieobligation darstellt.

Aufgabe 47 > Seite 204

3.2 Genussschein

Der Genussschein verbrieft ein Genussrecht, das gesetzlich nicht geregelt ist. Es kann von Unternehmen jeder Rechtsform gewährt werden und ist individuell ausgestaltbar. Allerdings erhalten Inhaber von Genussscheinen prinzipiell **kein Stimmrecht** in der Hauptversammlung und **kein Mitwirkungsrecht** an der Geschäftsführung.

Genussrechte können grundsätzlich sein:

▸ Beteiligung am Gewinn, Anspruch auf Zinszahlung

▸ Beteiligung am Liquidationserlös

▸ Beteiligung an Nutzungsrechten, z. B. Lizenzgebühren

▸ Bezugsrecht für Sach- und Dienstleistungen

▸ Wahrnehmung von Bezugsrechten (Optionsgenussschein)

▸ Wahrnehmung von Umtauschrechten (Wandelgenussschein).

Ihrem **Charakter** entsprechend lassen sich unterscheiden:

▸ Genussscheine, die eher **Eigenkapitalcharakter** haben, wenn das Genussscheinkapital langfristig oder sogar unbefristet zur Verfügung steht und der Genussscheininhaber an Gewinnen und Verlusten des Unternehmens beteiligt wird. Bei ihnen haftet das Genussscheinkapital im Insolvenzfall i. d. R. für die Verbindlichkeiten des Unternehmens.

▸ Genussscheine, die vorrangig **Fremdkapitalcharakter** aufweisen, wenn sie als Genussrecht z. B. eine variable oder feste Verzinsung und befristete Laufzeit haben.

Genussscheine, die an der **Börse** notiert werden, können dementsprechend eher den Charakter eines Anteilspapiers oder einer Anleihe aufweisen, z. B. als:

► Genussscheine mit völliger dividendenabhängiger Ausschüttung (**eher Eigenkapitalcharakter**)

► Genussscheine mit Mindestausschüttung und einem zusätzlichen dividendenabhängigen Bonus

► festverzinsliche Genussscheine mit einer Verlustbeteiligung (**eher Fremdkapitalcharakter**).

Ausschüttungen, z. B. in Form von Zinszahlungen, sind für den Emittenten der Genussscheine steuerlich absetzbar, da sie steuerlich als Ausschüttungen auf Fremdkapital und damit als gewinnmindernde Aufwendungen gelten.

Aufgabe 48 > Seite 204

E. Innenfinanzierung

Die Innenfinanzierung ist eine Finanzierung, die das Unternehmen aus eigener Kraft, also von innen heraus, vornimmt. Sie wird auch als **Cashflow-Finanzierung** oder **Überschussfinanzierung** bezeichnet und beruht auf:

▶ **Investitionen** des Unternehmens, mit denen zunächst Kapital gebunden wird, z. B. als Betriebsmittel, die beschafft, und Rohstoffe, die verarbeitet werden

▶ **Desinvestitionen** durch den Verkauf von Gütern, mit denen Kapital freigesetzt wird in Form von Umsatzerlösen, indem Waren und Erzeugnisse verkauft werden, sowie sonstigen Erlösen, z. B. durch den Verkauf einzelner Investitionsgüter.

Im Folgenden sollen als **Formen** der Innenfinanzierung behandelt werden:

Innenfinanzierung	Finanzierung aus zurückbehaltenen Gewinnen
	Finanzierung aus Abschreibungsgegenwerten
	Finanzierung aus Rückstellungsgegenwerten
	Finanzierung aus sonstigen Kapitalfreisetzungen

Die Finanzierung aus zurückbehaltenen Gewinnen, Abschreibungsgegenwerten und Rückstellungsgegenwerten wird als **Finanzierung aus Umsatzerlösen** bezeichnet. Sie bildet den Schwerpunkt der Innenfinanzierung.

Um die Finanzierung aus Umsatzerlösen erfolgreich vornehmen zu können, müssen mehrere **Voraussetzungen** erfüllt sein:

▶ Die nötigen Gewinne, Abschreibungen, Rückstellungen werden kalkuliert.

▶ Die kalkulierten Verkaufspreise sind am Markt durchsetzbar.

▶ Durch den Verkauf der Güter werden entsprechende Einzahlungen realisiert.

1. Finanzierung aus zurückbehaltenen Gewinnen

Diese Finanzierungsform wird auch **Selbstfinanzierung** genannt und entsteht durch das Zurückhalten von realisierten Gewinnen. Durch diesen Vorgang, der auch als **Gewinnthesaurierung** bezeichnet wird, erfolgt die Bildung von Rücklagen, welche die Höhe des Eigenkapitals vergrößern.

Die Rücklagen können offen ausgewiesen werden oder stille Reserven darstellen, die für Außenstehende nicht ohne Weiteres erkennbar sind. Dementsprechend lassen sich als Finanzierung aus zurückbehaltenen Gewinnen unterscheiden:

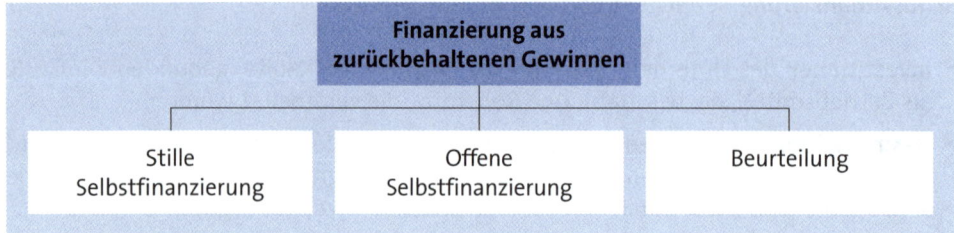

1.1 Stille Selbstfinanzierung

Die stille Selbstfinanzierung ist nicht aus der Bilanz ersichtlich, da sich **stille Reserven** in Form von Kapitalreserven bilden, die ihre Entstehung einer positiven Wertdifferenz zwischen dem Tagesbeschaffungswert und dem Buchwert verdanken.

Auslöser für die stillen Reserven sind **Bilanzierungsmaßnahmen** oder **Bewertungsmaßnahmen**, mit deren Hilfe liquide Mittel im Unternehmen gebunden werden, ohne zuvor als Gewinn zu erscheinen. Für das Unternehmen ist es wichtig zu wissen, wie lange die gebundenen Mittel für Finanzierungszwecke zur Verfügung stehen. Die Bildung der stillen Reserven kann geschehen durch:

- ► **Unterbewertung der Aktiva** in Form von:
  - überhöhten direkten Abschreibungen
  - Nichtaktivierung von aktivierungsfähigen Aufwendungen
  - zu niedrigen Wertansätzen im Umlaufvermögen
- ► **Überbewertung der Passiva**, indem gebildet werden:
  - zu hohe Rückstellungen
  - zu hohe Rechnungsabgrenzungsposten.

Das **Problem** bei der stillen Selbstfinanzierung ist die automatische Auflösung der stillen Reserven nach einer bestimmten Zeit. Sollen sie weiterhin als Finanzierungsquellen dienen, bedarf es einer immer wieder neuen Bildung.

Insbesondere nicht emissionsfähige Unternehmen sind in erheblichem Maße auf die Selbstfinanzierung angewiesen, wobei steuerliche Gesichtspunkte sie für alle Rechtsformen unter der Voraussetzung interessant machen, dass Gewinne erzielt wurden.

1.2 Offene Selbstfinanzierung

Bei der offenen Selbstfinanzierung wird der vom Unternehmen erzielte **Gewinn** in der Bilanz **ausgewiesen** und **versteuert**, jedoch insgesamt oder teilweise nicht an die Gesellschafter des Unternehmens ausgeschüttet. Sein Gegenwert ist stattdessen auf der Aktiv-Seite der Bilanz zu finden, z. B. als **Guthaben**, soweit der Gewinn als liquide Mittel ausgewiesen ist und noch keine **Investition** stattgefunden hat, oder als **Investition** in das Anlagevermögen oder Umlaufvermögen.

Die offene Selbstfinanzierung erfolgt bei den einzelnen Rechtsformen in verschiedener Weise. Es sollen betrachtet werden:

- **Personengesellschaften**
- **Gesellschaft mit beschränkter Haftung**
- **Aktiengesellschaft.**

1.2.1 Personengesellschaften

Grundlage der Gewinnverteilung von Personengesellschaften sind die Vorschriften des BGB bzw. HGB sowie die Regelungen des jeweiligen Gesellschaftsvertrages:

- Bei der **OHG** verzinst sich der Kapitalanteil aller Gesellschafter zunächst mit 4 %, sofern nichts anderes im Gesellschaftsvertrag geregelt ist. Der verbleibende Restbetrag wird – ebenso vorbehaltlich anderer Vereinbarungen im Gesellschaftsvertrag – daraufhin nach Köpfen verteilt.

  Da die Gewinnanteile den Kapitalkonten der Gesellschafter gutgeschrieben werden, und ihre Auszahlung nur auf deren Verlangen erfolgt, bestimmen die Gesellschafter selbst über die Höhe ihres Teiles der Selbstfinanzierung.

- Die beschriebene Vorgehensweise gilt ebenso für die Komplementäre der **KG**, während die Kommanditisten eine 4 % Verzinsung ihres Kapitalanteils als Gewinnausschüttung erhalten. Der restliche Gewinn wird angemessen verteilt. So ist es nur für die Komplementäre möglich, ihre Gewinne im Unternehmen zu belassen, d. h. Selbstfinanzierung zu betreiben.

  Im Unternehmen verbleibende Gewinnanteile der Kommandisten sind als Verbindlichkeiten der Gesellschaft in der Bilanz auszuweisen, wenn sie nicht entnommen werden.

- Bei der **stillen Gesellschaft** bietet sich für die stillen Gesellschafter üblicherweise keine Möglichkeit, über eine Selbstfinanzierung zu entscheiden, da ihre Gewinnanteile auszuzahlen sind. Der Geschäftsinhaber hat jedoch die Möglichkeit, über eine Selbstfinanzierung zu entscheiden.

- Bei der **GdbR** ist eine Gewinnverteilung nach der Auflösung der Gesellschaft vorgesehen, sofern vertraglich nichts anderes vereinbart ist, oder die Entnahme des Gewinns nach Abschluss jedes Geschäftsjahres, soweit die GdbR auf längere Zeit hin angelegt ist.

1.2.2 Gesellschaft mit beschränkter Haftung

Die Gesellschafter der GmbH haben **Anspruch** auf den **Reingewinn** im Verhältnis zu ihren GmbH-Anteilen. Er kommt nach dem Abzug von möglichen Verlustvorträgen und der zugelassenen Rücklagenbildungen zu Stande. Dennoch wird nicht der gesamte Gewinn an die Gesellschafter verteilt, sondern nur der Teil des Gewinnes, der in der Bilanz ausgewiesen ist.

Die **Feststellung des Bilanzgewinns** kann bzw. muss durch die Organe der GmbH erfolgen:

▸ die Gesellschafterversammlung nach dem Mehrheitsprinzip

▸ den Geschäftsführer, falls dies die Satzung vorsieht

▸ den Aufsichtsrat, falls dieser vorhanden ist.

Während die Einschätzung der **Zweckmäßigkeit** einer Selbstfinanzierung bei der GmbH in der Vergangenheit auf unterschiedlichen Körperschaftsteuersätzen beruhte, je nachdem, ob Gewinn ausgeschüttet oder einbehalten wurde, gilt seit 2008 ein gleicher Körperschaftsteuersatz von 15 % für beide Verfahrensweisen.

1.2.3 Aktiengesellschaft

Die offene Selbstfinanzierung bei der AG kann durch die Bildung von **Rücklagen** erfolgen, die einzuteilen sind in:

▸ **Kapitalrücklage**, die dem Unternehmen von außen zugeführt wird. Dabei sind insbesondere folgende **einzustellende Kapitalbeträge** zu unterscheiden:

Agio	Es wird auch **Aufgeld** genannt und entsteht bei der Ausgabe von Aktien über deren Nennwert.
Beträge aus Umtausch- oder Ausübungsvorgängen	Das sind Beträge, die bei der Ausgabe von Schuldverschreibungen für **Wandlungsrechte** und **Optionsrechte** zum Erwerb von Anteilen erzielt werden. Davon sind entsprechend Wandelschuldverschreibungen und Optionsanleihen betroffen.
Zuzahlungen	Diese leisten die Gesellschafter gegen die **Gewährung eines Vorzuges** für ihre Anteile, wie dies z. B. bei der Ausgabe von Vorzugsaktien geschehen kann.

► **Gewinnrücklagen**, die nicht – wie die Kapitalrücklagen – von außen zugeführt werden, sondern aus dem Jahresüberschuss gebildet werden. Es gibt vor allem folgende Gewinnrücklagen:

Gesetzliche Rücklage	Sie besteht bei der AG und KGaA und macht 5 % des um den Verlustvortrag geminderten Jahresüberschusses aus, bis die Gewinnrücklage und Kapitalrücklage 10 % des Grundkapitals erreicht hat. In der Satzung können andere Prozentzahlen festgelegt werden. Die gesetzliche Rücklage darf **Verwendung** finden für:
	
	► Den **Ausgleich eines Jahresfehlbetrages**, so weit dieser nicht durch einen Gewinnvortrag aus dem Vorjahr gedeckt oder durch die Auflösung einer anderen Gewinnrücklage ausgeglichen werden kann.
	
	► Den **Ausgleich eines Verlustvortrages** aus dem Vorjahr, soweit dieser nicht durch den Jahresüberschuss gedeckt und nicht durch Auflösung einer anderen Gewinnrücklage ausgeglichen werden kann.
	
	► Der über 10 % oder über dem satzungsgemäß festgelegten höheren Teil des Grundkapitals liegende Betrag darf verwendet werden:
	  – zum **Ausgleich eines Jahresfehlbetrages**, sofern er nicht durch einen Gewinnvortrag aus dem Vorjahr gedeckt ist
	  – zum **Ausgleich eines Verlustvortrages** aus dem Vorjahr, soweit er nicht durch einen Jahresüberschuss gedeckt ist
	  – zur **Kapitalerhöhung** aus Gesellschaftsmitteln.

Rücklage für eigene Anteile	Sie dient als **Ausschüttungssperre**, damit nicht der Erwerb von eigenen Anteilen zu einer Rückzahlung von Grund- oder Stammkapital sowie offener Rücklagen mit satzungsmäßiger Bindung führt. Die Rücklage darf nur aufgelöst werden, wenn eigene Anteile ausgegeben, veräußert oder eingezogen werden.
Satzungsmäßige Rücklage	Sie werden aufgrund eines Gesellschaftsvertrages gebildet. Sie können **zweckgebunden** sein, wie z. B. zur Erhaltung oder Erneuerung von Anlagen, zur Rationalisierung oder auch zu besonderen Werbeanlässen, sind aber auch **zweckfrei** möglich.

Der Körperschaftsteuersatz wurde 2008 auf 15 % abgesenkt. Er hat unabhängig davon Gültigkeit, ob Gewinne ausgeschüttet oder einbehalten werden. Damit ist das bis 2000 praktizierte **Schütt-aus-hol-zurück-Verfahren**, das aufgrund eines geringeren, ermäßigten Körperschaftsteuersatzes bei Ausschüttung und eines höheren Satzes beim Einbehalten der Gewinne galt, für die Unternehmen unter diesem Aspekt steuerlich uninteressant geworden.

Als Bemessungsgrundlage für die Körperschaftsteuer gilt der um die Gewerbeertragsteuer verminderte Gewinn. Die **Gewerbertragsteuer** lässt sich – unter bestimmten Annahmen – ermitteln:

$$G_E = \frac{m \cdot 1}{1 + m \cdot h} \cdot E$$

G_E = Gewerbeertragsteuer
E = Gewerbeertrag vor Abzug der Gewerbesteuer
m = Steuermesszahl
h = Hebesatz

Beispiel

Bei einer Steuermesszahl von 5 % und einem Hebesatz von 300 % ergibt sich als Gewerbeertragsteuer:

$$G_E = \frac{m \cdot 1}{1 + m \cdot h} \cdot E = \frac{0,05 \cdot 3,0}{1 + 0,05 \cdot 3,0} \cdot E = \mathbf{0,1304 \cdot E}$$

Der **Nettobetrag**, der bei einem Gewinn vor Steuern in Höhe von 100 € zur **Selbstfinanzierung** zur Verfügung steht, beträgt:

Gewinn vor Steuern	100,00 €
- Gewerbeertragsteuer (13,04 %)	13,04 €
= Körperschaftsteuerpflichtiger Gewinn	86,96 €
- Körperschaftsteuer (15 %)	13,04 €
= Nettobetrag der Selbstfinanzierung	**73,92 €**

Bei einem Gewinn vor Steuern in Höhe von 100 € stehen für die Selbstfinanzierung demnach 73,92 € zur Verfügung.

Aufgabe 49 > Seite 205

1.3 Beurteilung

Unternehmen ohne Zugang zum organisierten Kapitalmarkt sind in erheblichem Maße auf die Selbstfinanzierung angewiesen. Unter der Voraussetzung, dass tatsächlich Gewinne erzielt wurden, ist sie jedoch für alle Rechtsformen steuerlich interessant.

Als **Vorteile** der Selbstfinanzierung sind z. B. die kostengünstige Beschaffung und Verwendung der finanziellen Mittel, keine Pflichten zur Rückzahlung und zur Stellung von Sicherheiten, verbesserte Kreditwürdigkeit zu nennen.

Es gibt aber auch **Nachteile**, die mit der Selbstfinanzierung verbunden sein können, z. B. Fehlinvestitionen als Folge der Unabhängigkeit, Möglichkeiten der Gewinnmanipulation und Rentabilitätsverschleierung.

2. Finanzierung aus Abschreibungsgegenwerten

Abschreibungen sind der Aufwand einer Abrechnungsperiode, der die Wertminderungen für materielle und immaterielle Gegenstände darstellt. **Wertminderungen** können hervorgerufen werden durch:

- technischen, natürlichen, ruhenden Verschleiß
- Entwertung aufgrund technischen Fortschritts
- Entwertung aufgrund von Bedarfsverschiebungen
- Entwertung aufgrund von Preisveränderungen.

Das Unternehmen kalkuliert Wertminderungen als Abschreibungen in seine Angebotspreise ein. Durch den Verkauf der Güter fließen Einzahlungen in das Unternehmen zurück, die auch die kalkulierten Abschreibungen des Unternehmens enthalten. Sie sind zu Finanzierungszwecken verwendbar.

Arten von Abschreibungen im Hinblick auf den Modus ihrer Verechnung können sein:

- **Direkte Abschreibung**, bei denen die Abschreibungsbeträge unmittelbar auf den entsprechenden Anlagekonten verbucht werden, und **indirekte Abschreibungen**, die unter Verwendung eines Wertberichtigungskontos vorgenommen werden, worauf die Abschreibungsbeträge gebucht werden.
- **Bilanzielle Abschreibungen**, die auf der Basis gesetzlicher Vorschriften (HGB, EStG) erfolgen und die Anschaffungs- und Herstellungskosten zur Grundlage haben, und **kalkulatorische Abschreibungen**, die der verursachungsgerechten Erfassung des Wertverzehrs dienen und in beliebiger Höhe gesetzt werden können.

Mithilfe der **Verfahren**, die der Abschreibung dienen, wird der Wertverzehr ermittelt, der einer Periode oder Leistungseinheit zugerechnet werden soll. Es gibt – siehe ausführlich *Olfert*:

- Die **lineare Abschreibung**, bei welcher der Basiswert eines Anlagegutes gleichmäßig auf die einzelnen Perioden seiner voraussichtlichen Nutzung verteilt wird.
- Die **degressive Abschreibung**, bei welcher der Basiswert eines Anlagegutes ungleichmäßig verteilt wird, indem die ersten Jahre stärker mit Abschreibungen belastet wer-

den als die letzten Jahre der voraussichtlichen Nutzung. Sie ist in verschiedenen Formen möglich.

▸ Die **leistungsbezogene Abschreibung**, bei welcher der Umfang der (ggf. unterschiedlichen) jährlichen Beanspruchung des Anlagegutes die Grundlage bildet und es damit zu erheblich variierenden Abrechungsbeträgen kommen kann.

Der Ansatz der Abschreibungen kann zwei **Effekte** bewirken. Das sind:

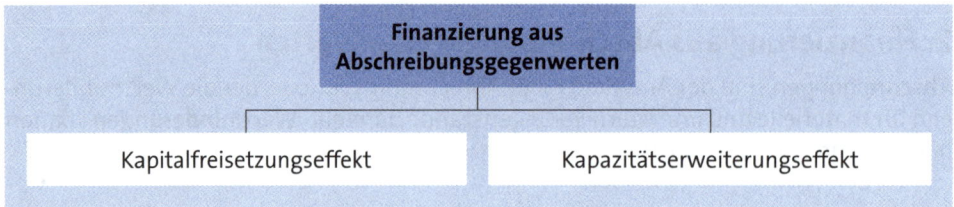

2.1 Kapitalfreisetzungseffekt

Bilanzielle Abschreibungen vermindern als Aufwand den auszuweisenden Periodengewinn, der um diesen Betrag nicht versteuert und auch nicht ausgewiesen wird.

Unter der Annahme, dass dem Unternehmen aufwandsgleiche bilanzielle Abschreibungen durch realisierte Verkaufserlöse wieder zufließen, kann davon ausgegangen werden, dass liquide Mittel in Höhe der Abschreibungen dem Unternehmen zufließen, wobei die Selbstkosten durch die Erlöse voll gedeckt sein müssen.

Die **Höhe der Abschreibungsgegenwerte** wird bestimmt durch:

▸ die **Wahl des Abschreibungsverfahrens**, das den Aufwand für die Abschreibungen auf einzelne Perioden verteilt, wie oben beschrieben (linear, degressiv, leistungsbezogen)

▸ die **Werte der Anlagegüter** als Abschreibungsgegenstände, die vorhanden sind und noch abschreibungsfähig sein müssen, um den Kapitalfreisetzungseffekt erbringen zu können.

Der Effekt der Kapitalfreisetzung sollte durch Erstellen eines **Abschreibungsplanes** vorbereitet bzw. abgesichert werden.

2.2 Kapazitätserweiterungseffekt

Der Kapazitätserweiterungseffekt ergibt sich, wenn die freigesetzten Abschreibungsgegenwerte sofort wieder reinvestiert, d. h. für Neuinvestitionen in gleichwertige Anlagen verwendet werden. Geschieht dies über mehrere Jahre hinweg, ist es (theoretisch) möglich, dass sich eine fast 100%ige Kapazitätserweiterung ergibt. Der Kapazitätserweiterungseffekt wird auch **Lohmann-Ruchti-Effekt** bzw. **Marx-Engels-Effekt** genannt.

Beispiel

Ein Unternehmen investiert in 10 Maschinen, die pro Maschine 1.000 Geldeinheiten kosten. Der Nutzungszeitraum der Maschinen beträgt 5 Jahre, danach werden sie ausgesondert. Die Abschreibungsgegenwerte werden, soweit sie die Kosten einer Neuanschaffung für eine Maschine erreichen, sofort in der nächsten Periode reinvestiert. Als Restbeträge darüber hinaus reichende Abschreibungsgegenwerte werden auf die jeweils nächste Periode übertragen.

Es ergibt sich folgende **Entwicklung**:

Jahre	Betriebsmittel			Abschreibung des laufenden Jahres	Freigesetzte Mittel		
	Zugang	Abgang	Bestand		ins-gesamt	Inves-titionen	Rest-beträge
1	10		10	2.000	2.000	2.000	0
2	2		12	2.400	2.400	2.000	400
3	2		14	2.800	3.200	3.000	200
4	3		17	3.400	3.600	3.000	600
5	3		20	4.000	4.600	4.000	600
6	4	10	14	2.800	3.400	3.000	400
7	3	2	15	3.000	3.400	3.000	400
8	3	2	16	3.200	3.600	3.000	600
9	3	3	16	3.200	3.800	3.000	800
10	3	3	16	3.200	4.000	4.000	0
11	4	4	16	3.200	3.200	3.000	200

Rechnerisch lässt sich ein **Kapazitätsmultiplikator** bestimmen, der abhängig ist vom Nutzungszeitraum (t) der Maschinen:

$$\text{Kapazitätsmultiplikator} = \frac{2}{1 + \frac{1}{t}}$$

Beispiel

Unter der Verwendung der Daten aus dem vorangegangenen Beispiel (10 Maschinen je 1.000 Geldeinheiten, Nutzungszeit je 5 Jahre) ergibt sich als Kapazitätsmultiplikator ein Wert, der dem tabellarisch ermittelten Wert (16 Maschinen = 1,6) recht nahekommt.

$$\text{Kapazitätsmultiplikator} = \frac{2}{1 + \frac{1}{5}} = \mathbf{1{,}66667}$$

Die Darstellung des Kapitalerweiterungseffekts ist **idealtypisch**, d. h. in der Praxis kaum in reiner Form zu finden. Vielmehr kann er verändert – insbesondere vermindert – werden durch:

- den Einsatz von Fremd- und/oder Eigenkapital, dessen Umfang bzw. Fristigkeit unterschiedlich ist
- den bei Kapazitätserweiterung wachsenden Kapitalbedarf für Umlaufvermögen, das zusätzlich finanzierbar sein muss
- die unrealistische Annahme, dass die Abschreibungen der tatsächlichen Abnutzung der Anlagegüter entsprechen
- die oft nicht gegebene Teilbarkeit der Anlagegüter, insbesondere bei Fertigung in mehreren Stufen
- die Annahme, dass technischer Fortschritt nicht gegeben sei, was für Fertigungsanlagen als unrealistisch anzusehen ist
- die Veränderung der zukünftigen Preise, die sowohl am Beschaffungsmarkt als auch beim Absatzmarkt möglich ist.

Dennoch ist unstrittig, dass ein Kapazitätserweiterungseffekt bei der beschriebenen Vorgehensweise grundsätzlich gegeben sein kann.

3. Finanzierung aus Rückstellungsgegenwerten

Rückstellungen sind Fremdkapital, das nach dem Grund, der Höhe und der Fälligkeit ungewiss ist und deren wirtschaftliche Verursachung in der abgelaufenen Rechnungsperiode liegt. Als **Ursachen** für die Bildung von Rückstellungen lassen sich aufführen (§ 249 HGB):

- ungewisse Verbindlichkeiten aus schwebenden Geschäften
- unterlassene Aufwendungen für Instandhaltung, die nachgeholt werden
- unterlassene im nächsten Geschäftsjahr nachzuholende Abraumbeseitigung
- ohne rechtliche Pflicht erbrachte Gewährleistungen
- Pensionen und Anwartschaft auf Pensionen.

Rückstellungen dürfen nur mit dem Betrag angesetzt werden, der nach vernünftiger kaufmännischer Beurteilung erforderlich ist. Liegt für sie keine **Rechtfertigung** mehr vor, müssen die betreffenden Rückstellungen aufgelöst werden, was eine Erhöhung des Ertrages zur Folge hat. Die Ertragserhöhung kann allerdings durch Bildung neuer Rückstellungen aufgefangen werden.

Möglich ist die Finanzierung durch Rückstellungswerte dadurch, dass der **Aufwand für die Rückstellungen sofort** verrechnet wird, die **Auszahlungen** aber **erst in späteren Perioden** erfolgen. Während des dazwischen liegenden Zeitraumes steht dem Unternehmen das Kapital, das für die Rückstellungen veranschlagt ist, zur Verfügung, sofern die Gegenwerte der Rückstellungen dem Unternehmen über den Umsatzprozess zugeflossen sind. Zudem entsteht durch die Bildung von Rückstellungen ein **Steuerstundungseffekt**.

Damit wird deutlich, dass die Fristigkeit der Rückstellungen die Möglichkeit ihrer vorteilhaften Nutzung für Finanzierungszwecke beeinflusst. Fristbezogen sind als Rückstellungen zu unterscheiden:

▸ **kurzfristige Rückstellungen**, z. B. für Steuern, Provisionen, Gratifikationen, Boni, Rabatte, unterlassene Instandhaltung und Abraumbeseitigung

▸ **mittelfristige Rückstellungen**, z. B. für drohende oder bereits schwebende Prozesse, Garantieverpflichtungen, wenn eine Inanspruchnahme erwartet wird

▸ **langfristige Rückstellungen**, z. B. für Pensionsrückstellungen, die aufgrund freiwillig oder vertraglich übernommener betrieblicher Ruhegeldverpflichtungen gegenüber Betriebsangehörigen.

Kurzfristige Rückstellungen sind nur sehr bedingt und mittelfristige Rückstellungen in begrenztem Maße für Finanzierungszwecke hilfreich. Als **geeignet** hierfür können dagegen die langfristigen Rückstellungen, und in besonderer Weise die Pensionsrückstellungen angesehen werden.

4. Finanzierung aus sonstigen Kapitalfreisetzungen

Die Finanzierung aus sonstigen Kapitalfreisetzungen ist eine weitere Form der Innenfinanzierung. Sie kann auf zwei **Arten** erfolgen, die sind:

▸ Die **Finanzierung aus Rationalisierung**, welche durch die Verringerung des Kapitaleinsatzes bei gleichbleibendem Produktions- und Umsatzvolumen bewirkt wird. Dadurch werden finanzielle Mittel freigesetzt, die für andere Zwecke verwendet werden können. Die Finanzierungsmaßnahmen können sowohl den güterwirtschaftlichen als auch der finanzwirtschaftlichen Bereich betreffen, z. B. als:

- Verringerung der Lagerbestände durch verbesserte Materialdisposition

- Verbesserung fer Fertigungsorganisation

- Verbesserung der Überwachung offener Forderungen

- Beschleunigung der Eintreibung von Forderungen.

▸ Die **Finanzierung aus Vermögensumschichtungen**, bei der sich der Liquiditätszustand von Vermögensteilen ändert, indem materielle oder immaterielle Vermögensteile in eine liquide Form überführt werden. Sie wird auch **Substitutionsfinanzierung** genannt, und ist z. B. möglich durch:

- den Verkauf nicht betriebsnotwendiger Maschinen

- den Verkauf von (langfristigen) Kapitalanlagen

- das Abstoßen nicht betriebsnotwendiger Vorräte

- die Inanspruchnahme von Factoring.

Die Veräußerung von Gegenständen des Anlage- und Umlaufvermögens kann **problematisch** sein, da sie ggf. für den Leistungsprozess benötigt werden und durch sie die Betriebsbereitschaft gefährdet wird.

Aufgabe 50 > Seite 205

Aufgabe 1:

Ordnen Sie folgende Bilanzpositionen einer Kapitalgesellschaft den Aktiva oder Passiva sowie dem Anlage- oder Umlaufvermögen bzw. dem Eigen- oder Fremdkapital zu:

Bilanzposition	Aktiva/Passiva	Eigen-/Fremd-kapital	Anlage-/Umlauf-vermögen
Gewinnrücklage Forderungen Bankverbindlichkeiten Finanzanlagen Rohstoffe Rückstellungen Technische Anlagen			

Lösung s. Seite 206

Aufgabe 2:

In einem Unternehmen können aufgrund von Erwartungshaltungen der Hausbank oder durch die Änderung der Gesellschafterstruktur geeignete Maßnahmen der Umfinanzierungen notwendig werden.

Welche weiteren Möglichkeiten als die bereits im Textteil genannten Beispiele hat das Unternehmen, Prolongation, Substitution und Transformation zu betreiben?

Lösung s. Seite 206

Aufgabe 3:

Ergänzen Sie die Finanzierungsmatrix um praktische Beispiele:

	Außenfinanzierung	Innenfinanzierung
Eigenfinanzierung		
Fremdfinanzierung		

Lösung s. Seite 206

Aufgabe 4:

Die Verwendung der einzelnen Instrumente des bargeldlosen Zahlungsverkehrs spielt im täglichen Geschehen sowohl im Privatbereich als auch im Unternehmensbereich eine oft unterschätzte Rolle.

Beurteilen Sie die Bedeutung des bargeldlosen Zahlungsverkehrs aus Sicht:

(1) des Zahlungspflichtigen bzw. des Zahlungsempfängers

(2) der Kreditinstitute

(3) der Gesamtwirtschaft

Lösung s. Seite 206

Aufgabe 5:

Der Lastschriftverkehr und der Überweisungsverkehr sind dominierende bargeldlose Zahlungsverkehrsformen in Deutschland und daher für die Abwicklung von Zahlungsvorgängen von besonderer Bedeutung.

▶ Zeigen Sie Unterschiede zwischen dem Dauerauftrag und dem Einzugsermächtigungsverfahren auf!

▶ Für welche Praxisanwendungen eignen sich diese Formen des Zahlungsverkehrs?

Lösung s. Seite 207

Aufgabe 6:

Sie haben mehrere verschiedene Schecks zur Zahlung einer Forderung ihres Unternehmens vorgelegt bekommen und sollen diese Schecks auf ihre rechtliche Wirksamkeit hin überprüfen.

(1) Nennen Sie daher mindestens vier der sechs gesetzlichen Bestandteile eines Schecks!

(2) Zeigen Sie die Unterschiede zwischen den vorliegenden Bar- und Verrechnungsschecks sowie Inhaber- und Orderschecks auf!

Lösung s. Seite 207

Aufgabe 7:

Der Lieferant A hat einen neuen Kunden B, der eine Zahlungsfrist von 90 Tagen eingeräumt haben möchte. Diesem schickt er mit der Ware eine Rechnung, der eine Tratte beigelegt ist. B akzeptiert den Wechsel und sendet ihn an A zurück.

▶ Welche Möglichkeiten hat A nun, mit diesem Wechsel zu verfahren?

▶ Welche Funktionen erfüllt der Wechsel bei den verschiedenen Verfahrensmöglichkeiten?

Lösung s. Seite 207

Aufgabe 8:

Zeigen Sie die wesentlichen Unterschiede auf zwischen:

(1) Electronic Cash und Electronic Banking

(2) Scheckkarte und Kreditkarte

(3) Lorokonto und Nostrokonto

(4) Konnossement und Frachtbrief

(5) Dokumenteninkasso und Dokumentenakkreditiv

Lösung s. Seite 208

Aufgabe 9:

Erläutern Sie, was unter folgenden Begriffen zu verstehen ist:

- ► Finanzwirtschaft(licher Bereich)
- ► Kapital
- ► abstraktes Kapital
- ► konkretes Kapital
- ► Vermögen
- ► Anlagevermögen
- ► Umlaufvermögen
- ► Geld
- ► Zahlungsstrom
- ► Auszahlungen/Einzahlungen
- ► Ausgaben/Einnahmen
- ► Aufwand/Ertrag
- ► Investition
- ► Sachinvestition
- ► Finanzinvestition
- ► Finanzierung aus Abschreibungs-
  gegenwerten
- ► Finanzierung aus sonstigen
  Kapitalfreisetzungen
- ► Außenfinanzierung
- ► Innenfinanzierung
- ► Zahlungsverkehr
- ► Zahlungsmittel

- ► Überweisung(sverkehr)
- ► Lastschrift(verkehr)
- ► Scheck(verkehr)
- ► Inhaber-/Orderscheck
- ► immaterielle Investition
- ► Bruttoinvestition
- ► Finanzierung
- ► Substitution
- ► Transformation
- ► Eigenkapital
- ► Fremdkapital
- ► Beteiligungsfinanzierung
- ► Selbstfinanzierung
- ► Fremdfinanzierung
- ► Finanzierung aus Rückstellungs-
  gegenwerten
- ► Wechsel(verkehr)
- ► Order(papier)
- ► Akzept
- ► Wechselprotest
- ► Wechselprozess
- ► Electronic Cash
- ► Auslandszahlungsverkehr

- Barzahlungsverkehr
- Dokumenteninkasso
- halbbarer Zahlungsverkehr
- Dokumentenakkredit
- bargeldloser Zahlungsverkehr

Lösung s. MiniLex Seite 229 ff.

Aufgabe 10:

Sie wollen anhand des im Textteil auf S. 47 aufgeführten Beispiels ihrem Eigenkapitalgeber zu einer höheren Eigenkapitalrentabilität verhelfen. Diese Verhaltensweise birgt aber auch ein Leverage-Risiko.

Zeigen Sie dieses Risiko für den Fall eines möglichen Gewinneinbruchs auf 5 % auf!

Lösung s. Seite 209

Aufgabe 11:

Drei Unternehmen aus einer Branche weisen folgende Zahlen auf:

Unternehmen	A	B	C
Gewinn	40	50	36
Bilanzsumme	200	500	360
Umsatz	400	500	720

- Errechnen Sie die Umsatzrentabilität und die Kapitalumschlagshäufigkeit!
- Schlagen Sie geeignete Maßnahmen zur Verbesserung des RoI vor! Gehen Sie aufgrund von verteilten Märkten von konstanten, also nicht steigerbaren Umsätzen aus!

Lösung s. Seite 209

Aufgabe 12:

Die Erhaltung des finanziellen Gleichgewichtes ist für das Fortbestehen des Unternehmens von entscheidender Bedeutung. Zahlungsunfähigkeit ist ein Insolvenzgrund.

Zeigen Sie die Unterschiede zwischen unterschiedlichen Liquiditätszuständen und Liquiditätsausprägungen auf:

(1) absolute und relative Liquidität

(2) natürliche und künstliche Liquidität

(3) dynamische und statische Liquidität

(4) Unter- und Überliquidität.

Lösung s. Seite 210

Aufgabe 13:

Die Erfüllung des Oberzieles Rentabilität konkurriert mit Zielsetzungen der Liquidität, Sicherheit und Unabhängigkeit.

(1) Zeigen Sie grafisch die Zielkonflikte zwischen Rentabilität und den Nebenbedingungen Liquidität und Sicherheit!

(2) Belegen Sie diese Zielkonflikte jeweils mit einem praktischen Beispiel!

Lösung s. Seite 210

Aufgabe 14:

AKTIVA		Bilanz zum 31.12.2013		PASSIVA
Anlagevermögen			Eigenkapital	
Sachanlagen	15.000 €		Gezeichnetes Kapital	8.000 €
Finanzanlagen	2.500 €		Gewinn	1.000 €
Umlaufvermögen			Fremdkapital	
Vorräte	5.500 €		Langfristige Bankdarlehen	7.000 €
Forderungen	3.000 €		Kurzfristige Bankdarlehen	9.500 €
Bankguthaben	1.500 €		Kurzfristige Verbindlich-	
Kasse	500 €		keiten Warenlieferungen	2.500 €
Summe	**28.000 €**			**28.000 €**

Weitere Informationen:

Umsatzerlöse	30.000 €	Bestände am 31.12.2012	
Abschreibungen auf		des Umlaufvermögens	9.000 €
Sachanlagen	750 €	der Sachanlagen	13.500 €
		der Finanzanlagen	2.500 €
		der Forderungen	2.800 €

Errechnen Sie aus den vorgegebenen Informationen folgende Kennzahlen:

- ▸ Vermögenskonstitution
- ▸ Anlageintensität
- ▸ Umlaufintensität
- ▸ Anlagenutzung
- ▸ Umschlagshäufigkeit des Anlagevermögens
- ▸ Investitionsquote
- ▸ Investitionsdeckung
- ▸ Abschreibungsquote
- ▸ Vorratshaltung
- ▸ Laufzeit der Forderungen

- ▸ Eigenkapitalquote
- ▸ Anspannungskoeffizient
- ▸ Verschuldungsgrad
- ▸ Liquidität ersten Grades
- ▸ Liquidität zweiten Grades
- ▸ Liquidität dritten Grades
- ▸ Deckungsgrad A
- ▸ Deckungsgrad B
- ▸ Deckungsgrad C
- ▸ Working capital

Lösung s. Seite 211

Aufgabe 15:

(1) Errechnen Sie aus folgenden Daten den Cashflow und geben Sie Verwendungsmöglichkeiten an! Die Bilanz weist einen Gewinn von 4 Mio. € aus, wobei ein Verlustvortrag aus der Vorperiode von 0,4 Mio. € besteht. Aufgelöst wurden 1,5 Mio. € Rücklagen. An Abschreibungsvolumen ergab sich 0,8 Mio. €. Rückstellungen wurden in Höhe von 0,6 Mio € gebildet.

(2) Sie wollen Ihren Liquiditätszustand anhand der statischen Liquiditätsgrade messen. Beurteilen Sie deren Aussagekraft!

Lösung s. Seite 212

Aufgabe 16:

Sie sind bei einem Unternehmen beschäftigt, das Kopiergeräte in vier Fertigungsschritten herstellt, die jeweils einen Tag dauern.

▸ Entwerfen Sie beispielhafte Produktionsprozesse, die den Unterschied der gleichzeitigen und der zeitlich gestaffelten Prozessanordnung bei der Produktion dieser Kopiergeräte deutlich machen!

▸ Zeigen Sie anhand dieses Beispiels die unterschiedliche Entwicklung des Kapitalbedarfes!

Lösung s. Seite 212

Aufgabe 17:

Errechnen Sie den Umlaufkapitalbedarf nach der kumulativen und der elektiven Methode mit den Zahlen aus dem Beispiel von S. 70 unter der Berücksichtigung folgender Änderungen:

Fertigungssynchrone Anlieferung spart 50 % der Rohstofflagerungszeit ein, dafür verkürzt sich aber auch die Möglichkeit der Ausnutzung von Lieferantenzielen auf 5 Tage. Das Kundenziel halbiert sich, wodurch sich die Lagerung von Fertigerzeugnissen um 5 Tage erhöht. Zudem steigen die Gemeinkosten und die Löhne um 10 %.

Lösung s. Seite 213

Aufgabe 18:

Ein Unternehmen hat zum Zwecke der Liquiditätsvorschau den auf S. 72 f. dargestellten Plan mit prognostizierten Einzahlungen und Auszahlungen aufgestellt.

(1) Welche Rückschlüsse sind aus dem Plan für die finanzwirtschaftliche Führung zu ziehen?

(2) In welcher Weise ist der Finanzabteilung zu empfehlen, auf diese Zahlen zu reagieren?

Lösung s. Seite 214

Aufgabe 19:

Erläutern Sie, was unter folgenden Begriffen zu verstehen ist:

- finanzwirtschaftliche Führung
- finanzwirtschaftliche Ziele
- Rentabilität
- Eigenkapitalrentabilität
- Leverage Effekt
- Return on Investment
- Liquidität
- relative Liquidität
- Sicherheit
- Unabhängigkeit
- Investitionsanalyse
- Finanzierungsanalyse
- vertikale Finanzierungsregeln
- Bilanzkurs
- Liquiditätsanalyse
- kurzfristige statische Liquiditätsanalyse
- langfristige statische Liquiditätsanalyse

- horizontale Finanzierungsregeln
- dynamische Liquidätsanalyse
- Cashflow
- Bewegungsbilanz
- Kapitalflussrechnung
- Finanzplan
- Finanzplanung
- Kapitalbedarf
- Prozessanordnung
- Nutzungsgrad
- Prozessgeschwindigkeit
- Kapitalbedarfsrechnung
- Anschaffungskosten
- Anlagekapitalbedarf
- Umlaufkapitalbedarf
- Kapitalstruktur
- Kapitalkosten
- Finanzdisposition
- finanzwirtschaftliches Controlling

Lösung s. MiniLex Seite 229 ff.

Aufgabe 20:

(1) Zeigen Sie anhand geeigneter Kriterien die wichtigsten Unterschiede zwischen Fremd- und Eigenkapital auf!

(2) Welche unterschiedlichen Märkte, die den Unternehmen für Kreditfinanzierungen grundsätzlich zur Verfügung stehen, lassen sich nennen und worin unterscheiden sie sich?

(3) Nennen Sie weitere Möglichkeiten der Fremdkapitalaufnahme, die außerhalb der Märkte für Kreditfinanzierungen erfolgen können!

Lösung s. Seite 214

Aufgabe 21:

Sie haben für einen Bankkredit notwendigerweise Sicherheiten zu stellen. Dabei kann die Bank unterschiedliche Sicherheiten verlangen. Zeigen Sie die Unterschiede auf, die mit den folgenden Sicherheiten verbunden sind:

(1) gewöhnlicher Bürgschaft und selbstschuldnerischer Bürgschaft

(2) Rückbürgschaft und Nachbürgschaft

(3) Bürgschaft und Garantie

(4) Anzahlungs- und Bietungsgarantie

(5) Patronatserklärung und Negativerklärung.

Lösung s. Seite 215

Aufgabe 22:

Sie haben im Unternehmen 30 neuwertige Kopiergeräte. Diese sollen als Sicherheit für einen Bankkredit verwendet werden.

(1) Für welche Sicherheit würden Sie sich entscheiden, wenn Sie das Wahlrecht zwischen dem Pfandrecht und der Sicherungsübereignung hätten?

(2) Zeigen Sie die wesentlichen Unterschiede auf, durch welche diese Realsicherheiten charakterisiert sind.

Lösung s. Seite 215

Aufgabe 23:

Ein Grundstück ist mit mehreren Grundpfandrechten belastet. Das Grundbuch zeigt folgende Daten:

- Grundschuld über 150.000 € vom 06.06.2013
- Grundschuld über 50.000 € vom 11.06.2013
- Grundschuld über 20.000 € vom 02.07.2013

Der Gläubiger der Grundschuld über 150.000 € betreibt die Zwangsvollstreckung, die 180.000 € erbringt. Welchen Betrag erhalten die Gläubiger aus dem notleidend gewordenen Kredit?

Lösung s. Seite 216

Aufgabe 24:

Ein Unternehmen plant den Bau einer neuen Lagerhalle. Das Investitionsvorhaben soll eine Million € betragen. Das Unternehmen erwartet die Aufstellung eines Zins- und Tilgungsplanes für ein Annuitätendarlehen.

Folgende Konditionen sind hierbei zu Grunde zu legen:

► Zins p. a. 7 %
► Laufzeit 5 Jahre.

Errechnen Sie die jährliche Annuität und stellen Sie einen entsprechenden Zins- und Tilgungsplan auf!

Lösung s. Seite 216

Aufgabe 25:

Von einer Bank bekommen Sie das Angebot, die Lagerhalle aus Aufgabe 24 in Form eines Abzahlungsdarlehens finanzieren zu können.

Errechnen Sie für das Beispiel aus Aufgabe 24 die unterschiedlich hohen, jährlichen Rückzahlungsbeträge und stellen Sie den von der Annuitätenmethode abweichenden Zins- und Tilgungsplan auf!

Lösung s. Seite 216

Aufgabe 26:

Eine Bank gewährt dem Unternehmen ein langfristiges Darlehen mit folgenden Konditionen:

► Nominalzins 9 %
► Damnum 10 %
► Gesamtlaufzeit 20 Jahre.

Die Bank bietet zudem unterschiedliche Tilgungsmodelle an. Errechnen Sie die unterschiedlichen Effektivzinssätze für eine Darlehenstilgung in jährlich gleich hohen Raten und für eine Tilgung in gleich hohen Raten mit einer tilgungsfreien Zeit von drei Jahren!

Lösung s. Seite 217

Aufgabe 27:

Ein Unternehmen begibt zur langfristigen Finanzierung eine Anleihe. Deren Nominalzinssatz beträgt 10 %. Der Emissionskurs ist auf 97 € und der Rückzahlungskurs auf 100 € festgelegt. Die Laufzeit der Anleihe ist 10 Jahre.

Welche Effektivverzinsung bringt diese Anleihe einem potenziellen Anleger?

Lösung s. Seite 217

Aufgabe 28:

Die finanzmathematische Formel für die Aufzinsung lautet:

$$K_n = K_0 \cdot q^n$$

Dabei stellt K_n den zukünftigen Betrag, K_0 den heutigen Betrag (Barwert), q den Zins (1+i) und n die Laufzeit in Jahren dar.

Eine Nullkuponanleihe wird heute mit 48 € (K_0) begeben und in 10 Jahren zu 100 € (K_n) zurückgezahlt. Errechnen Sie die Rentabilität der Anleihe, indem Sie obige Aufzinsungsformel nach q auflösen.

Lösung s. Seite 218

Aufgabe 29:

Ein Unternehmen bekommt Ware für 1.000 € geliefert, wobei der Lieferant auf seiner Rechnung ein Zahlungsziel einräumt. Der Preis für die Ware ist mit 2,5 % Skonto bei einer Zahlung innerhalb von 5 Tagen, sonst rein netto innerhalb von 30 Tagen zu entrichten.

Welche Entscheidung sollte das Unternehmen treffen und wie würde die Entscheidung lauten, wenn das Zahlungsziel auf 180 Tage verlängert würde?

Lösung s. Seite 218

Aufgabe 30:

Ein Unternehmen möchte einen Kontokorrentkredit bei einem Kreditinstitut eingeräumt bekommen, um die im Rahmen der Lieferantenkredite angebotenen Skonti ausnutzen zu können.

Vergleichen Sie den Lieferantenkredit und Kontokorrentkredit anhand der Kriterien:

- ▸ Rentabilität
- ▸ Sicherheit
- ▸ Liquidität
- ▸ Erhältlichkeit
- ▸ Unabhängigkeit.

Lösung s. Seite 219

Aufgabe 31:

Eine Brauerei bezieht am 12. März von einem Bierdosenhersteller 1 Million Dosen für 100.000 €. In der Branche üblich ist ein Zahlungsziel von 60 Tagen. Am gleichen Tag zieht der Bierdosenhersteller auf die Brauerei einen Wechsel, der am 12. Mai an eigene Order zahlbar ist. Die Brauerei akzeptiert den Wechsel und schickt ihn an den Bierdosenhersteller zurück.

(1) Welche verschiedenen Verwendungsmöglichkeiten hat der Bierdosenhersteller für diesen Wechsel?

(2) Der Bierdosenhersteller benötigt umgehend Liquidität. Deswegen reicht er den Wechsel am 18. März bei seiner Hausbank zum Diskont ein.

60-Tage-Interbankensatz: 2,5 %

Kreditmarge des Bierdosenherstellers: 3 %

Diskontspesen pro Wechsel: 5 €

Welchen Betrag bekommt der Bierdosenhersteller von der Hausbank gutgeschrieben, wenn die Restlaufzeit des Wechsels taggenau (actual/360) berechnet wird?

(3) Welche Effektivverzinsung weist dieser Wechseldiskontkredit auf?

Lösung s. Seite 220

Aufgabe 32:

(1) Die Bilanz eines Unternehmens weist Wertpapiere (2 Mio. € Bundesanleihen, 1,5 Mio. € Aktien bester Bonität) sowie Waren im Umlaufvermögen in Höhe von 3 Mio. € aus. Welches kurzfristige Liquiditätsvolumen könnte sich durch einen Lombardkredit ergeben?

(2) Was ist dem Akzeptkredit und dem Avalkredit gemeinsam, was unterscheidet sie?

Lösung s. Seite 220

Aufgabe 33:

Ein Unternehmen möchte eine Zinsobergrenze für einen variabel zu verzinsenden Millionenkredit eingeräumt bekommen. Deswegen entschließt es sich mit seiner Hausbank als Mittler zu einem Cap-Kauf. Allerdings fallen hierfür sehr hohe Prämien an.

Welche Handlungsmöglichkeiten bestehen in dieser Situation?

Lösung s. Seite 221

Aufgabe 34:

Ein Unternehmen möchte seine monatlichen Umsätze von 1,5 Mio. € an ein Factoringinstitut verkaufen. Das durchschnittliche Zahlungsziel beträgt 30 Tage. Das Factoringinstitut bietet folgende Konditionen an:

- Dienstleistungsgebühr 1,5 % vom Umsatz
- Delkrederegebühr 0,5 % vom Umsatz
- Zinsen 7,0 % p. a.

Mit welchen Kosten müsste das Unternehmen im Monat für das Factoring rechnen, und welche Einsparungseffekte sind diesen Kosten gegenüber zu stellen?

Lösung s. Seite 221

Aufgabe 35:

AKTIVA		Bilanz zum 10.12.2013	PASSIVA
Anlagevermögen	13.000 €	Eigenkapital	8.000 €
Umlaufvermögen		Fremdkapital	
Vorräte	2.500 €	Langfristige Bankdarlehen	5.000 €
Forderungen	1.000 €	Kurzfristige Bankdarlehen	9.500 €
Bankguthaben	7.500 €	Kurzfristige Verbindlich-	
Kasse	500 €	keiten Warenlieferungen	2.000 €
Summe	24.500 €		24.500 €

Ein Unternehmen weist oben stehende Bilanz kurz vor dem Bilanzstichtag aus. Zur Verbesserung der Bilanzoptik soll kurzzeitig unechtes Factoring mit 7.000 € Forderungen (ohne Rückhalt auf einem Sperrkonto) über den Bilanzstichtag zum 31.12.2013 zu einer Verbesserung der Eigenkapitalquote durchgeführt werden. Welche Kennzahlgrößen ergeben sich?

Lösung s. Seite 222

Aufgabe 36:

Ein Unternehmen möchte eine Investition in eine Maschine entweder über ein Leasing-Modell oder eine Kreditfinanzierung realisieren. Vergleichen Sie die jährlichen und die gesamthaften Liquiditätsauswirkungen!

Folgende Daten sind gegeben:

Kosten der Maschine: 600.000 €
Nutzungszeit: 6 Jahre

Kredit
Kreditsumme: 600.000 €
Kreditlaufzeit: 6 Jahre
Kreditzinsen: 8 %
Kredittilgung: 6 gleiche Raten

Leasing
Grundmietzeit: 4 Jahre
Abschlussgebühr: 10 %
Leasing-Raten pro Monat: 3 %
Anschlussmiete pro Jahr: 15.000 €

Lösung s. Seite 223

Aufgabe 37:

Erläutern Sie, was unter folgenden Begriffen zu verstehen ist:

- Kreditfinanzierung
- Fremdkapital
- Kreditantrag
- Kreditwürdigkeitsprüfung
- Kreditzusage
- Auskunftei/Bankauskunft
- SCHUFA
- Kreditfähigkeit
- Baseler Akkord
- Rating
- Sicherheit
- Blankokredit
- Personalsicherheit
- Realsicherheit
- Eigentumsvorbehalt
- Pfandrecht
- Sicherheitsübereignung
- Forderungsabtretung
- Grundpfandrecht
- Gesellschafterdarlehen
- Damnum
- Annuität
- Annuitätendarlehen
- Abzahlungsdarlehen
- Festdarlehen
- Effektivverzinsung
- Anleihe
- Negativklausel

- Selbstemission/Fremdemission
- Auslosung
- Rückkauf
- Deckungsstockfähigkeit
- Mündelsicherheit
- Schuldscheindarlehen
- Kreditgarantiegemeinschaft
- Handelskredit
- Kontokorrentkredit
- Wechseldiskontkredit
- Lombardkredit
- Kreditleihe
- Eurogeldmarkt
- Eurokreditmarkt
- Eurokapitalmarkt
- Swap
- Cap
- Future
- Factoring
- Delkrederefunktion
- Dienstleistungsfunktion
- Finanzierungsfunktion
- Forfaitierung
- Asset-Backed-Securities
- Securitization
- Leasing
- Grundmietzeit

Lösung s. MiniLex Seite 229 ff.

Aufgabe 38:

Das Eigenkapital einer OHG in Höhe von 250.000 € verteilt sich auf zwei Gesellschafter wie folgt:

- Gesellschafter A: 150.000 €
- Gesellschafter B: 100.000 €

Die OHG hat aufgrund ihrer Geschäftstätigkeit stille Reserven in Höhe von 50.000 € gebildet.

Welche Wirkung hätte der Beschluss, dass beide Gesellschafter je 50.000 € Erhöhungskapital in die OHG einzubringen haben?

Lösung s. Seite 223

Aufgabe 39:

Zeigen Sie die wichtigsten Unterschiede zwischen den Personengesellschaften OHG und KG sowie der GmbH als einer Kapitalgesellschaft auf! Verwenden Sie hierzu als Vergleichskriterien:

- Geschäftsführung/Vertretung
- Kapitalzuführung
- Gewinnverteilung
- Haftung
- Organe.

Lösung s. Seite 224

Aufgabe 40:

Ergänzen Sie die Tabelle mit den jeweilig zugehörigen Aktienarten:

Kriterium	Art der Aktien	
Unterschiedliche Wertbezeichnung		
Unterschiedliche Übertragungsmöglichkeiten		
Unterschiedliche Eigentümerrechte		
Unterschiedlicher Ausgabezeitpunkt		

Lösung s. Seite 224

Aufgabe 41:

Folgende Kaufaufträge und Verkaufsaufträge liegen vor. Ermitteln Sie den Einheitskurs:

Kaufaufträge	Kurs	Verkaufsaufträge	Kurs
100 Stück	billigst	120 Stück	bestens
220 Stück	224 €	80 Stück	220 €
260 Stück	223 €	200 Stück	222 €
200 Stück	222 €	340 Stück	223 €
350 Stück	221 €	550 Stück	224 €
400 Stück	220 €		

Lösung s. Seite 224

Aufgabe 42:

Ein Unternehmen hat zwei Gesellschafter mit einem Anteil von 150.000 € und 100.000 €. Diese beschließen aufgrund der Unternehmensexpansion, einen neuen Gesellschafter aufzunehmen und gleichzeitig eine Erhöhung des Eigenkapitals mit einer Einlage von 100.000 € durch den neuen Gesellschafter vorzunehmen.

Welche Auswirkungen hat dieses Vorgehen auf die bisher gebildeten Reserven?

Lösung s. Seite 225

Aufgabe 43:

► Ein Unternehmen möchte sein gezeichnetes Kapital um 20 % erhöhen. Welches Bezugsverhältnis ergibt sich?

► Errechnen Sie zudem den Wert des Bezugsrechtes, wenn außerdem folgende Daten gegeben sind:

Börsenkurs der alten Aktie: 230,- €; Bezugskurs der neuen Aktie: 200,- €

Lösung s. Seite 225

Aufgabe 44:

Die Daten zur Ausgabe der jungen Aktien aus Aufgabe 43 behalten ihre Gültigkeit.

Als weitere Information steht zur Verfügung, dass die Aktien einen Nennwert von 50 € haben und eine Dividende von 24 % auf die alten Aktien ausgeschüttet wird. Die jungen Aktien haben allerdings nur eine Dividendenberechtigung für zehn Monate des Geschäftsjahres.

Wie hoch ist der rechnerische Wert des Bezugsrechts unter Berücksichtigung des Dividendennachteils?

Lösung s. Seite 226

Aufgabe 45:

Zeigen Sie die Unterschiede zwischen Kapitalerhöhung und Kapitalherabsetzung auf!

Nennen Sie jeweils drei Gründe für Kapitalerhöhungen und für Kapitalherabsetzungen in Bezug auf Personengesellschaften, GmbH und AG.

Lösung s. Seite 226

Aufgabe 46:

Zeigen Sie die Unterschiede auf zwischen:

(1) Umwandlung mit Liquidation und ohne Liquidation

(2) übertragender und formwechselnder Liquidation

(3) horizontaler, vertikaler und lateraler Fusionen

(4) materieller Liquidation und formeller Liquidation.

Lösung s. Seite 227

Aufgabe 47:

Sie sollen einen Freund hinsichtlich einer Anlageentscheidung beraten, wobei hier als Alternativen der Erwerb von Vorzugsaktien, Gewinnschuldverschreibungen oder Wandelschuldverschreibungen bestehen.

Vergleichen Sie diese Wertpapiere anhand folgender Kriterien:

- ► Laufzeit
- ► Verzinsung
- ► Inhaberrechte
- ► Verlust- bzw. Insovenzfall.

Lösung s. Seite 228

Aufgabe 48:

Erläutern Sie, was unter folgenden Begriffen zu verstehen ist:

- ► Beteiligungsfinanzierung
- ► Personengesellschaft
- ► Kapitalgesellschaft
- ► Einzelunternehmen
- ► Partnergesellschaft
- ► Genossenschaft

- ► Aktienarten
- ► Kassamarkt
- ► Terminmarkt
- ► Freiverkehr
- ► Aktienkurs
- ► Kommanditgesellschaft auf Aktien

- Offene Handelsgesellschaft
- Stille Gesellschaft
- Kommanditgesellschaft
- Gesellschaft des bürgerlichen Rechts
- Gesellschaft mit beschränkter Haftung
- Reingewinn
- Haftungsbeschränkte Unternehmergesellschaft
- Aktiengesellschaft
- Hauptversammlung
- Aufsichtsrat
- Aktie

- Gründung
- Kapitalerhöhung
- Bezugsrecht
- Kapitalherabsetzung
- Umwandlung
- Fusion
- Liquidation
- Mezzanine
- Wandlungsschuldverschreibung
- Optionsanleihe
- Gewinnschuldverschreibung
- Genussschein

Lösung s. MiniLex Seite 229 ff.

Aufgabe 49:

Zeigen Sie die Unterschiede zwischen stiller und offener Selbstfinanzierung auf!

Lösung s. Seite 228

Aufgabe 50:

Erläutern Sie, was unter folgenden Begriffen zu verstehen ist:

- Innenfinanzierung
- Desinvestition
- Selbstfinanzierung
- Kapitalrücklage
- Gewinnrücklage
- Finanzierung aus Abschreibungs- gegenwerten
- Abschreibungen

- Kapazitätsfreisetzungseffekt
- Kapazitätserweiterungseffekt
- Finanzierung aus Rückstellungs- gegenwerten
- Rückstellung
- Pensionsrückstellungen
- Finanzierung aus sonstigen Kapitalfreisetzungen

Lösung s. MiniLex Seite 229 ff.

Lösung zu 1:

Bilanzposition	Aktiva/Passiva	Anlage-/Umlaufvermögen Eigen-/Fremdkapital
Gewinnrücklage	Passiva	Eigenkapital
Forderungen	Aktiva	Umlaufvermögen
Bankverbindlichkeiten	Passiva	Fremdkapital
Finanzanlagen	Aktiva	Anlagevermögen
Rohstoffe	Aktiva	Umlaufvermögen
Rückstellungen	Passiva	Fremdkapital
Technische Anlagen	Aktiva	Anlagevermögen

Lösung zu 2:

▶ **Prolongation:** Verlängerung der Laufzeit eines Wechsels oder die verlängerte Gewährung eines Gesellschafterdarlehens

▶ **Substitution:** Ersatz eines alten durch einen neuen Gesellschafter

▶ **Transformation:** Aufnahme eines Bankkredits nach dem Ausscheiden eines Gesellschafters oder die Umwandlung eines Bankdarlehens in eine Kapitalbeteiligung

Lösung zu 3:

	Außenfinanzierung	Innenfinanzierung
Eigenfinanzierung	Beteiligungsfinanzierung	Gewinnthesaurierung
Fremdfinanzierung	Kreditfinanzierung	Pensionsrückstellungen

Lösung zu 4:

(1) Aus Sicht der **Zahlungspflichtigen** und **Zahlungsempfänger** stellen bargeldlose Zahlungen ein bequeme, schnelle und sichere Form der Zahlung dar, die den Zahlungsverkehr erheblich vereinfachen. Die Verringerung der Bargeldhaltung reduziert zudem das Verlust-, Diebstahl- und Unterschlagungsrisiko.

(2) Aus Sicht der beteiligten **Kreditinstitute** entstehen Sichteinlagen, welche die Möglichkeit der Kreditgewährung durch Giralgeldschöpfung bieten sowie Wertstellungserträge erbringen. Allerdings stellt der Zahlungsverkehr einen bedeutenden Kostenverursacher innerhalb der Kreditwirtschaft dar.

(3) Aus Sicht der **Gesamtwirtschaft** garantiert der bargeldlose Zahlungsverkehr die rationelle, für eine funktionierende Wirtschaft notwendige Abwicklungsmöglichkeit von massenhaften Zahlungsvorgängen. Zudem erbringen die Sichteinlagen bei Kreditinstituten die Voraussetzung für die Kreditschöpfung.

Lösung zu 5:

Überweisung per Dauerauftrag	Lastschrift nach Einzugsermächtigung
Stets gleicher Empfänger	Stets gleicher Empfänger
Stets gleiches Konto	Stets gleiches Konto
Stets gleicher Betrag	Sich ändernder oder gleicher Betrag
Regelmäßig wiederkehrende Termine	Sich ändernde oder auch regelmäßige Termine
Vom Zahlungspflichtigen ausgehend	Der Zahlungsempfänger ist Auslöser der Zahlung
Beispiele: Miete, Vereinsbeitrag	**Beispiele:** Telefonrechnung, Stromrechnung

Lösung zu 6:

(1) Der Scheck hat als **gesetzliche Bestandteile**: Die Bezeichnung „Scheck" im Text der Urkunde, eine unbedingte Anweisung zur Zahlung einer Geldsumme, die Angabe des bezogenen Kreditinstituts, des Zahlungsorts, des Tages und Ortes der Ausstellung sowie die Unterschrift des Ausstellers.

(2) Der **Barscheck** ermöglicht eine Bargeldauszahlung der Schecksumme. Der **Verrechnungsscheck** schließt mit dem Vermerk *„Nur zur Verrechnung"* eine Barauszahlung aus und kann nur über ein Konto eingelöst werden. Der Barscheck hat Vorteile wegen der Zahlungsmöglichkeit auch an Nichtkontoinhaber. Der Verrechnungsscheck bietet höhere Sicherheit und die Möglichkeit der Zurückverfolgung des Einzugweges.

Orderschecks werden in der Praxis durch die Klausel *„oder Order"* gekennzeichnet und erfordern bei der Übertragung ein Indossament (Angabe der Person, die den Orderscheck erhalten soll: *„Zahlen Sie an die Order von ..."*). Vorteilhaft ist die erhöhte Sicherheit des Übertrags, die Nachprüfbarkeit der Legitimation des Scheckvorlegers.

Inhaberschecks können formlos ohne Indossament übergeben werden und sind an den Vorleger zahlbar. Durch die Überbringerklausel *„oder Überbringer"* wird aus dem Scheck, der ein geborenes Orderpapier ist, ein Inhaberpapier.

Lösung zu 7:

Der Lieferant A hat folgende Möglichkeiten, diesen Wechsel zu verwenden:

(1) Er kann den Wechsel im eigenen Portefeuille aufbewahren oder dies auch von einem Kreditinstitut besorgen lassen. Nach Ablauf der Wechsellaufzeit erfolgt ein Inkasso. Hier übernimmt der Wechsel insbesondere eine **Funktion der Sicherung** der Zielzahlung eines Kunden durch die Wechselstrenge.

(2) Der Lieferant A könnte den Wechsel auch zur Zahlung eigener Verbindlichkeiten aus Lieferung und Leistung nutzen. Mit der Weitergabe des Wechsels entsteht eine **Zahlungsmittelfunktion**.

(3) Es besteht aber auch die Möglichkeit, den Wechsel vor seiner Fälligkeit bei einem Kreditinstitut zum Diskont einzureichen. Damit erhält der Lieferant A vorzeitig Liquidität in Form eines Wechseldiskontkredits, wodurch der Wechsel eine **Kreditfunktion** ausübt.

(4) Denkbar in wenigen Fällen wäre auch, dass der Wechsel als **Sicherheit** verwandt wird. Nähme z. B. der Lieferant einen Lombardkredit bei einem Kreditinstitut auf, könnte unter Umständen der Wechsel als Sicherheit hinterlegt werden.

Lösung zu 8:

(1) **Electronic Cash** = Zahlungsauslösung am Point of Sale; technische Voraussetzungen werden durch den Handel und die Kreditinstitute gestellt.

Electronic Banking = ortsungebundene Möglichkeit, am Zahlungsverkehr teilzunehmen; technische Voraussetzung sind durch den Teilnehmer am Zahlungsverkehr und durch die Kreditinstitute gestellt.

(2) **Scheckkarte** = Garantiefunktion bei der Verwendung an in- und ausländischen Geldausgabeautomaten; Zahlungsfunktion im Electronic Cash Bereich (Magnetstreifen, Chip); direkte, sofortige Bebuchung des Kontos des Karteninhabers.

Kreditkarte = Dreiecksverhältnis zwischen Kreditkarteninhaber, Kreditkartenherausgeber und Vertragsunternehmen; zumeist monatliche Abbuchung der Beträge (Kreditierungsfunktion).

(3) **Lorokonto** = Inländische Bank führt für eine ausländische Bank ein Konto in inländischer Währung.

Nostrokonto = Inländische Bank unterhält ein Konto in fremder Währung bei einer ausländischer Bank.

(4) **Konnossement** = Orderpapier im Seefrachtverkehr; dokumentiert den Empfang, die Verpflichtung des Verfrachters zur Beförderung und zur Aushändigung der Ware an den berechtigten Empfänger.

Frachtbrief = Verkörpert ein Dispositionsrecht im Eisenbahngüter-, Straßengüter- und Luftfrachtverkehr.

(5) **Dokumenteninkasso** = Es sichert dem Exporteur die „Zahlung gegen Dokumente" zu.

Dokumentenakkreditiv = Hier werden zusätzlich Bankgarantien gegen das Risiko der Nichtzahlung eingebunden.

Lösung zu 9:

Siehe MiniLex (S. 229 ff.)

Lösung zu 10:

Das Unternehmen erleidet einen Gewinneinbruch. Die Gesamtkapitalrentabilität sinkt auf 5 %. Weiterhin ist an die Fremdkapitalgeber ein Zins von 8 % zu zahlen. Die unterschiedlichen Situationen führen zu folgenden Ergebnissen:

	Situation A	Situation B
Eigenkapital	60	20
Fremdkapital	60	100
Gesamtkapital	120	120
Gewinn vor Zinsen (5 %)	6	6
Fremdkapitalzinsen (8 %)	4,8	8
Gewinn/Verlust nach Zinsen	1,2	- 2
Eigenkapitalrentabilität	2 %	- 10 %

Die Eigenkapitalrentabilität sinkt von 2 % (Situation A: EK = 60, FK = 60) durch einen vermehrten Einsatz von Fremdkapital auf - 10 % (Situation B: EK = 20, FK = 100). Durch das Leverage-Risiko wird das Eigenkapital angegriffen.

Lösung zu 11:

► Eine Untersuchung der Kennzahlen der Unternehmen ergibt folgendes Bild:

	Unternehmen		
	A	B	C
Gewinn	40	50	36
Bilanzsumme	200	500	360
Rentabilität des Kapitaleinsatzes	20 %	10 %	10 %
Umsatz	400	500	720
RoI-Bestandteile nach Einbeziehung der Umsatzgrößen:			
Umsatzrentabilität	10 %	10 %	5 %
Kapitalumschlagshäufigkeit	2	1	2

Bei der absoluten Betrachtungsweise erhält man die Reihenfolge B vor A und C. Diese wird durch die Rentabilität des eingesetzten Kapitals relativiert und es ergibt sich die Reihenfolge: A vor B und C.

Als Erklärung kann nun durch die Einführung des Umsatzes eine Abweichungsanalyse durch die Bestandteile des RoI's Umsatzrentabilität und Kapitalumschlag erfolgen.

Das schlechtere Abschneiden des Unternehmens B beruht auf dem geringeren Kapitalumschlag. Ansatzpunkte zur Rentabilitätssteigerung bei B wären z. B. eine Untersuchung der Aktiva (Beschränkung auf betriebsnotwendiges Vermögen).

Während Unternehmen C im Kapitalumschlag gleich auf mit Unternehmen A liegt, scheint bei C die Umsatzrendite Grund der unzureichenden Gesamtkapitalrendite zu sein. Hier wären Ansatzpunkte zur Rentabilitätssteigerung z. B. die Überprüfung der Kostenstruktur bzw. der Preisfestsetzung.

- **Erhöhung der Umsatzrentabilität:**
  Bei gleichbleibendem Umsatz:

  - höhere Rohgewinnspanne

  - niedrigere Personalkosten

- **Erhöhung der Kapitalumschlagshäufigkeit:**
  Verminderung der Lagerbestände, Verkauf nicht genutzter Anlagen, Nutzung des Leasing, Beschleunigung des Debitorenumschlages, effizientere Investitionspolitik, Verkürzung der Abschreibungsfristen.

Lösung zu 12:

(1) **Absolute Liquidität:** Möglichkeit der Verwendung oder Umwandlung von Vermögensteilen in Zahlungsmittel.

   Relative Liquidität: Möglichkeit eines Unternehmens, seinen finanziellen Verpflichtungen nachzukommen.

(2) **Natürliche Liquidität:** Zustand, der sich entsprechend der Ausreifung eines Gutes zum Geld hin ergibt.

   Künstliche Liquidität: Zustand, der den natürlichen Reifeprozess eines Gutes vorzeitig unterbricht und Liquidität schafft.

(3) **Dynamische Liquidität:** Sie zeigt zeitraumbezogen alle Zahlungsströme auf.

   Statische Liquidität: Sie stellt ein zeitpunktbezogenes Verhältnis zwischen verschiedenen Bilanzpositionen dar.

(4) **Unterliquidität:** Hier herrscht eine nur noch eingeschränkte Zahlungsfähigkeit, was ein Sicherheitsrisiko darstellt.

   Überliquidität: Hier sind mehr liquide Mittel als nötig vorhanden, was die Rentabilität negativ beeinflussen kann.

Lösung zu 13:

(1)

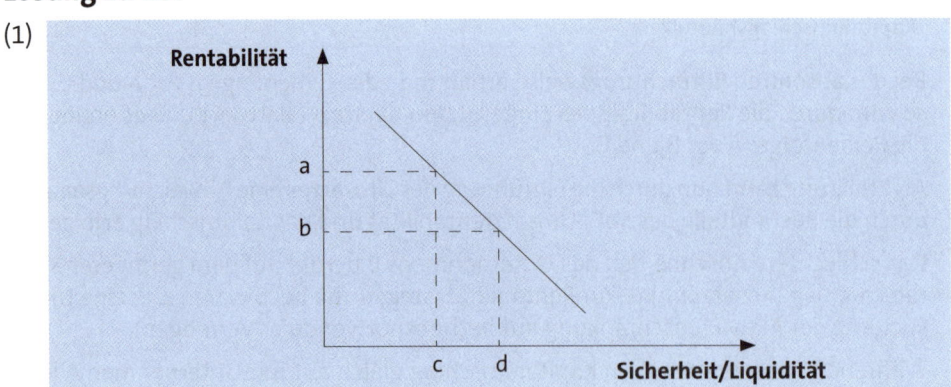

(2) **Rentabilität versus Sicherheit:** Je weniger Sicherheit für einen Kapitalgeber gegeben ist (c), desto höher muss die Rentabilität (a) ausfallen. Dies ist beispielsweise bei der Kreditvergabe der Fall. Kreditinstitute verlangen höhere Zinssätze für Kredite, die weniger gut besichert sind oder ein größeres Ausfallrisiko in sich tragen.

Rentabilität versus Liquidität: Je variabler ein Kreditnehmer Liquidität von einer Bank in Form z. B. eines Kontokorrentkredits zur Verfügung gestellt bekommt (d), desto höher werden die Kosten und entsprechend niedriger die Rentabilität (b) sein.

Lösung zu 14:

AKTIVA	Bilanz zum 31.12.2013		PASSIVA
Anlagevermögen		Eigenkapital	
Sachanlagen	15.000 €	Gezeichnetes Kapital	8.000 €
Finanzanlagen	2.500 €	Gewinn	1.000 €
Umlaufvermögen		Fremdkapital	
Vorräte	5.500 €	Langfristige Bankdarlehen	7.000 €
Forderungen	3.000 €	Kurzfristige Bankdarlehen	9.500 €
Bankguthaben	1.500 €	Kurzfristige Verbindlich-	
Kasse	500 €	keiten Warenlieferungen	2.500 €
Summe	**28.000 €**		**28.000 €**

Weitere Informationen:		Bestände am 31.12.2012	
Umsatzerlöse	30.000 €	des Umlaufvermögens	9.000 €
Abschreibungen auf		der Sachanlagen	13.500 €
Sachanlagen	750 €	der Finanzanlage	2.500 €
		der Forderungen	2.800 €
Vermögenskonstitution	166,7 %	Eigenkapitalquote	32,1 %
Anlageintensität	62,5 %	Anspannungskoeffizient	67,9 %
Umlaufintensität	37,5 %	Verschuldungsgrad	211,1 %
Anlagenutzung	200,0 %	Liquidität ersten Grades	16,7 %
Durchschn. Anlagevermögen	16.750,00 €	Liquidität zweiten Grades	41,7 %
dessen Umschlagshäufigkeit	0,045 %	Liquidität dritten Grades	87,5 %
Investitionsquote	11,1 %	Deckungsgrad A	51,4 %
Investitionsdeckung	50,0 %	Deckungsgrad B	91,4 %
Abschreibungsquote	5,0 %	Deckungsgrad C	82,05 %
Vorratshaltung	18,3 %	Working capital	- 1.500 €
Laufzeit der Forderungen	34,8 Tage		

Lösung zu 15:

(1)

	Bilanzgewinn	4,0 Mio. €
-	Auflösung von Rücklagen	1,5 Mio. €
+	Verlustvortrag	0,4 Mio. €
=	Jahresüberschuss	2,9 Mio. €
+	Abschreibungen	0,8 Mio. €
+	Rückstellungen	0,6 Mio. €
=	**Cashflow**	**4,3 Mio. €**

Diese Größe steht dem Unternehmen zur Verfügung, um z. B. aufgenommene Kredite zu tilgen, Dividenden an die Eigenkapitalgeber zahlen zu können oder Investitionen im Rahmen der Innenfinanzierung durchzuführen.

(2) Die Aussagekraft der statischen Liquiditätsgrade wird eingeschränkt durch:

- die Messung der Liquidität zu einem einzigen Zeitpunkt
- die nicht bekannten Fälligkeiten der gegenübergestellten Forderungen und Verbindlichkeiten
- die möglicherweise sicherungsübereigneten, verpfändeten oder abgetretenen Vermögensgegenstände
- die Vernachlässigung zusätzlich erlangbarer Liquidität durch weitere Kreditaufnahmen oder Kreditprolongationen.

Lösung zu 16:

Bei der Herstellung eines Kopiergerätes, die in vier Fertigungsschritten erfolgt, welche jeweils einen Tag dauern, ergeben sich folgender Kapitalbedarf pro Fertigungsschritt:

► Bei einer **gleichzeitigen Prozessanordnung** würde man aufgrund der Kapazität im ersten Fertigungsschritt am ersten Fertigungstag zeitlich nebeneinander den Herstellungsprozess für vier Kopierer gleichzeitig beginnen können.

► Bei einer **zeitlich gestaffelten Fertigung** beginnt man jeweils an einem Tag mit der Produktion eines Kopierers. Die Produktion des nächsten Fotokopierers erfolgt dann am darauf folgendem Tag.

Ein Zahlenbeispiel zeigt die unterschiedliche Entwicklung der Kapitalbedarfe. Die Auszahlungshöhen der einzelnen Fertigungsschritte betragen:

Fertigungsschritt	Auszahlungen	Fertigungsschritt	Auszahlungen
1	500 €	3	300 €
2	400 €	4	200 €

Für den fünften Tag innerhalb des betrieblichen Prozesses wird angenommen, dass das Unternehmen die Kopierer sofort absetzen kann und eine Einzahlung von 1.500 € realisiert.

Gleichzeitige Prozessanordnung:

Prozesstag	1	2	3	4	5	6	7	8	9
Auszahlungen	2.000	1.600	1.200	800					
					2.000	1.600	1.200	800	
									2.000
Einzahlungen					6.000				6.000
Kumuliert Ausz.	2.000	3.600	4.800	5.600	7.600	9.200	10.400	11.200	13.200
Kumuliert Einz.					6.000				12.000
Kapitalbedarf	**2.000**	**3.600**	**4.800**	**5.600**	**1.600**	**3.200**	**4.400**	**5.200**	**1.200**

Zeitlich gestaffelte Prozessanordnung:

Prozesstag	1	2	3	4	5	6	7	8	9
Auszahlungen	500	400	300	200					
		500	400	300	200				
			500	400	300	200			
				500	400	300	200		
					500	400	300	200	
						500	400	300	200
							500	400	300
								500	400
Einzahlungen					1.500	1.500	1.500	1.500	1.500
Kumuliert Ausz.	500	1.400	2.600	4.000	5.400	6.800	8.200	9.600	10.500
Kumuliert Einz.					1.500	3.000	4.500	6.000	7.500
Kapitalbedarf	**500**	**1.400**	**2.600**	**4.000**	**3.900**	**3.800**	**3.700**	**3.600**	**3.000**

Wie zu sehen ist, bringt die zeitlich gestaffelte Prozessanordnung eine wesentlich gleichmäßigere Entwicklung des Kapitalbedarfs.

Lösung zu 17:

► Umlaufkapitalbedarf nach der kumulativen Methode:

Werkstoffeinsatz	7.000 €	Rohstofflagerung	+ 10 Tage
Lohneinsatz	11.000 €	Produktion	+ 15 Tage
Gemeinkosteneinsatz	2.200 €	Lagerung der Fertigerzeugnisse	+ 15 Tage
		Kundenziel	15 Tage
Summe	20.200 €	Lieferantenziel	- 5 Tage
		Summe	50 Tage

Umlaufkapitalbedarf = 20.200 € · 50 Tage = **1.010.000 €**

► Umlaufkapitalbedarf nach der **elektiven Methode**:

Werteinsatz	**Bindungsdauer in Tagen**
Werkstoffeinsatz	7.000 € · (10 + 15 + 15 + 15 - 5) = 350.000 €
Lohneinsatz	11.000 € · (15 + 15 + 15) = 495.000 €
Gemeinkosteneinsatz	2.200 € · (10 + 15 + 15 + 15) = 121.000 €
Umlaufkapitalbedarf	**966.000 €**

Lösung zu 18:

(1) Es lässt sich die ungefähre Liquiditätsbelastung von der Höhe und vom zeitlichen Anfall ablesen. Das Beispiel zeigt ein saisonal ausgerichtetes Unternehmen, das insbesondere im vierten Quartal Liquiditätsüberschüsse aufweist. Dies kann typischerweise ein Handelsunternehmen sein, das zum Weihnachtsgeschäft entsprechende Umsätze erzielt.

(2) Für die finanzwirtschaftliche Führung des Unternehmens zeigt der Finanzplan die Notwendigkeit, mit den Banken entsprechende Kreditlinien im ersten bis dritten Quartal zu verhandeln. Die Liquiditätsüberschüsse im vierten Quartal sind entsprechend zu planen (Rückführung von kurzfristigen Krediten, Anlageentscheidungen, Bezahlung von Mitarbeiterprämien, Durchführung von Investitionen).

Lösung zu 19:

Siehe MiniLex (S. 229 ff.)

Lösung zu 20:

(1)

Kriterien	Eigenkapital	Fremdkapital
Rechtsverhältnisse	Das Eigenkapital begründet ein Beteiligungsverhältnis.	Das Fremdkapital begründet ein Schuldverhältnis.
Haftung	Der Eigenkapitalgeber haftet je nach Rechtsform mindestens mit seiner Einlage, eventuell auch mit seinem Privatvermögen.	Für den Fremdkapitalgeber besteht keine Haftung für das Unternehmen.
Vermögen	Der Eigenkapitalgeber hat einen anteiligen Anspruch am Vermögen, so weit der Liquidationserlös die Verbindlichkeiten des Unternehmens übersteigt.	Der Fremdkapitalgeber hat Anspruch auf Rückzahlung des zur Verfügung gestellten Kapitals.
Entgelt	Der Eigenkapitalgeber ist i. d. R. anteilig am Gewinn und am Verlust beteiligt.	Der Fremdkapitalgeber hat i. d. R. einen Zinsanspruch und keine Gewinn- oder Verlustbeteiligung.
Mitbestimmung	Der Fremdkapitalgeber ist i. d. R. zur Mitbestimmung berechtigt.	Der Fremdkapitalgeber ist i. d. R. nicht zur Mitbestimmung berechtigt.
Verfügbarkeit	Das Eigenkapital steht i. d. R. unbegrenzt lange zur Verfügung.	Das Fremdkapital steht zeitlich nur begrenzt zur Verfügung.
Steuern	Der Gewinn wird je nach Rechtsform steuerlich voll belastet.	Die Fremdkapitalzinsen sind steuerlich absetzbar.
Umfang	Das Eigenkapital ist durch die Kapazität der Kapitalgeber begrenzt.	Das Fremdkapital steht unbegrenzt zur Verfügung, soweit die Risiken der Hingabe vertretbar sind oder entsprechende Sicherheiten vorliegen.
Interesse	Den Eigenkapitalgeber interessiert der Erhalt des Unternehmens.	Den Fremdkapitalgeber interessiert der Erhalt seines Kapitals.

(2) Die zumeist bankgetragenen **Kreditmärkte** stellen den Unternehmen Kapital zur Verfügung auf Basis von mit den Kapitalgebern abzuschließenden Kreditverträgen. Über **Kapitalmärkte** erhalten die Emittenten von Anleihen langfristig zur Verfügung stehendes Kapital. Als Unterschiede lassen sich aufführen, dass Kapitalmarktfinanzierungen eher langfristig und eher günstiger sind und nur für sehr große Kreditvolumina infrage kommen.

(3) Weitere Möglichkeiten sind Kredite von Kapitalsammelstellen (Versicherungen), Kredite von Marktpartnern (Lieferantenkredit) oder Substitutionsmöglichkeiten der Kredite (Factoring, Leasing) und Gesellschafterdarlehen.

Lösung zu 21:

(1) Unterschied zwischen **gewöhnlicher Bürgschaft** und **selbstschuldnerischer Bürgschaft**:

Bei der gewöhnlichen Bürgschaft steht dem Bürgen das Recht der „Einrede auf Vorausklage" zu. Er zahlt erst, wenn der Gläubiger nachweisen kann, dass beim Hauptschuldner die Zwangsvollstreckung erfolglos war. Bei der selbstschuldnerischen Bürgschaft verzichtet er auf dieses Recht und muss sofort zahlen.

(2) Unterschied zwischen **Rückbürgschaft** und **Nachbürgschaft**:

Die Haftung für eine Nachbürgschaft tritt erst dann ein, wenn Vorbürgen oder Hauptbürgen sich als nicht zahlungsfähig erwiesen haben. Bei der Rückbürgschaft kann der Hauptbürge im Falle einer Beanspruchung auf den Rückbürgen zurückgreifen.

(3) Unterschied zwischen **Bürgschaft** und **Garantie**:

Die Bürgschaft ist im Gegensatz zur Garantie im Gesetz geregelt und akzessorisch.

(4) Unterschied zwischen einer **Anzahlungsgarantie** und einer **Bietungsgarantie**:

Die Anzahlungsgarantie sichert Anzahlungen bei bestehenden Verträgen ab, die Bietungsgarantie soll das Gebot bei Ausschreibungen sichern.

(5) Unterschied zwischen **Patronatserklärung** und **Negativerklärung**:

Bei der Patronatserklärung sichert ein Dritter dem Kreditgeber zu, zumeist ein verbundenes Unternehmen finanziell so auszustatten, dass es seinen Verbindlichkeiten nachkommen kann. Die Negativerklärung gibt der Kreditnehmer selbst ab und erklärt zumeist keine anderen Kreditgeber besser zu stellen als den Kreditgeber, dem gegenüber die Negativerklärung abgegeben wurde.

Lösung zu 22:

(1) Aufgrund des Besitzkonstituts hat das Unternehmen die Möglichkeit, die als Realsicherheit übereigneten Kopiergeräte weiter zu nutzen.

(2)

Pfandrecht	Sicherungsübereignung
▸ Besitzübergang auf den Gläubiger	▸ Eigentumsübergang auf den Gläubiger
▸ Kein Eigentumsübergang	▸ Kein Besitzübergang
▸ Keine Nutzungsmöglichkeiten durch den Schuldner	▸ Nutzung durch den Schuldner

Lösung zu 23:

Das Grundbuch zeigte folgende Daten:

Grundschuld über 150.000 € vom 06.06.13
Grundschuld über 50.000 € vom 11.06.13
Grundschuld über 20.000 € vom 02.07.13

Der Gläubiger der Grundschuld über 150.000 € betreibt die Zwangsvollstreckung, die 180.000 € erbringt. Damit wird er voll befriedigt. Der Gläubiger der zweiten Grundschuld kann nur noch 30.000 € aus der Verwertung der Sicherheit realisieren. Der dritte Gläubiger geht leer aus.

Lösung zu 24:

Kreditbetrag: 1 Mio. €
Konditionen: Zins p. a. 7 %
                Laufzeit 5 Jahre

$$z = K_0 \cdot \frac{q^n \cdot (q - 1)}{q^n - 1}$$

$$z = K_0 \cdot \frac{1{,}07^5 \cdot (1{,}07 - 1)}{1{,}07^5 - 1}$$

$$z = 1.000.000 \cdot \frac{1{,}402552 \cdot 0{,}07}{0{,}402552} = 1.000.000 \cdot 0{,}243891 = \mathbf{243.891\ €}$$

Jahr	Annuität in Mio. €	Zinsen in Mio. €	Tilgung in Mio. €	Restschuld in Mio. €	Kontrolle in Mio. €
1	0,243891	0,070000	0,173891	0,826109	0,243891
2	0,243891	0,057828	0,186063	0,640046	0,243891
3	0,243891	0,044803	0,199088	0,440958	0,243891
4	0,243891	0,030867	0,213024	0,227934	0,243891
5	0,243891	0,015955	0,227936	-0,000002	0,243891

Lösung zu 25:

Kreditbetrag: 1 Mio. €
Konditionen: Zins p. a. 7 %
                Laufzeit 5 Jahre

Jährlicher Tilgungsbetrag: 1.000.000 € : 5 = 200.000 €

Jahr	Kreditbetrag in Mio. €	Zinsen in Mio. €	Tilgung in Mio. €	Restschuld in Mio. €	Jährl. Zahlung in Mio. €
1	1.000000	0,070000	0,200000	0,800000	0,270000
2	0,800000	0,056000	0,200000	0,600000	0,256000
3	0,600000	0,042000	0,200000	0,400000	0,242000
4	0,400000	0,028000	0,200000	0,200000	0,228000
5	0,200000	0,014000	0,200000	0,000000	0,214000

Lösung zu 26:

Nominalzins = 9 %; Damnum = 10 %, Gesamtlaufzeit = 20 Jahre, tilgungsfreie Zeit = 3 Jahre

▸ Tilgung in **jährlich gleichen Raten**:

$$t_m = \frac{n+1}{2} = \frac{20+1}{2} = 10,5 \qquad r = \frac{Z + \dfrac{D}{t_m}}{AK} \cdot 100 = \frac{9 + \dfrac{10}{10,5}}{90} \cdot 100 = \mathbf{11,06\ \%}$$

▸ Tilgung in **jährlich gleichen Raten** mit einer **tilgungsfreien Zeit von 3 Jahren**:

$$t_m = t_f + \frac{(n - t_f) + 1}{2} = 3 + \frac{(20-3)+1}{2} = 12 \qquad r = \frac{Z + \dfrac{D}{t_m}}{AK} \cdot 100 = \frac{9 + \dfrac{10}{12}}{90} \cdot 100 = \mathbf{10,93\ \%}$$

Lösung zu 27:

Z = Nominalzinssatz der Anleihe = 10 %
RK = Rückzahlungskurs der Anleihe = 100 €
AK = Auszahlungskurs der Anleihe = 97 €
n = Laufzeit der Anleihe in Jahren = 10

$$r = \frac{Z + \dfrac{RK - AK}{n}}{AK} \cdot 100 = \frac{10 + \dfrac{100 - 97}{10}}{97} \cdot 100 = \mathbf{10,62\ \%}$$

Die Effektivverzinsung der Anleihe beträgt nach der Faustformel 10,62 %.

Lösung zu 28:

Zur Berechnung ist die Aufzinsungsformel nach q aufzulösen.

Umformung nach q:

$$K_n = K_0 \cdot q^n$$

$$\downarrow$$

$$\frac{K_n}{K_0} = q$$

$$\downarrow$$

$$q = \sqrt[n]{\frac{K_n}{K_0}}$$

Bekannt sind: $K_n = 100\,€$ $K_0 = 48\,€$ $n = 10$ Jahre

$$q = \sqrt[n]{\frac{K_n}{K_0}} = \sqrt[10]{\frac{100}{48}} = \mathbf{1{,}076157}$$

Es ergibt sich hieraus eine Verzinsung von 7,62 %. Die Formel $q = \sqrt[n]{\frac{K_n}{K_0}}$ steht für den Zweizahlungsfall, der von *Däumler* beschrieben wird.

Lösung zu 29:

▶ 2,5 % Skonto von 1000,- € ergeben einen möglichen Skontoabzug von 25,- €. Zahlt das Unternehmen innerhalb von 5 Tagen, sind somit nur noch 975,- € zu entrichten.

▶ Das Unternehmen kann aber auch Skonto ausnutzen und 1.000,- € in 30 Tagen zahlen. Allerdings entstehen hierbei Opportunitätskosten, die folgende Größe erreichen: Es waren 2,5 % Skonto bei einer Zahlung innerhalb von 5 Tagen, ansonsten rein netto innerhalb von 30 Tagen zugestanden.

r = Jahressatz in %
S = Skontosatz = 2,5 %
z = Zahlungsziel = 30 Tage
s = Skontofrist = 5 Tage

$$r = \frac{S \cdot 360}{z - s} = \frac{2{,}5 \cdot 360}{30 - 5} = \mathbf{36\,\%}$$

Durch die Nichtausnutzung des Skontos entstehen 36 % p. a. Opportunitätskosten für das Unternehmen.

► Bei der Verlängerung des Zahlungsziels auf 180 Tage sinkt der Opportunitätskosten-satz und eine Ausnutzung des Lieferantenkredits kann in Erwägung gezogen werden.

r = Jahressatz in %
S = Skontosatz = 2,5 %
z = Zahlungsziel = 180 Tage
s = Skontofrist = 5 Tage

$$r = \frac{S \cdot 360}{z - s} = \frac{2,5 \cdot 360}{180 - 5} = \textbf{5,14 \%}$$

Lösung zu 30:

	Lieferantenkredit	Kontokorrentkredit
Rentabilität	Dem belieferten Unternehmen entstehen sehr hohe Opportunitätskosten, falls es die eingeräumten Skonti nicht ausnutzt. Es empfiehlt sich hier kurzfristige Bankkredite, wie z. B. den Kontokorrentkredit, zur Finanzierung aufzunehmen.	Der Kontokorrentkredit ist der teuerste kurzfristige Bankkredit (ca. 5 % über dem Geldmarktsatz), aber er ist wesentlich günstiger als die entstehenden Opportunitätskosten, die bei der Inanspruchnahme des eingeräumten Zahlungsziels anzusetzen sind.
Sicherheit	Keine bankgetragene systematische Besicherung oder Überprüfung. Lediglich fungiert der Eigentumsvorbehalt oder die Wechselstrenge als Kreditsicherung.	Bankgetragene Überprüfung der Daten der Kreditwürdigkeit (Einsicht in die wirtschaftliche Lage des Unternehmens) sowie Erfahrungen aus der Abwicklung des Zahlungsverkehrs des Unternehmens. Es sind weiter möglich: ► Bürgschaft ► Pfandrecht ► Zession ► Grundschuld ► Sicherungsübereignung.
Liquidität	Die Ausnutzung eines eingeräumten Lieferantenkredits kann die Kreditlinien bei Banken entlasten und hierdurch zu einer vorübergehend besseren Liquiditätslage des Unternehmens führen.	Der Kontokorrentkredit ist Basis für die tägliche Disposition und damit Mittelpunkt der Liquiditätsüberlegungen hinsichtlich der laufenden Geschäftstätigkeit. Zudem dient er als Liquiditätsreserve für auftretende Spitzenbelastungen.

	Lieferantenkredit	Kontokorrentkredit
Erhält-lichkeit	Hervorzuheben sind die Schnelligkeit, die Formlosigkeit und die Bequemlich-keit der Kreditgewährung, die durch den Lieferanten gewährt wird.	Als Voraussetzung für die Erhältlichkeit eines Kontokorrentkredits steht zumeist die teilweise Abwicklung des Zahlungs-verkehrs über die kreditgebende Bank und entsprechende Kreditwürdigkeit.
Unab-hängig-keit	Abhängigkeiten entstehen gegenüber dem Lieferanten; eine gewisse Unab-hängigkeit gegenüber Banken.	Abhängigkeiten entstehen gegenüber einer Bank, wenn diese den gesamten Zahlungsverkehr – freiwillig oder er-zwungener Maßen – abwickelt.

Lösung zu 31:

(1) Verwendungsmöglichkeiten des Wechsels:

▸ Der Wechsel kann in das eigene Portefeuille übernommen werden und durch eigenes Inkasso eingezogen werden.

▸ Der Wechsel kann zur Bezahlung von Verbindlichkeiten an Lieferanten weitergegeben werden.

▸ Der Wechsel kann zur Bank zum Inkasso gegeben werden, die dies gegen Inkassoge-bühr durchführt.

▸ Der Wechsel kann der Bank zum Diskont übergeben werden.

▸ Der Wechsel kann als Pfandgegenstand bei einem Lombardkredit dienen.

(2) Die Restlaufzeit des Wechsels beträgt vom 18. März bis zum 12. Mai bei taggenau-er Berechnung 55 Tage.

$$\text{Zinskosten: } = \frac{100.000 \cdot 55 \cdot 5,5}{360 \cdot 100} = 840,28 \text{ €}$$

Zinskosten:	840,28 €
Diskontspesen:	5,00 €
Summe:	845,28 €

Gutschrift am 18. März: **99.154,72 €**

(3)

$$r = \frac{DB + DS}{KB} \cdot \frac{360}{WL} = \frac{840,28 + 5}{99.154,72} \cdot \frac{360}{55} = 0,05579 = \mathbf{5,58\ \%}$$

Lösung zu 32:

1) Das kurzfristige Liquiditätsvolumen wird durch die gültigen Beleihungsgrenzen der Kreditinstitute bestimmt:

Bundesanleihen	2,0 Mio. € · 80 % =	1,60 Mio. €
Aktien bester Bonität	1,5 Mio. € · 70 % =	1,05 Mio. €
Waren	3,0 Mio. € · 50 % =	1,50 Mio. €
		4,15 Mio. €

Durch die Lombardierung könnte kurzfristig ein Liquiditätsvolumen von 4,15 Mio. € geschaffen werden.

(2) **Akzeptkredit** und **Avalkredit** sind beide Formen der Kreditleihe.

Beim Akzeptkredit besteht im Außenverhältnis ein durch einen Wechsel gesichertes Zahlungsversprechen einer Bank, wodurch dieses Wertpapier ein international anerkanntes Zahlungsmittel wird. Im Innenverhältnis hat der Bankkunde als Wechselaussteller den Betrag vor Fälligkeit des Wechsels auf einem Bankkonto bereitzustellen.

Beim Avalkredit liegt ein solcher Unterschied zwischen vertraglichem Innen- und Außenverhältnis nicht vor. Das Gesetz begründet die Übernahme einer Bürgschaft oder einer Garantie durch eine Bank für einen Bankkunden.

Lösung zu 33:

Die für den beabsichtigten Cap-Kauf zu zahlende Optionsprämie an den Cap-Verkäufer, der hierdurch eine Zinsobergrenze garantiert, kann durch einen gleichzeitigen Verkauf eines Floors reduziert werden. Damit garantiert das Unternehmen einem anderen Handelspartner eine Zinsuntergrenze, die es zur Zahlung von Zinsen verpflichtet, falls der Referenzzinssatz diese Zinsuntergrenze unterschreitet.

Hierdurch entsteht eine Situation, dass ein einziger Marktteilnehmer, der sich in einer Finanzierung befindet, sowohl Versicherungsnehmer, wie im Beispiel durch den Kauf eines Caps, und gleichzeitig Versicherungsgeber, durch den Verkauf eines Floors, wird.

Damit wird eine Begrenzung der Zinsbelastung nach oben hin erreicht, allerdings kann das Unternehmen bei Zinssenkungen durch den Verkauf des Floors nicht an der Vergünstigung des Kredites uneingeschränkt partizipieren. Die Teilnahme an Zinssenkungen ist dann nur bis zu der vereinbarten Floor-Grenze möglich und es sind, falls die Zinsen weiterhin sinken, dann dem Floor Käufer entsprechende Ausgleichszahlungen zu überweisen.

Eine solche Konstruktion des gleichzeitigen Einsatzes von Cap und Floor nennt man Collar. Legt man die Zinsobergrenzen und die Zinsuntergrenzen so, dass sich die zu zahlenden Prämien ausgleichen, erhält man einen Zero-Cost-Collar.

Lösung zu 34:

Monatlicher Umsatz	1,5 Mio. €		
Durchschnittliches Zahlungsziel	30 Tage		
Dienstleistungsgebühr	1,5 % vom Umsatz	1,5 % · 1,5 Mio. €	= 22.500 €
Delkrederegebühr	0,5 % vom Umsatz	0,5 % · 1,5 Mio. €	= 7.500 €
Zinsen	7,0 % p. a.	7 % · 1,5 Mio. € : 12	= 8.750 €
			38.750 €

Die monatlichen Kosten betragen 38.750 €.

Dagegen zu rechnen sind potenzielle Einsparungsmöglichkeiten, die sind:

▸ Outsourcing-Möglichkeiten bestehen

▸ Wertberichtungen entfallen

▸ Bankkredite werden substituiert.

Lösung zu 35:

$$\text{Eigenkapitalquote zum 10.12.2013} = \frac{\text{Eigenkapital}}{\text{Gesamtkapital}} \cdot 100 = \frac{8.000}{24.500} \cdot 100 = \mathbf{32,65\,\%}$$

Forderungen in Höhe von 7.000 € werden an ein Factoringinstitut verkauft, das umgehend die Liquidität auf dem Bankkonto zur Verfügung stellt.

AKTIVA	Bilanz zum 10.12.2013		PASSIVA
Anlagevermögen	13.000 €	Eigenkapital	8.000 €
Umlaufvermögen		Fremdkapital	
Vorräte	2.500 €	Langfristige Bankdarlehen	5.000 €
Forderungen	1.000 €	Kurzfristige Bankdarlehen	9.500 €
Bankguthaben	7.500 €	Kurzfristige Verbindlich-	
Kasse	500 €	keiten Warenlieferungen	2.000 €
Summe	**24.500 €**	Summe	**24.500 €**

Daraufhin führt das Unternehmen kurzfristige Bankdarlehen über den Bilanzstichtag zurück.

AKTIVA	Bilanz zum 31.12.2013		PASSIVA
Anlagevermögen	13.000 €	Eigenkapital	8.000 €
Umlaufvermögen		Fremdkapital	
Vorräte	2.500 €	Langfristige Bankdarlehen	5.000 €
Forderungen	1.000 €	Kurzfristige Bankdarlehen	2.500 €
Bankguthaben	500 €	Kurzfristige Verbindlich-	
Kasse	500 €	keiten Warenlieferungen	2.000 €
Summe	**17.500 €**	Summe	**17.500 €**

$$\text{Eigenkapitalquote zum 31.12.2013} = \frac{\text{Eigenkapital}}{\text{Gesamtkapital}} \cdot 100 = \frac{8.000}{17.500} \cdot 100 = \mathbf{45,71\,\%}$$

Die Eigenkapitalquote hat sich um ca. 13,1 % verbessert.

Lösung zu 36:

Kredit
Kreditsumme: 600.000 €
Kreditlaufzeit: 6 Jahre
Kreditzinsen: 8 %
Kredittilgung: 6 gleiche Raten

Leasing
Grundmietzeit: 4 Jahre
Abschlussgebühr: 10 %
Leasing-Raten pro Monat: 3 %
Anschlussmiete pro Jahr: 15.000 €

Jahr	Kredit	Leasing
1	148.000	276.000
2	140.000	216.000
3	132.000	216.000
4	124.000	216.000
5	116.000	15.000
6	108.000	15.000
Gesamt	**768.000**	**954.000**

Lösung zu 37:

Siehe MiniLex (S. 229 ff.)

Lösung zu 38:

Bei einer Auseinandersetzung oder einer Liquidation würden vor der Erhöhung die stillen Reserven in Höhe von 50.000 € gemäß den Eigenkapitalanteilen aufgeteilt:

Gesellschafter	A	:	B
EK	150.000 €	:	100.000 €
Verhältnis	3	:	2
Stille Reseven	30.000 €	:	20.000 €

Nach einer Erhöhung um 50.000 € durch beide Gesellschafter, ergäbe sich eine neue Aufteilung der stillen Reserven mit einer Benachteiligung des Gesellschafters A:

Gesellschafter	A	:	B
EK	200.000 €	:	150.000 €
Verhältnis	4	:	3
Stille Reserven	28.571 €	:	21.429 €

Lösung zu 39:

	OHG	KG	GmbH
Geschäfts- führung/ Vertretung	Alle Gesellschafter entsprechend Vertrag	Nur die Komplemen- täre	Geschäftsführer
Kapital- zuführung	Weitere Einlagen der alten Gesellschafter, neue Gesellschafter; Problem Leitungs- befugnis	Weitere Einlagen der Komplementäre; Kapi- taleinlagen neuer Kom- manditisten	Mindesthöhe der Einla- gen auf das Stamm- kapital mindestens 25.000 €
Gewinn- verteilung	Vertraglich geregelt oder 4 % mindestens, dann nach Köpfen	Vertraglich geregelt, mindestens 4 %; Kom- plementäre haben Recht auf Entnahmen	Verteilung des Reinge- winns nach Geschäfts- anteilen oder vertrag- lich geregelt
Haftung	Volle Haftung aller Gesellschafter gesamt- schuldnerisch	Komplementäre voll und gesamtschuldnerisch; Kommanditisten bis zu ihrer Kapitaleinlage	Gesellschafter bis zur Höhe der Einlage, wenn Eintrag ins Handels- register erfolgt ist.
Organe	Nicht notwendig	Nicht notwendig	Gesellschafterver- sammlung/Aufsichts- rat/Geschäftsführer

Lösung zu 40:

Kriterium	Art der Aktien	
Unterschiedliche Wertbezeichnung	Nennwertaktien	Quoten-/Stückaktien
Unterschiedliche Über- tragungsmöglichkeiten	Inhaberaktien	Namensaktien
Unterschiedliche Eigentümerrechte	Stammaktien	Vorzugsaktien
Unterschiedlicher Ausgabezeitpunkt	Junge Aktien	Alte Aktien

Lösung zu 41:

Kaufaufträge	Kurs	Verkaufsaufträge	Kurs
100 Stück	billigst	120 Stück	bestens
220 Stück	224 €	80 Stück	220 €
260 Stück	223 €	200 Stück	222 €
200 Stück	222 €	340 Stück	223 €
350 Stück	221 €	550 Stück	224 €
400 Stück	220 €		

Kurs	Käufe Stück	Verkäufe Stück	Umsatz Stück
220	1.530	200	200
221	1.130	200	200
222	780	400	400
223	*580*	*740*	*580*
224	320	1.290	320

Zum Kurs von 223 € können 580 Aktien umgesetzt werden. Dies ist dann der Kassakurs. 160 Aktien sind nicht zu diesem Kurs absetzbar, d. h. es liegt ein Angebotsüberhang vor.

Lösung zu 42:

Der Anteil an den stillen Reserven vor der Kapitalerhöhung betrug unter den alten Gesellschaftern entsprechend ihrer Kapitaleinlagen 3 : 2 (z. B. bei 100.000 € als stille Reserve = 60.000 € : 40.000 €).

Würden keine besonderen Regelungen getroffen, wie zum Beispiel eine Sonderzahlung des neuen Gesellschafters an die alten Gesellschafter, würden sich die gebildeten Vermögen durch die Aufnahme eines neuen Gesellschafters zu Ungunsten der alten Gesellschafter auf ein Verhältnis von 3 : 2 : 2 aufteilen (z. B. bei 100.000 € als stille Reserve = 42.858 € : 28.571 € : 28.571 €).

Lösung zu 43:

Eine Erhöhung des gezeichneten Kapitals um 20 % bringt ein Bezugsverhältnis von 5 : 1, d. h. auf fünf Altaktien wird eine neue Aktie zu einem Bezugskurs von 200,- € ausgegeben. Der Wert des Bezugrechtes ergibt sich bei:

Bezugsverhältnis: 5:1
Börsenkurs der alten Aktie: 230,- €
Bezugskurs der neuen Aktie: 200,- €

$$\frac{\text{Börsenkurs der alten Aktie - Bezugskurs der jungen Aktie}}{\text{Bezugsverhältnis} + 1} = \frac{230 - 200}{6} = 5\ €$$

Der rechnerische Wert des Bezugrechtes beträgt 5 €.

Lösung zu 44:

Bei einer 24 % Dividende und einem Nennwert von 50 € erhält man einen Betrag von 12,- € als Dividende ausgezahlt. Für junge Aktien beträgt die Dividende für zehn Monate dann entsprechend nur 10,- €, womit sich ein Dividendennachteil von 2,- € herausstellt.

$$\text{Bezugsrecht} = \frac{\text{Börsenkurs der alten Aktie - (Bezugskurs der jungen Aktie + Dividendennachteil)}}{\text{Bezugsverhältnis + 1}}$$

$$\text{Bezugsrecht} = \frac{230 - (200 + 2)}{6} = \mathbf{4{,}67 \; €}$$

Der rechnerische Wert des Bezugrechtes beträgt nun mit einem Dividendennachteil bei der jungen Aktie nur noch 4,67 €.

Lösung zu 45:

Kapitalerhöhungen bestehen in der Zuführung von Eigenkapital von außerhalb des Unternehmens, wodurch sich Änderungen zu Gunsten des gezeichneten Kapitals ergeben. Bei Personengesellschaften geschieht dies durch die Erhöhung der Einlagen der alten Gesellschafter oder durch die Aufnahme neuer Gesellschafter.

Bei der GmbH ist eine ¾ Mehrheit notwendig für den Beschluss der Nachschusspflicht alter Gesellschafter, wie auch für die Aufnahme neuer Gesellschafter. Bei einer Aktiengesellschaft ist der Normalfall die ordentliche oder genehmigte Kapitalerhöhung, die zur Ausgabe neuer Aktien führt.

Kapitalherabsetzungen vermindern dahingegen das Eigenkapital des Unternehmens. Bei Personengesellschaften geschieht dies durch Entnahmen von Eigenkapital oder durch das Ausscheiden alter Gesellschafter.

Eine Herabsetzung des haftenden Stammkapitals einer GmbH ist im Gesetz geregelt. Beispielsweise müssen Gläubiger der Reduzierung der Haftungsmasse zustimmen. Bei Aktiengesellschaften unterscheidet man eine ordentliche Herabsetzung durch Herunterstempeln oder Zusammenlegen der Aktien, die vereinfachte Herabsetzung durch eine buchmäßige Korrektur oder das Einziehen von Aktien.

Gründe für Kapitalerhöhungen:

► Verbesserung der Liquiditätslage

► Kapazitätserweiterungen

► Umschuldungen

► Umwandlung von Rücklagen

Gründe für Kapitalherabsetzungen:

- Entnahmen der Gesellschafter
- Ausscheiden der Gesellschafter
- Verminderung des Kapitalbedarfes
- Sanierung des Unternehmens

Lösung zu 46:

(1) **Umwandlung mit Liquidation und Umwandlung ohne Liquidation**

Bei einer Rechtsnachfolge wird eine Umwandlung mit Liquidation notwendig. Nach der Einzelrechtsnachfolge erfolgt formell eine Liquidation des Unternehmens, um mit einer Neugründung die angestrebte Rechtsform annehmen zu können. Dies geschieht bei der Umwandlung eines Einzelunternehmens in eine Personengesellschaft und umgekehrt.

Die Vermögenswerte eines Unternehmens werden bei einer Umwandlung ohne Liquidation nicht einzeln übertragen.

(2) **Übertragende** und **formwechselnde Liquidation**

Bei einer übertragenden Umwandlung geht im Rahmen einer Gesamtrechtsnachfolge das Vermögen als eine Einheit in das übernehmende Unternehmen über. Man unterscheidet die verschmelzende Umwandlung (Vermögen ist bereits auf ein bestehendes Unternehmen übergegangen) und eine errichtende Umwandlung (Vermögen wird auf ein neu zu errichtendes Unternehmen übertragen).

Eine formwechselnde Umwandlung im Rahmen eines Rechtsformwechsels hat keinen Vermögensübertrag notwendig, da die Rechtspersönlichkeit des Unternehmens weiterhin bestehen bleibt.

(3) **Horizontale**, **vertikale** und **laterale Fusionen**

Eine Fusion ist eine Verschmelzung zweier oder mehrerer Unternehmen, die bis dahin rechtlich selbstständig waren, zu einer neuen Einheit. Sie kann erfolgen als:

- **horizontale Fusion**, wobei die beteiligten Unternehmen der gleichen Leistungsstufe oder dem gleichen Wirtschaftszweig angehören
- **vertikale Fusion**, wobei sich im Leistungsprogramm vor- oder nachgelagerte Unternehmen zusammenschließen
- **laterale Fusion**, wobei Unternehmen aus völlig verschiedenen Leistungsstufen oder Wirtschaftszweigen fusionieren.

(4) **Materielle Liquidation** und **formelle Liquidation**

Die **materielle Liquidation** erwirkt die Wandlung einer Erwerbsgesellschaft in eine Abwicklungsgesellschaft, welche die Vermögensgegenstände in Geld umwandeln soll.

Die **formelle Liquidation** beendet das Dasein des Unternehmens durch den Untergang der Rechtsform, führt aber die Erwerbstätigkeit in einer neuen Rechtsform weiter. Vermögenswerte sind einzeln auf das neue Unternehmen zu übertragen.

Lösung zu 47:

Kriterien	Vorzugsaktie	Gewinnschuld-verschreibung	Wandelschuld-verschreibung
Laufzeit	Nicht begrenzt	Fester Rückzahlungs-termin	Abhängig vom Zeit-punkt des Umtausches
Verzinsung	Ergebnisabhängig, bevorzugt gegenüber Stammaktien	Verzinsung und Gewinnbeteiligung	Vor Umtausch fester Zins, danach gewinn-abhängig wie Aktie
Inhaber-rechte	Gesellschaftsrechte ein-geschränkt	Gläubigerrechte	Vor Umtausch Gläu-bigerrechte, danach mit Gesellschafterrechten
Verlust- bzw. Insolvenzfall	Dividendenausfall lässt Stimmrecht aufleben; Befriedigung vor Stammaktien	Vorrechte bei Insolvenz (Anspruch aus Insol-venzmasse), auch im Verlustfall	Vor Umtausch Obligati-onsrechte (Zinszahlung auch im Verlustfall), danach wie Aktionär

Lösung zu 48:

Siehe MiniLex (S. 229 ff.)

Lösung zu 49:

Die **stille Selbstfinanzierung** ist nicht aus der Bilanz ersichtlich. Durch die Bildung stiller Reserven entstehen Kapitalreserven. Sie basieren auf einer positiven Wertdifferenz zwischen dem Tagesbeschaffungswert und dem Buchwert. Auslöser sind Bilanzierungs-maßnahmen oder Bewertungsmaßnahmen (Unterbewertung der Aktiva, Überbewer-tung der Passiva), die liquide Mittel im Unternehmen binden und diese nicht als Gewinn ausweisen.

Bei der **offenen Selbstfinanzierung** ist die Gewinnerzielung Voraussetzung, wobei der Gewinn in der Bilanz ausgewiesen, versteuert und nicht an die Gesellschafter des Un-ternehmens ausgeschüttet wird. Diesen Gegenwert findet man entweder als Gutha-ben, soweit noch keine Investitionen erfolgt sind, wieder oder als Investitionen inner-halb des Umlauf- und Anlagevermögens.

Lösung zu 50:

Siehe MiniLex (S. 229 ff.)

Das MiniLex enthält die wichtigsten Begriffe, die in diesem Buch behandelt werden. Weitere Begriffe finden sich in: *Olfert/Rahn/Zschenderlein*, Lexikon der Betriebswirtschaftslehre, Kiehl.

Abschreibung

Sie dient der Erfassung von **Wertminderungen** für materielle und immaterielle Gegenstände und zeigt deren Aufwand innerhalb einer Abrechnungsperiode.

Abzahlungsdarlehen

Dabei vermindern sich die Rückzahlungsbeträge durch jährliche, gleich hohe Tilgungsraten. Aufgrund einer rückgängigen Restschuld fallen die **Zinsen** in ihrer Höhe. Die **Tilgungsrate** ergibt sich aus der Division des Kreditbetrages mit der Laufzeit des Darlehens.

Aktie

Sie ist ein **Wertpapier**, das Rechte an der Mitgliedschaft in einem Unternehmen verbrieft:

- ▸ Stimmrecht in der Hauptversammlung

- ▸ Recht auf Anteil am Gewinn (Dividende)

- ▸ Recht auf Anteil am Liquidationserlös

- ▸ Recht auf Bezug neuer (junger) Aktien.

Die Aktie besteht aus dem Mantel (Wertpapierurkunde) und dem Bogen mit Kupons und Erneuerungsschein.

Aktie, Arten

- ▸ Nennwertaktie (Nennwert von 1 € oder Vielfachem)

- ▸ Quotenaktie (ohne Nennwert, in Deutschland verboten)

- ▸ Stückaktie („fiktiver Nennwert" = Grundkapital zu Aktienanzahl, Euro-Umstellung)

- ▸ Inhaberaktie (ohne Namen eines Berechtigten)

- ▸ Namensaktie (Name des Berechtigten im Aktienregister eingetragen)

- ▸ Vinkulierte Namensaktie (Zustimmung der AG bei Übertragung notwendig)

- ▸ Stammaktie (gleiche Rechte für die Aktionäre)

- ▸ Vorzugsaktie (Sonderrechte für die Aktionäre).

Aktiengesellschaft (AG)

Als **Kapitalgesellschaft** besitzt sie eine eigene Rechtspersönlichkeit und ein festes Nominalkapital (Grundkapital/gezeichnetes Kapital). Gesellschafter sind Aktionäre, deren Kapitaleinlagen in Aktien zerlegt sind.

Rechtliche Grundlage ist das AktG, das ein Grundkapital von mindestens 50.000 € und einen Mindestnennbetrag von 1 € je Aktie vorschreibt. Höhere Nennwerte dieser als Nennwertaktien bezeichneten Aktien sind zulässig. Es gibt aber auch Stückaktien.

Organe der AG sind der Vorstand, die Hauptversammlung und der Aufsichtsrat.

Aktienkurs

Er ergibt sich aus dem Handel als **Börsenkurs** und spiegelt den Ankaufswert und Verkaufswert einer Aktie wider. Der Kurs kann sein:

- ▸ ein **Schlusskurs** als letzt verfügbarer Kurs eines Handelstages

- ▸ ein **Einheitskurs** als Marktwert einer Aktie, der sich im Amtlichen Handel aufgrund von Angebot und Nachfrage ergibt

- ein **variabler Kurs**, der durch fortlaufende Notierung von Aktien mit bedeutendem Umsatz entsteht. Für ihn müssen Abschlüsse von Kauf- und Verkaufsaufträgen bestimmte Mindestvolumina aufweisen.

Akzept

Es wird auf einem Wechsel durch den Bezogenen als Unterschrift geleistet. Der Bezogene nimmt hierdurch den Wechsel an. **Formen** des Akzepts sind:

- **Kurzakzept** (es besteht nur aus der Unterschrift des Bezogenen)

- **Vollakzept** (Unterschrift, Ort und Datum werden angegeben, die Wechselsumme kann wiederholt werden)

- **Teilakzept** (Annahme erfolgt nur für einen Teil der Wechselsumme)

- **Bürgschaftsakzept** (zusätzlicher Bürge haftet mit durch seine Unterschrift)

- **Blankoakzept** (nicht ausgefüllter Wechsel wird mit einem Kurzakzept versehen).

Analyse, der Finanzierungsstruktur

Sie untersucht die Zusammensetzung der Kapitalseite der Bilanz (Passiv-Seite), wobei sie sich vor allem folgender **Kennzahlen** bedient:

$$\text{Eigenkapitalquote} = \frac{\text{Eigenkapital}}{\text{Gesamtkapital}} \cdot 100$$

$$\text{Anspannungskoeffizient} = \frac{\text{Fremdkapital}}{\text{Gesamtkapital}} \cdot 100$$

$$\text{Verschuldungskoeffizient} = \frac{\text{Fremdkapital}}{\text{Eigenkapital}} \cdot 100$$

Analyse, finanzwirtschaftliche

Mit ihrer Hilfe werden Investitionen, Finanzierungen und Liquiditäten untersucht. **Arten** der finanzwirtschaftlichen Analyse können sein:

- Objektvergleich/Zeitvergleich/Soll-Ist-Vergleich

- interne/externe Analyse

- formelle/materielle Analyse

- Investitions-/ Finanzierungs-/ Liquiditätsanalyse.

Anlagekapitalbedarf

Bei seiner Ermittlung werden die Anschaffungskosten addiert, die für die Güter des Anlagevermögens anfallen. Handelt es sich nicht um ein bestehendes Unternehmen, sondern um die **Gründung** eines Unternehmens, müssen außerdem noch hinzugerechnet werden:

- Auszahlungen für die Gründung

- Auszahlungen für die Ingangsetzung des Geschäftsbetriebes.

Anlagevermögen

Es umfasst alle **Vermögensgegenstände**, die dazu bestimmt sind, dem Geschäftsbetrieb dauernd zu dienen (§ 247 Abs. 2 HGB). In der **Bilanz** wird das Anlagevermögen auf der Aktiv-Seite ausgewiesen als:

- immaterielle Vermögensgegenstände, z. B. Konzessionen

- Sachanlagen, z. B. Grundstücke, Maschinen

- Finanzanlagen, z. B. Beteiligungen, Wertpapiere.

Anleihe

Sie verbrieft eine schuldrechtliche Verpflichtung und gewährt dem Inhaber ein

Forderungsrecht gegenüber dem Emittenten. Die Anleihe ist ein **fingiertes Wertpapier**, das börsenmäßig gehandelt wird als:

- festverzinsliches Wertpapier
- Rentenpapier
- Schuldverschreibung
- Obligation.

Die Anleihe besteht aus **Mantel** (Schuldurkunde) und **Bogen** (Zinskupons/Erneuerungsschein).

Annuität

Mit ihr werden die jährlich in gleicher Höhe anfallenden Werte ermittelt, die sich aus einem bestimmten auf den Beginn oder das Ende der Betrachtungsperiode bezogenen Wert ergeben. Sie wird auch **Jahreswert** oder **Jahresbetrag** genannt.

Annuitätendarlehen

Dabei setzt sich die Annuität als jährlich in gleicher Höhe zu leistende Jahresrate aus den **Zinsen** zusammen, die im Zeitablauf jährlich fallen und den **Tilgungsraten**, die im entsprechenden Umfang jährlich ansteigen. Der Kreditbetrag ist am Ende der Laufzeit des Annuitätendarlehens zurückbezahlt.

Anschaffungskosten

Sie bestehen aus:

- dem **Angebotspreis** abzüglich gewährter Rabatte, Boni und ggf. Skonto und zuzüglich Kosten für Verpackung, Fracht, Versicherung, Rollgeld **als Nettopreis**
- **Kosten der Nutzbarmachung** des Investitionsobjektes, z. B. Umbau-, Installations-, Projektierungs-, Anlaufkosten.

Asset-Backed-Securities

Das ist die **Verbriefung von Forderungsansprüchen**. Sie schafft Wertpapiere (Securities), die durch Finanzaktiva (Assets) abgesichert und gedeckt (Backed) sind.

Der Forderungsverkäufer überträgt seine Zahlungsansprüche einer rechtlich selbstständigen Zweckgesellschaft, die aus einem hierdurch entstehenden Forderungspool Wertpapiere zur Refinanzierung emittiert, was nach einem **Konzept der Fondszertifikate** oder einem **Anleihekonzept** geschehen kann.

Aufsichtsrat

Er ist ein durch Gesetz vorgeschriebenes **Organ** für die Rechtsformen der AG, der KGaA, der Genossenschaft und der GmbH, soweit diese mindestens 500 Arbeitnehmer beschäftigt. Seine hauptsächliche **Aufgabe** ist die Überwachung der Geschäftsführung.

Aufwand/Ertrag

Der Aufwand ist der gesamte **Wertverzehr** für Güter und Dienstleistungen innerhalb einer Rechnungsperiode. Der Ertrag stellt den **Wertzugang** durch erstellte Güter und Dienstleistungen während einer Rechnungsperiode dar. Zu unterscheiden sind:

- **Zweckaufwand/betrieblicher Ertrag** in Erfüllung des Betriebszwecks
- **Neutraler Aufwand/Ertrag**, der nicht dem Betriebszweck dient.

Ausgaben/Einnahmen

Sie entstehen durch schuldrechtliche Verpflichtungen, z. B. Kaufverträge. Aus ihnen ergeben sich **Verbindlichkeiten** bzw. **Forderungen**, die im Zeitpunkt der schuldrechtlichen Verpflichtung noch nicht zu Auszahlungen bzw. Einzahlungen als tatsächlichem Abfluss bzw. Zufluss von Zahlungsmitteln führen müssen.

Auskunftei/Bankauskunft

Durch sie können Auskünfte zum Zwecke der **Prüfung der Kreditwürdigkeit** eingeholt werden:

- **Auskunfteien** geben gegen Gebühr gewerbsmäßig Auskünfte über die wirtschaftlichen Verhältnisse von Unternehmen und Einzelpersonen.

- **Bankauskünfte** über Kaufleute werden von Banken vor allem an andere Banken gegeben. Dabei handelt es sich um vertrauliche, zumeist ohne Obligo abgegebene Informationen zur Bonitätseinschätzung.

Auslosung

Das ist eine **Tilgungsmethode** von Anleihen, die notariell vorgenommen wird und den Zeitpunkt der Rückzahlung der in einzelne Serien aufgeteilten Obligationen bestimmt.

Außenfinanzierung

Sie ist die **Zuführung des Kapitals** von außerhalb des Unternehmens, unbeschadet der rechtlichen Stellung des Kapitals. Zu unterscheiden sind:

- **Beteiligungsfinanzierung**, bei der Eigenkapital zufließt

- **Fremdfinanzierung**, der Fremdkapital zu Grunde liegt.

Auslandszahlungsverkehr

Dies ist der Zahlungsverkehr zwischen Gebietsansässigen und Gebietsfremden. Es wird von den Kreditinstituten mithilfe von **Korrespondenzbanken**, denen unterstützend zentralbankengetragene sowie privatbankgetragene Zahlungsverkehrssysteme zur Seite stehen.

Der Zahlungsverkehr kann als **Clean Payment** ungesichert erfolgen, d. h. er ist ohne Dokumente möglich, z. B. unter Verwendung eines Europaüberweisungsauftrages oder von Schecks. Er ist aber auch als **dokumentärer Zahlungsverkehr** möglich, bei dem Versandpapiere, Versicherungspapiere, Handels- und Zollpapiere und Lagerhaltungspapiere zugrunde gelegt werden bzw. unter Nutzung des Dokumenteninkassos bzw. der Dokumentenakkreditierung.

Auszahlungen/Einzahlungen

Auszahlungen stellen den Abgang von Geldmitteln dar. Einzahlungen bewirken den **Zufluss von Geldmitteln**. Mit beiden wird der Bestand an liquiden Mitteln verändert, da das Geld unmittelbar fließt.

Barzahlungsverkehr

Bei ihm erfolgt eine Übertragung von Bargeld, die **unmittelbar** („von Hand zu Hand") oder **mittelbar** (Bareinzahlung auf Girokonto/Gutschrift/Barabhebung von Girokonto) geschehen kann.

Baseler Akkord

Er stellt eine internationale Vereinbarung zur Bankenaufsicht dar und will international Bankkrisen vermeiden und Finanzmärkte sichern. Dies geschieht insbesondere durch die Regelung der Eigenkapitalunterlegung für von Banken vergebene Kredite. Inzwischen gibt es Basel III mit – im Vergleich zu Basel I und II – verschärften Regelungen, z. B. in Bezug auf die Eigenkapitalhöhe und die Arten des Kapitals.

Beteiligungsfinanzierung

Dabei handelt es sich um die **Zuführung von Eigenkapital von außerhalb** des Unternehmens, die erfolgen kann:

- in Form von Geldeinlagen, Sacheinlagen oder Rechten

- durch bisherige oder neue Gesellschafter.

Betriebskosten
Sie können im Rahmen einer **Investition** vor allem sein:

▸ Personalkosten

▸ Materialkosten

▸ Instandhaltungskosten

▸ Raumkosten

▸ Energiekosten

▸ Werkzeugkosten.

Bewegungsbilanz
In ihr werden Mittelverwendung und Mittelherkunft gegenübergestellt, um die **Veränderungen** finanzieller Mittel durch bestimmte Vorgänge **aufzuzeigen**:

Mittelverwendung	Mittelherkunft
Aktivmehrung	Aktivminderung
Passivminderung	Passivmehrung

Bezugsrecht
Es ist das im Gesetz verbriefte Teilnahmerecht eines Aktionärs **an einer Kapitalerhöhung einer Aktiengesellschaft**. Mit seiner Hilfe sollen bei der Ausgabe neuer Aktien mögliche Veränderungen bei den Stimmenverhältnissen und Vermögensverhältnissen ausgeglichen werden. Es errechnet sich:

$$\text{Bezugsrecht} = \frac{\text{Börsenkurs der alten Aktie} - \text{Bezugskurs der jungen Aktie}}{\text{Bezugsverhältnis} + 1}$$

Bilanzkurs
Er gibt an, wie viel Eigenkapital aus bilanzieller Sicht auf eine Aktie entfällt und lässt sich grundsätzlich wie folgt ermitteln:

$$\text{Bilanzkurs} = \frac{\text{Bilanzielles Eigenkapital}}{\text{Gezeichnetes Kapital}} \cdot 100$$

Möglich ist auch, einen **korrigierten Bilanzkurs** zu errechnen, bei dem nicht nur das bilanzielle Eigenkapital, sondern auch noch die stillen Reserven berücksichtigt werden.

Blankokredit
Bei ihm werden keine Sicherheiten im Rahmen der Kreditvergabe verlangt. Deshalb wird er auch als **ungedeckter Kredit** bezeichnet.

Bruttoinvestition
Sie ergibt sich als Summe der **Nettoinvestition** (erstmalig bzw. einmalig) und **Reinvestition** als Anschlussinvestition an eine in der Vergangenheit getätigte Investition (Ersatzinvestition im weiteren Sinne).

Cap
Dies ist eine **vertragliche „Zinsversicherung"** für einen variabel verzinsten Kredit. Dem Cap-Käufer wird bei Zahlung einer Cap-Prämie eine Zinsobergrenze für einen bestimmten Zeitraum und einen bestimmten Nominalbetrag durch einen Cap-Verkäufer garantiert.

Übersteigt der variable Referenzzinssatz die Zinsobergrenze, werden die zusätzlich entstehenden Zinskosten vom Cap-Verkäufer durch Ausgleichszahlungen erstattet.

Cashflow
Er gibt den **finanziellen Überschuss** an, den ein Unternehmen erwirtschaftet hat. Er ist ein wichtiger Finanzkraft-Indikator und kann auf zweifache Weise **ermittelt** werden:

▸ **direkt**, was innerhalb des Unternehmens möglich ist

▸ **indirekt** aufgrund verfügbarer Daten des Jahresabschlusses außerhalb des Unternehmens.

Controlling, finanzwirtschaftliches

Es dient der **zielorientierten Beeinflussung** der Aktivitäten des Finanzbereiches. Dabei obliegt ihm die Planung, Kontrolle, Informationsversorgung und Steuerung des Unternehmens. Als eine der Controllingmethoden wird vielfach u. a. die Balance Scorecard eingesetzt.

Damnum

Es ist der Betrag, um den der Nominalbetrag eines langfristigen Kredites in seiner Auszahlung gemindert wird. Das Damnum, das auch **Disagio** genannt wird, beeinflusst die Effektivverzinsung des Kredits.

Deckungsstockfähigkeit

Sie weist die Fähigkeit von Anleihen oder Schuldscheindarlehen aus, als **Deckungsstock** zu dienen. Er wird von Versicherungsunternehmen als Risikopolster gebildet und von einem Treuhänder verwaltet.

In diesem Deckungsstock dürfen z. B. nur Anleihen und Schuldscheine aufgenommen werden, die als besonders sicher gelten.

Desinvestition

Sie ist die **Freisetzung** des durch Investitionen **gebundenen Kapitals** und kann erfolgen:

- ▶ als Einnahmen aus den durch die Investition erzeugten Produkten
- ▶ durch den Verkauf des Investitionsobjektes selbst.

Dokumentenakkreditiv

Im **Auslandszahlungsverkehr** garantiert die Bank des Importeurs als Akkreditivbank unwiderruflich, dem Exporteur bestimmte im Akkreditiv genannte Leistungen bei Übergabe der Dokumente zu erbringen, insbesondere bei der Vorlage ordnungsgemäßer Dokumente sofort zu zahlen.

Dokumenteninkasso

Dabei handelt es sich im **Auslandszahlungsverkehr** um eine Zusicherung von einer Bank an den Exporteur, dass ein festgelegter Betrag gegen Einreichung bestimmter Dokumente:

- ▶ bei einem **Zahlungsinkasso** ausgezahlt wird
- ▶ bei einem **Wechselinkasso** von einem Importeur durch eine vom Exporteur mitgeschickte Tratte akzeptiert wird.

Effektivverzinsung

Bei der Ermittlung einer effektiven Zinsbelastung wird mithilfe der praxisüblichen **Faustformel** ein mögliches Damnum berücksichtigt:

$$r = \frac{Z + \dfrac{D}{n}}{AK} \cdot 100$$

r = Effektivzinssatz
Z = Nominalzinssatz
D = Damnum
AK = Auszahlungskurs
n = Laufzeit (Jahre)

Eigenkapital

Es ist das von den Eigentümern eines Unternehmens als Gesellschafter ohne zeitliche Begrenzung zur Verfügung gestellte Kapital, das als **Grundlage für die wirtschaftliche Tätigkeit** eines Unternehmens dient. Eigenkapital stellt eine **Haftungsmasse** für Fremdkapitalgeber sowie Lieferanten dar und verkörpert z. B.:

- ▶ Herrschaftsrechte
- ▶ Vermögensrechte
- ▶ Recht auf Gewinnbeteiligung.

Eigenkapitalrentabilität

Sie stellt den Gewinn und das eingesetzte Eigenkapital gegenüber. Damit bietet sie eine Vergleichsbasis der Eigenkapitalgeber zu anderen Investitionsalternativen, z. B. Anleihen im Kapitalmarkt. **Problematisch** ist, dass Verzerrungen durch den Leverage-Effekt möglich sind. Er schmälert die Aussagekraft der Eigenkapitalrentabilität.

$$\text{Eigenkapital-rentabilität} = \frac{\text{Gewinn}}{\text{Eigenkapital}} \cdot 100$$

Eigentumsvorbehalt

Er ist ein wichtiges **Sicherungsmittel** bei der Kreditvergabe, vor allem bei den Lieferantenkrediten. Mit seiner Hilfe wird der **Eigentumsübergang** vom Verkäufer der Ware zum Käufer auf den Zeitpunkt der Bezahlung der Ware **verschoben**, d. h. der Käufer wird durch die Übergabe der Ware nur Besitzer einer beweglichen Sache.

Arten des Eigentumsvorbehalt sind:

- einfacher Eigentumsvorbehalt
- verlängerter Eigentumsvorbehalt
- erweiterter Eigentumsvorbehalt.

Einzelunternehmen

Es ist ein **Gewerbebetrieb**, dessen Vermögen einer Person zusteht, die auch Eigentümer des Unternehmens ist und stellt mit rund 90 % aller Unternehmen die am häufigsten vorkommende Rechtsform dar. Der Einzelunternehmer betreibt i. d. R. als Kaufmann ein **Handelsgewerbe** nach § 15 Abs. 2 EStG, also ein Unternehmen, das nach Art und Umfang einen in kaufmännischer Art und Weise eingerichteten Geschäftsbetrieb verlangt.

Electronic Cash

Das sind **automatisierte Kassensysteme** im Handel, die am Point of Sale bargeldlose Zahlungen mithilfe von Debitkarten, Kundenkarten von Kreditinstituten und Kreditkarten als Karten mit Magnetstreifen sowie aufladbaren Chip-Karten (Geld-Karten) zulassen.

Eurogeldmarkt

Hier handeln Banken untereinander Devisenguthaben für kurzfristige Laufzeiten durch **Abtretung** unter Banken. Es können auch multinationale Großkonzerne einbezogen werden. **Instrumente** des Eurogeldmarktes sind z. B. der reine Geldhandel unter Banken in Form von Termin- oder Kündigungsgeldern, der Handel mit Geldmarktpapieren, wie Certificate of Deposite (CD) oder Commercial Paper.

Eurokapitalmarkt

Der Eurokapitalmarkt ist der freie Markt für **Euroanleihen**, die typischerweise auf Währungen ausgestellt sind, die nicht mit der Währung des Emissionslandes übereinstimmen müssen, z. B. festverzinsliche Schuldverschreibungen als Wandel- oder Optionsanleihen, Zerobonds, Floating rate notes.

Eurokreditmarkt

In ihm bieten Banken großvolumige Eurokredite mit kurz- bis mittelfristigen Laufzeiten an, die von Großunternehmen, Staaten oder internationalen Institutionen nachgefragt werden.

Factoring

Ein Factoringinstitut kauft Forderungen eines Unternehmens aus Lieferung und Leistung an, wobei das vor der Fälligkeit der Forderungen erfolgt. Das Unternehmen erhält vom Factoringinstitut finanzierte Liquidität. Es werden unterschieden:

- **echtes Factoring**, bei dem das Factoringinstitut das Delkredererisiko übernimmt, d. h. es kann beim Ausfall der Forderung nicht auf den Forderungsverkäufer zurückgreifen

- **unechtes Factoring**, bei dem das Ausfallrisiko beim Forderungsverkäufer verbleibt und nur eine zwischenzeitliche Kreditierung der Forderungen durch das Factoringinstitut erfolgt.

Factoring, Delkrederfunktion

Sie wird beim **echten Factoring** vom Factoringinstitut übernommen, das damit das Delkredererisiko trägt, indem es ohne Rückgriffsrecht auf den Forderungsverkäufer Forderungen mit dem Risiko einer möglichen Zahlungsunfähigkeit des Schuldners ankauft.

Factoring, Dienstleistungsfunktion

Sie umfasst z. B. die Führung der Debitorenbuchhaltung, die Durchführung des Mahnwesens, die Abwicklung des Inkassowesens und markt-/branchenbezogene Sonderleistungen.

Factoring, Finanzierungsfunktion

- **Standard Factoring**, das einen Ankauf und damit einer Bevorschussung der beim Unternehmen entstehenden Forderungen im Moment des Ausgangs der Rechnungen bedeutet.

- **Maturity Factoring**, bei dem ein durchschnittlicher Fälligkeitstag errechnet wird, zu dem die Rechnungsbeträge angekauft werden.

Festdarlehen

Dabei handelt es sich um ein zumeist **langfristiges Darlehen**, bei dem über seine Laufzeit hinweg vom Schuldner nur Zinsen gezahlt werden und **keine laufende Tilgung** erfolgt. Sie wird vom Schuldner erst am Ende der Laufzeit des Darlehens in Form einer einzigen Rückzahlung des aufgenommenen Kreditbetrages vollzogen.

Finanzdisposition

Sie ist als planerische Vorausschau und die den Finanzplan im operativen Geschäft umsetzende Tätigkeit zu verstehen. Mit ihrer Hilfe wird der **Liquiditätsbestand überwacht** und **gesteuert**.

Finanzierung

Sie ist die **Beschaffung von Kapital**, das zur Leistungserstellung und Leistungsverwertung benötigt wird. Die Finanzierung geschieht meist in Form von Geld, kann aber auch in Sachgütern bzw. Rechten bestehen. Als **Formen** der Finanzierung sind zu unterscheiden:

- Eigenfinanzierung/Fremdfinanzierung

- Außenfinanzierung/Innenfinanzierung.

Finanzierung, aus Abschreibungsgegenwerten

Mit ihrer Hilfe werden Anteile der Abschreibungen, die aus den **Umsatzerlösen** der verkauften Produkte in das Unternehmen zurückfließen, wieder unmittelbar reinvestiert. Eine eindeutige Zugehörigkeit zur Fremdfinanzierung bzw. Eigenfinanzierung ist nicht gegeben.

Finanzierung, aus Rückstellungsgegenwerten

Von Unternehmen werden gebildete Rückstellungen zur Finanzierung verwendet, soweit sie aus den **Umsatzerlösen** der verkauften Produkte als Einzahlungen zurückgeflossen sind. Dabei entsteht auch ein Steuerstundungseffekt. Diese Finanzierungsform ist der **Fremdfinanzierung** zuzurechnen.

Finanzierung, aus sonstigen Kapitalfreisetzungen

Hier setzen Maßnahmen der **Rationalisierung** oder der **Verkauf von Vermögen** Kapital frei, das in das Unternehmen reinvestiert werden kann. Eine eindeutige Zuordnung zur Eigenfinanzierung bzw. Fremdfinanzierung ist nicht möglich.

Finanzierungsanalyse

Mit ihrer Hilfe wird die **Passiv-Seite** der Bilanz untersucht, die dem Ausweis des Kapitals dient. Es gibt:

▸ **Analyse der Finanzierungsstruktur**

$$\text{Eigenkapitalquote} = \frac{\text{Eigenkapital}}{\text{Gesamtkapital}} \cdot 100$$

$$\text{Anspannungskoeffizient} = \frac{\text{Fremdkapital}}{\text{Gesamtkapital}} \cdot 100$$

$$\text{Verschuldungskoeffizient} = \frac{\text{Fremdkapital}}{\text{Eigenkapital}} \cdot 100$$

Vgl. dazu vertikale Finanzierungsregeln.

▸ **Analyse der Finanzierungsdauer**

$$\text{Lieferantenkreditdauer} = \frac{\varnothing \text{ Kreditorenbestand}}{\text{Wareneingang}} \cdot 100$$

$$\text{Wechselkreditdauer} = \frac{\varnothing \text{ Schuldwechselbestand}}{\text{Wareneingang}} \cdot 360$$

▸ **Sonstige Finanzierungsanalyse**

$$\text{Bilanzkurs} = \frac{\text{Eigenkapital}}{\text{Gezeichnetes Kapital}} \cdot 100$$

$$\text{Kreditanspannung} = \frac{\text{Kurzfristige (Wechsel-)Verbindlichkeiten}}{\text{Warenschulden}} \cdot 100$$

Finanzierungsregeln, horizontale

$$\text{Goldene Bilanzregel i. e. S.} = \frac{\text{Anlagevermögen}}{\text{Eigenkapital}} \leq 1$$

$$\text{Goldene Bilanzregel i. w. S.} = \frac{\text{Anlagevermögen}}{\text{Eigenkapital} + \text{langfristiges Fremdkapital}} \leq 1$$

$$\text{Goldene Finanzierungsregel} = \frac{\text{Kurzfristiges Vermögen}}{\text{Kurzfristiges Kapital}} \leq 1$$

bzw.

$$\text{Goldene Finanzierungsregel} = \frac{\text{Langfristiges Vermögen}}{\text{Langfristiges Kapital}} \leq 1$$

Finanzierungsregeln, vertikale

$$\text{1:1-Regel} = \frac{\text{Fremdkapital}}{\text{Eigenkapital}} \leq 1 \text{ (erstrebenswert)}$$

$$\text{2:1-Regel} = \frac{\text{Fremdkapital}}{\text{Eigenkapital}} \leq 2 \qquad \text{(gesund)}$$

$$\text{3:1-Regel} = \frac{\text{Fremdkapital}}{\text{Eigenkapital}} \leq 3 \qquad \text{(zu hoch)}$$

Finanzinvestition

Sie hat das **Finanzanlagevermögen** des Unternehmens zum Gegenstand und kann erfolgen in Form von:

▸ **Forderungsrechten**, z. B. gewährten Darlehen, Kundenforderungen

▸ **Beteiligungsrechten**, z. B. Aktien, Gesellschaftsanteilen.

Die Finanzinvestition wird auch als **Nominalinvestition** bezeichnet.

Finanzplan

Er ist eine **tabellarische Übersicht** der prognostizierten oder vorgegebenen Einzahlungen und Auszahlungen eines Unternehmens für einen bestimmten Zeitraum, z. B. Monat, Quartal, Halbjahr, Jahr. Aus ihm werden **Unterdeckungen** sowie **Überdeckungen** ersichtlich, die finanzielle Maßnahmen bewirken.

Finanzplanung

Sie dient der Gestaltung der finanziellen Vorhaben des Unternehmens unter Berücksichtigung der finanzwirtschaftlichen Ziele. **Maßnahmen** der Finanzplanung sind die Ermittlung des Kapitalbedarfes und seiner Planung, die Planung der Kapitalstruktur und die Finanzdisposition.

Finanzwirtschaft(licher Bereich)

Ihr/ihm obliegt die Planung, Steuerung und Kontrolle der Einzahlungen und Auszahlungen des Unternehmens, die so zu gestalten sind, dass dessen Zahlungsfähigkeit nicht gefährdet wird. Ihre/seine **Funktionen** sind Investition, Finanzierung und Zahlungsverkehr.

Forderungsabtretung

Ein Kreditnehmer (bisheriger Gläubiger = Zedent) tritt Forderungen, die er gegenüber einem Dritten (Drittschuldner) besitzt, mittels eines formfreien **Abtretungsvertrages** (§§ 398 ff. BGB) an den Kreditgeber (neuer Gläubiger = Zessionar) zur Besicherung des Kredits ab. Dies kann geschehen als:

- **offene Zession** (mit Anzeige an Drittschuldner)

- **stille Zession** (ohne Information an Drittschuldner).

Forfaitierung

Sie ist dem Factoring ähnlich, wobei hier lediglich **einzelne Forderungen angekauft** werden, die aus Exportgeschäften stammen, langfristig sind und sich zumeist auf Investitionsgüter beziehen.

Freiverkehr

Er ist ein **Teilsegment des Kassamarktes**. In ihm bestehen die geringsten Anforderungen für die Zulassung zum Aktienhandel. Damit ist der Freiverkehr für kleinere, jüngere Unternehmen als Börsenplattform vorgesehen.

Fremdfinanzierung

Bei ihr erfolgt eine **Zuführung von Fremdkapital**, das dem Unternehmen zeitlich befristet zur Verfügung steht. Vor allem Kreditinstitute, Lieferanten und Kunden sind Kapitalgeber, die für die Hingabe ihres Kapitals vielfach die Bereitstellung von Sicherheiten verlangen. Die Fremdfinanzierung wird auch als **Kreditfinanzierung** bezeichnet.

Fremdkapital

Es umfasst die Gesamtheit der **Schulden** eines Unternehmens, die auf der Passiv-Seite der Bilanz ausgewiesen werden, und dient – wie auch das Eigenkapital – der Finanzierung des Vermögens.

Mit der Hingabe von Fremdkapital erwachsen dem Kapitalgeber das Recht auf **Rückzahlung** des Nominalbetrages sowie das Recht auf Zahlung von **Zinsen**.

Fusion

Sie stellt eine **Verschmelzung** zweier oder mehrerer Unternehmen dar, aus der eine neue rechtlich und wirtschaftlich selbstständige Einheit entsteht. Die Fusion wird oftmals wegen einer verbesserten Marktstellung und eines vergrößerbaren Rationalisierungspotenzials durchgeführt. Sie kann erfolgen als:

- **Fusion mit Liquidation** (mit Einzel-rechtsnachfolge)

- **Fusion ohne Liquidation** (mit Gesamt-rechtsnachfolge) durch Aufnahme oder Neubildung.

Führung, finanzwirtschaftliche
Sie ist die situationsbezogene Beeinflussung des Finanzbereich unter Einsatz von **Führungsinstrumenten**. Die finanzwirtschaftliche Führung erfolgt auf verschiedenen organisatorischen **Ebenen** (z. B.: obere, mittlere, untere Führungsebene).

Der finanzwirtschaftliche **Führungsprozess** umfasst Zielsetzung, Planung, Kontrolle und Steuerung. Finanzwirtschaftliche **Ziele** sind Rentabilität, Liquidität, Sicherheit und Unabhängigkeit.

Future
Dies sind börsengehandelte und daher standardisierte Instrumente vor allem im Terminmarkt, aber auch im Optionsgeschäft. An der Börse wird täglich ein „Fixing" durchgeführt, wobei eine Clearing-Stelle die Erfüllung garantiert. Futures werden für Zinsen, Aktien, aber auch z. B. für Edelmetalle gehandelt.

Geld
Als **Bindeglied** zwischen den leistungswirtschaftlichen und finanzwirtschaftlichen Funktionen dient es als Zahlungsmittel der Beschaffung der Produktionsfaktoren und **wandelt sich** dadurch in Anlagevermögen und Umlaufvermögen um, bis es durch den Absatz der erstellten Leistungen dem Unternehmen wieder zufließt.

Geldeinlage/Bareinlage
Im Rahmen der **Beteiligungsfinanzierung** wird Eigenkapital von neuen oder alten Gesellschaftern in unterschiedlichen Formen zugeführt. Die Geldeinlage ist die häufigste Form der Zuführung, da sie pro-blemlos aufgrund der nicht notwendigen Bewertung durchgeführt werden kann.

Genossenschaft (eG)
Sie ist eine **Gesellschaft** von **nicht geschlossener Mitgliederzahl**, welche die Förderung des Erwerbs oder der Wirtschaft ihrer Mitglieder (wirtschaftliche Zwecke) oder deren soziale bzw. kulturelle Belange (ideelle Zwecke) durch gemeinschaftlichen Geschäftsbetrieb bezweckt. Ihre **Organe** sind die Generalversammlung (ggf. Vertreterversammlung), der Aufsichtsrat und der Vorstand (mindestens 2 Personen).

Genussschein
Er verbrieft **Genussrechte**, die nicht gesetzlich geregelt sind und von Unternehmen jeder Rechtsform gewährt werden können. Prinzipiell erhalten Genussscheininhaber **kein Stimmrecht** in der Gesellschafter- bzw. Hauptversammlung und auch kein Mitwirkungsrecht an der Geschäftsführung.

Gesellschaft des bürgerlichen Rechts (GdbR)
Sie ist eine vertragliche Vereinigung von mindestens zwei Personen, die ein **gemeinsames Ziel** anstrebt. Die GdbR ist keine eigene Firma und damit auch nicht rechtsfähig. Rechtlich geregelt ist die GdbR in den §§ 705 - 740 BGB. Sie eignet sich für vielfache, nicht auf Dauer abgestellte Zwecke, z. B. Gelegenheitsgesellschaften, Vermögensverwaltungen und Arbeitsgemeinschaften.

Gesellschaft mit beschränkter Haftung (GmbH)
Als **Kapitalgesellschaft** stellt sie eine Handelsgesellschaft mit eigener Rechtspersönlichkeit dar, deren Gesellschafter mit Einlagen auf das in Geschäftsanteile zerlegte **Stammkapital** von mindestens 25.000 € beteiligt sind. Jeder Geschäfts-

anteil muss auf volle Euro lauten. **Organe der GmbH** sind Gesellschafterversammlung, Aufsichtsrat und der/die Geschäftsführer.

Gesellschafterdarlehen

Bei ihm fließt dem Unternehmen **Fremdkapital** zu, das von Gesellschaftern des Unternehmens bereitgestellt wird. Dies kann auch aus steuerlichen und machtpolitischen Gründen geschehen.

Gewinnrücklagen

Dabei handelt es sich um einen **variablen Teil des Eigenkapitals** von Kapitalgesellschaften, der auftretende Verluste auszugleichen hat. Nach § 266 Abs. 3 HGB werden aus dem Jahresüberschuss **unterschiedliche Gewinnrücklagen** gebildet:

- ▶ gesetzliche Rücklagen (bei der AG und der KGaA)
- ▶ Rücklagen für eigene Anteile (bei der AG und GmbH)
- ▶ satzungsmäßige Rücklagen und andere Rücklagen.

Gewinnschuldverschreibung

Sie ist eine **Sonderform der Industrieobligation**, bei der den Zeichnern der Gewinnschuldverschreibung zusätzlich Sonderrechte eingeräumt werden, die eine neben den festen Zinseinkünften gewinnabhängige Zusatzverzinsung oder eine vollkommen gewinnabhängige Verzinsung sein können.

Grundmietzeit

Bei Finance-Leasing-Verträgen, die zumeist langfristige Verträge sind, besteht eine Grundmietzeit, in der das **Leasingverhältnis nicht gekündigt** werden kann. Sie beträgt 50 % - 75 % der betriebsgewöhnlichen Nutzungsdauer des Leasing-Gutes. Innerhalb der Grundmietzeit deckt der Leasing-Geber zumeist die An-schaffungs- oder Herstellungkosten des Leasing-Gutes sowie im Falle eines Vollamortisationsvertrags die Kosten- und die Gewinngrößen.

Grundpfandrecht

Es bezieht sich auf immobile Vermögensgegenstände. Mit ihm werden Grundstücke belastet, was durch die Eintragung in das Grundbuch geschieht. **Arten** von Grundpfandrechten sind:

- ▶ **Hypotheken** als Grundstückbelastungen, die bestehende Forderungen von Gläubigern besichern. Sie sind vom Bestehen und der Höhe der Forderungen abhängig.
- ▶ **Grundschulden** als Grundstücksbelastungen, bei denen keine direkte Bindung an bestehende Forderungen bestehen.

Gründung

Durch sie wir ein Unternehmen ins Leben gerufen. Die Gründung kann vollzogen werden als:

- ▶ **Bargründung**, bei der ausschließlich Geld eingebracht wird
- ▶ **Sachgründung**, bei der Vermögenswerte zufließen
- ▶ **Mischgründung**, bei der sowohl Geldwerte als auch Sachwerte eingebracht werden.

Haftungsbeschränkte Unternehmergesellschaft (UG haftungsbeschränkt)

Sie ist eine **Rechtsformvariante der GmbH**. Insofern stellt sie keine neue Rechtsform dar. Ihr bedeutendster Unterschied zur GmbH liegt im **Mindeststammkapital**, das zwischen 1 € und 24.999 €, also unterhalb der GmbH, liegt. Deshalb wird sie auch als **Mini-GmbH** bezeichnet und soll dazu dienen, Existenzgründern und Kleinunternehmern mit wenig verfügbarem

Kapital die Gründung einer haftungsbeschränkten Gesellschaft zu ermöglichen.

Die **Einlagen** auf das Stammkapital dürfen ausschließlich in Form von Bareinlagen erfolgen.

Handelskredit

Er wird im Bereich der Industrie und des Handels zwischen Geschäftspartnern gewährt. Grundlage sind **Warenlieferungen**, die zumeist gleichzeitig als Sicherung der Kreditvergabe dienen. **Arten** des Handelskredits sind:

- Der **Lieferantenkredit** als am meisten genutzter Kredit der entsteht, indem die Zahlung erhaltener Leistungen durch das Unternehmen zeitlich verzögert erfolgt, d. h. erst zum Zeitpunkt der Fälligkeit. Wird er **nicht beansprucht**, also vor Fälligkeit gezahlt wird, kann vielfach Skonto vom Rechnungsbetrag abgezogen werden.

- Der **Kundenkredit**, dem eine vertragliche Vereinbarung zwischen einem Kunden als Kreditgeber und einem Lieferanten als Kreditnehmer zugrunde liegt, z. B. im Wohnungs- oder Großanlagenbau.

Kreditinstitute werden nur indirekt durch die Finanzierung des Handelspartners eingeschaltet.

Hauptversammlung

Sie ist das oberste **Organ einer Aktiengesellschaft**. In ihr können die Aktionäre:

- **Rechte geltend machen**, z. B. das Auskunftsrecht

- über die **Geschäftspolitik mitbestimmen**, z. B. über die Verwendung des Bilanzgewinns, die Bestellung der Aufsichtsratsmitglieder, die Entlastung des Vorstands und des Aufsichtsrats.

Inhaber-/Orderscheck

Sie unterscheiden sich nach der **Form der Übergabe**:

- **Inhaberschecks** können formlos übergeben werden.

- **Orderschecks** erfordern für den Übertrag ein Indossament.

Innenfinanzierung

Durch sie erfolgt die **Finanzierung** des Unternehmens **von innen**, d. h. aus eigener Kraft. Zu unterscheiden sind:

- Finanzierung aus **Umsatzerlösen** als Selbstfinanzierung

- Finanzierung aus **Abschreibungs**- und **Rückstellungsgegenwerten**

- Finanzierung aus **sonstigen Kapitalfreisetzungen**, z. B. Rationalisierung.

Investition

Darunter wird allgemein die **Kapitalverwendung** verstanden, also eine Umwandlung von Kapital in Vermögen. Als Investition kann aber auch **jegliche Abkehr vom Geld** gesehen werden. **Arten** von Investitionen sind z. B.:

- Sachinvestitionen, Finanzinvestitionen, immaterielle Investitionen

- Nettoinvestitionen, Reinvestitionen, Bruttoinvestitionen.

Investition, immaterielle

Mit ihrer Hilfe wird die **Wettbewerbsfähigkeit** des Unternehmens **erhalten** oder **gestärkt**. Sie erfolgt insbesondere im Bereich Forschung und Entwicklung, im Personalbereich (Bildungs-, Sozialinvestition) oder im Marketingbereich (Goodwill, Kundenstamm, Firmenimage). Immaterielle Investitionen, die z. B. als Lizenzen erworben werden, können **aktiviert** werden.

Investitionsanalyse

Mit ihrer Hilfe wird die **Aktiv-Seite** der Bilanz untersucht. Sie kann erfolgend als:

▶ **Analyse der Investitionsstruktur**

$$\text{Vermögens-} \atop \text{konstitution} = \frac{\text{Anlagevermögen}}{\text{Umlaufvermögen}} \cdot 100$$

$$\text{Anlage-} \atop \text{intensität} = \frac{\text{Anlagevermögen}}{\text{Gesamtvermögen}} \cdot 100$$

$$\text{Umlauf-} \atop \text{intensität} = \frac{\text{Umlaufvermögen}}{\text{Gesamtvermögen}} \cdot 100$$

▶ **Analyse der Investitionspolitik**

$$\text{Investitions-} \atop \text{quote} = \frac{\text{Nettoinvestitionen Sachanlagen}}{\text{Anfangsbestand Sachanlagen}} \cdot 100$$

$$\text{Investitions-} \atop \text{deckung} = \frac{\text{Abschreibungen Sachanlagen}}{\text{Zugänge achanlagen}} \cdot 100$$

$$\text{Abschreibungs-} \atop \text{quote} = \frac{\text{Abschreibungen Sachanlagen}}{\text{Endbestand Sachanlagen}} \cdot 100$$

▶ **Umsatzbezogene Investitionsanalyse**

$$\text{Anlagennutzung} = \frac{\text{Umsatz}}{\text{Sachanlagen}} \cdot 100$$

$$\text{Vorratshaltung} = \frac{\text{Vorräte}}{\text{Umsatz}} \cdot 100$$

usw.

Kapazitätserweiterungseffekt

Darunter ist die Wirkung zu verstehen, die sich daraus ergibt, dass die **freigesetzten Abschreibungsgegenwerte sofort** zu Neuinvestitionen für gleichwertige Anlagen **verwendet** werden. Über mehrere Jahre hinweg kann sich theoretisch eine Kapazitätserweiterung von nahezu 100 ergeben. In der Praxis wird sie möglich sein, aber geringer ausfallen.

Kapital

Es wird in der Betriebswirtschaftslehre **begrifflich unterschiedlich** weit gefasst. So kann Kapital z. B. als abstrakte Wertsumme in der Bilanz oder als Geld für Investitionszwecke angesehen werden. Es gibt **abstraktes** und **konkretes Kapital**.

Kapital, abstraktes

Es stellt die **Wertsumme** auf der **Passiv-Seite** der Bilanz dar, mit der die Gesamtheit der Verbindlichkeiten des Unternehmens gegenüber seinen Eigentümern und Gläubigern ausgewiesen wird, die Eigenkapital und Fremdkapital zur Verfügung gestellt haben.

Kapitalbedarf

Er entsteht dadurch, dass vom Unternehmen **Auszahlungen** zu leisten sind, denen zum gleichen Zeitpunkt keine zumindest gleich hohen **Einzahlungen gegenüberstehen**. Die Höhe des Kapitalbedarfes hängt ab:

▶ von der **Höhe** der Einzahlungen und der Auszahlungen

▶ vom zeitlichen **Auseinanderfallen** der Zahlungsströme.

Der Kapitalbedarf unterliegt mehreren **Einflussfaktoren** wie Prozessanordnung, Unternehmensgröße, Leistungsprogramm, Nutzungsgrad, Prozessgeschwindigkeit und Preisen.

Kapitalbedarfsrechnung
Sie dient dazu, den Kapitalbedarf auf relativ einfache Weise zu ermitteln. Dies geschieht in drei **Schritten**:

- Ermittlung des Anlagekapitalbedarfes
- Ermittlung des Umlaufkapitalbedarfes
- Ermittlung des Gesamtkapitalbedarfes:

$$= \quad \text{Anlagekapitalbedarf} \\ + \text{Umlaufkapitalbedarf}$$

Kapitalerhöhung
Durch sie erfolgt die **Zuführung** von **Eigenkapital** von außerhalb des Unternehmens. Entsprechend ergeben sich insbesondere bei Kapitalgesellschaften **strukturelle Änderungen** zu Gunsten des gezeichneten Kapitals.

Bei **Aktiengesellschaften** können als **Formen** der Kapitalerhöhung unterschieden werden:

- **Ordentliche Kapitalerhöhung:** Sie ist die Normalform und benötigt die ¾-Mehrheit in der Hauptversammlung. Für Altaktionäre besteht ein Bezugsrecht auf neue Aktien.

- **Bedingte Kapitalerhöhung:** Hier ist die Kapitalerhöhung zweckgebunden für z. B. Belegschaftsaktien, Wandelschuldverschreibungen, Fusionen. Ein Bezugsrecht für Altaktionäre ist ausgeschlossen.

- **Genehmigte Kapitalerhöhung:** Dabei ist der Zeitpunkt der Erhöhung des durch die Hauptversammlung genehmigten Kapitals vom Vorstand frei wählbar.

Kapitalflussrechnung
Mit ihr werden **Veränderungen** der Posten zweier aufeinander folgender Bilanzen und GuV-Rechnungen zu Beginn und am Ende einer Periode **gegenübergestellt**. Die Differenz zwischen insgesamt verfügbaren Mitteln und eingesetzten Mitteln ergibt die Zunahme bzw. Abnahme der flüssigen Mittel.

Kapitalfreisetzungseffekt
Dieser Effekt basiert auf der **Finanzierung aus Abschreibungsgegenwerten**. Bilanzielle Abschreibungen vermindern den Periodengewinn und damit die Steuerzahlungen.

Fließen dem Unternehmen die Abschreibungen durch die Verkaufserlöse wieder zu, erfolgt eine **Freisetzung des investierten Kapitals**, über welches das Unternehmen verfügen kann.

Kapitalgesellschaft
Sie verfügt über eine **eigene Rechtsfähigkeit** und ein **festes Nominalkapital**.

Während sie mit ihrem eigenen Vermögen haftet, erfolgt die **Haftung** der beteiligten Gesellschafter nur mit ihrem Anteil am Kapital.

Die Anteile der Gesellschafter sind unkündbar, um eine Verminderung des Haftungsumfangs zu vermeiden.

Kapitalherabsetzung
Sie bewirkt eine **Verminderung** des **Eigenkapitals** für ein Unternehmen. Gründe können Entnahmen, das Ausscheiden von Gesellschaftern oder Kapitalverminderung zu Sanierungszwecken sein. **Besonderheiten** bei der Aktiengesellschaft bestehen in Form der:

- **ordentlichen Kapitalherabsetzung** (Herunterstempeln oder Zusammenlegen der Aktien)

- **vereinfachten** (buchmäßigen) **Kapital-herabsetzung**.

Kapital, konkretes
Es stellt das Vermögen des Unternehmens dar und wird auf der **Aktiv-Seite** der Bilanz als Anlagevermögen und Umlaufvermögen ausgewiesen.

Kapitalkosten
Sie sind mit jeder Finanzierungsmaßnahme verbunden und bestehen aus:

- **einmaligen Kapitalkosten** als Kosten, die in Verbindung mit der Beschaffung und Tilgung des Kapitals anfallen
- **laufende Kapitalkosten**, die insbesondere der Nutzung des Kapitals dienen.

In Bezug auf **Investitionen** umfassen die Kapitalkosten die kalkulatorischen Abschreibungen und Zinsen.

Kapitalrücklage
Sie stellt einen **Teil des Eigenkapitals** von Kapitalgesellschaften dar und entsteht z. B. durch Agios (Aufgelder) bei der Ausgabe von Unternehmensanteilen. Ebenso wie die Gewinnrücklage hat sie eine **Haftungsfunktion** für entstehende Verluste. Sie kann in gezeichnetes Kapital umgewandelt werden.

Kapitalstruktur
Sie ergibt sich aus der **Passiv-Seite** der Bilanz. Ihre Vorteilhaftigkeit wird anhand von vertikalen Finanzierungsregeln beurteilt. **Kennzahlen** sind:

- Eigenkapitalquote
- Anspannungskoeffizient
- Verschuldungskoeffizient.

Kassamarkt
Bei ihm fallen die Preisfeststellung für eine Wertpapiertransaktion und deren Erfüllung zeitlich zusammen. **Segmente** des Kassamarktes sind:

- **Regulierter Markt** (General bzw. Prime Standard)
- **Freiverkehr** (für kleine, junge, unbekannte Unternehmen).

Kommanditgesellschaft auf Aktien (KGaA)
Sie ist eine Sonderform der Aktiengesellschaft, die in Anlehnung an die Kommanditgesellschaft mindestens einen Gesellschafter hat, der als **Komplementär** den Gesellschaftsgläubigern gegenüber unbeschränkt haftet und kraft Gesetz die Gesellschaft als **Vorstand** führt.

Kontokorrentkredit
Er ist als **kurzfristiger Bankkredit** weit verbreitet, da er eine äußerst flexible Art der Kreditaufnahme ermöglicht. Dem Kreditnehmer wird eine **Kreditlinie** eingeräumt, bis zu welcher der Kredit flexibel beansprucht werden kann. Die **Tilgung** erfolgt variabel zumeist aus Umsatzerlösen. Wiederholte **Prolongationen** lassen aus dem kurzfristigen Kontokorrentkredit einen langfristigen Kredit entstehen. Der Kontokorrentkredit ist für die Aufrechterhaltung des laufenden Geschäftsbetriebes sehr wichtig, allerdings aus Kostensicht einer der **teuersten** kurzfristigen Bankkredite.

Kosten/Erlöse
Kosten stellen den wertmäßigen **Verzehr** von Produktionsfaktoren zur Erstellung und Verwertung betrieblicher Leistungen sowie zur Sicherung der dafür notwendigen betrieblichen Kapazitäten dar. **Erlöse** sind der **Wertzuwachs**, der durch die Er-

stellung und Verwertung von betrieblichen Leistungen bewirkt wird.

Kreditantrag

Er ist der **Ausgangspunkt der Kreditfinanzierung** bei einem Kreditinstitut. Nachdem er gestellt ist, erfolgen durch die Bank:

- die **Kreditwürdigkeitsbeurteilung** des Kreditantragstellers
- die Bestimmung der zu stellenden **Kreditsicherheiten**
- die Ausfertigung des **Kreditvertrages**.

Kreditfähigkeit

Rechtliche Verhältnisse der Kreditantragsteller sind ausschlaggebend, damit Kreditverträge rechtswirksam abgeschlossen werden können. Die Kreditfähigkeit besteht bei:

- natürlichen, voll geschäftsfähigen Personen
- juristischen Personen des privaten und öffentlichen Rechts
- Personengesellschaften.

Kreditfinanzierung

Hier wird von außerhalb des Unternehmens Fremdkapital zugeführt, wodurch ein Schuldverhältnis entsteht. Dieses Fremdkapital steht nur **befristet** zur Verfügung und ist zu verzinsen. Die Kreditfinanzierung wird vielfach auch als **Fremdfinanzierung** bezeichnet.

Kreditgarantiegemeinschaft

Sie erleichtert oder ermöglicht als Einrichtung bestimmter Branchen durch die Übernahme von Teilgarantien in Form von **Ausfallbürgschaften** die Kreditausreichung an mittelständische Unternehmen.

Kreditleihe

Dabei stellt eine Bank einem Bankkunden ihre **Kreditwürdigkeit** zur Verfügung und übernimmt bedingte oder unbedingte Zahlungsverpflichtungen. Für die Bereitstellung ihrer einwandfreien Kreditwürdigkeit erhält sie von Kreditnachfragern eine **Provision**.

Die Kreditleihe ist möglich mithilfe:

- Eines **Akzeptkredites**, bei dem der Kunde einen Wechsel auf sein Kreditinstitut zieht, den es akzeptiert. Er kann den Wechsel zahlungshalber weitergeben oder (s)einem Kreditinstitut zum **Diskont** vorlegen.
- Eines **Avalkredites**, der die Übernahme einer Bürgschaft oder einer Garantie des Kreditinstitutes für Verbindlichkeiten eines Bankkunden darstellt.

Kreditwürdigkeitsprüfung

Die **Kreditwürdigkeit** wird unter persönlichen und wirtschaftlichen Aspekten geprüft, wobei ihr besondere Wichtigkeit zukommt, wenn für die Kreditvergabe keine dinglichen Besicherungen vorliegen. Als Kreditwürdigkeitsprüfung sind zu unterscheiden:

- Die **persönliche Kreditwürdigkeitsprüfung** untersucht die Vertrauenswürdigkeit eines Kreditnehmers, wobei neben moralischen auch fachliche Aspekt zählen, z. B. berufliche Qualifikationen.
- Die **wirtschaftliche Kreditwürdigkeitsprüfung** erforscht die wirtschaftlichen Verhältnisse. Dies geschieht traditionell durch eine **Bilanzanalyse** oder moderner über die **zukünftige wirtschaftliche Ertragskraft** des Kreditnehmers.

Kreditzusage

Bei erfolgreicher Prüfung der Kreditwürdigkeit sagt das Kreditinstitut dem Kreditnehmer den beantragten Kredit zu, wobei **Einzelheiten** festgelegt werden:

- ► Kreditart
- ► Kreditlaufzeit
- ► Provisionsberechnung
- ► Kündigungsformen
- ► Kredithöhe
- ► Form der Zinsberechnung
- ► Kreditbereitstellung
- ► Kredittilgung.

Mit der **Einverständniserklärung** des Kreditnehmers zu der Kreditzusage kommt der Kreditvertrag mit der Bank zu Stande.

Kommanditgesellschaft (KG)

Sie ist die vertragliche Vereinigung von zwei oder mehr Personen, die ein **Handelsgewerbe** gemeinschaftlich betreiben, wobei mindestens ein Gesellschafter unbeschränkt und ein anderer Gesellschafter nur beschränkt haftet:

- ► Der **Komplementär** ist vollhaftender Gesellschafter und hat als solcher das Recht zur Geschäftsführung und Vertretung der Gesellschaft nach außen.

- ► Der **Kommanditist** haftet lediglich in Höhe seiner Einlage. Seine Mitwirkung an der Unternehmensführung ist auf ein Informations- und ein begrenztes Kontrollrecht beschränkt.

Lastschrift(verkehr)

Der Gläubiger zieht als Initiator der Lastschrift seine Forderung über ein Kreditinstitut beim Schuldner ein. **Arten** der Lastschrift können sein:

- ► Einzugsermächtigungsverfahren
- ► Abbuchungsauftrag.

Leasing

Es ist die entgeltliche, pacht- oder mietähnliche Überlassung von Wirtschaftsgütern zur Nutzung oder zum Gebrauch auf Zeit. **Arten** des Leasing können sein:

- ► das **Equipment-Leasing** (einzelnes, bewegliches Wirtschaftsgut) und das **Plant-Leasing** (Gesamtheit ortsfester Wirtschaftsgüter) sowie das **Konsumgüter-Leasing** (Güter des täglichen Gebrauchs mit langer Lebensdauer) und **Investitionsgüter-Leasing** (Güter des Anlagevermögens)

- ► das kurzfristige **Operate-Leasing** als „unechtes Leasing", das einem normalen Mietverhältnis sehr nahe kommt und das längerfristige **Finance-Leasing** als „echtes Leasing", das dem Leasing-Nehmer das Investitionsrisiko überträgt.

Leverage-Effekt

Er bewirkt, dass bei einer bestimmten **Eigenkapitalrentabilität** die Verzinsung des Eigenkapitals durch die Aufnahme von Fremdkapital **erhöht** werden kann, wenn die Kosten für das Fremdkapital niedriger sind als die erzielte Gesamtkapitalrentabilität. Im umgekehrten Falle kommt es zu einer **Niedrig-** oder **Negativverzinsung**, die als **Leverage Risk** bezeichnet wird.

Liquidation

Das Ende einer unternehmerischen Tätigkeit wird durch die Liquidation freiwillig bewirkt oder gerichtlich erzwungen. **Arten** der Liquidation sind:

- ► die **materielle Liquidation** (Wandlung in eine Abwicklungsgesellschaft zur Vermögensumwandelung) und die **formelle Liquidation** (Beendigung der Rechtsform und Überführung in eine neue Rechtsform zur weiteren Geschäftsfortführung)

▸ die **Totalliquidation** für alle Vermögensgegenstände und die nur Teile der Vermögenswerte betreffende **Teilliquidation**.

Liquidität

Sie soll die **Zahlungsfähigkeit** eines Unternehmens gewährleisten bzw. seine Zahlungsunfähigkeit (Illiquidität) abwenden. Als **Arten** der Liquidität lassen sich unterscheiden:

▸ **Absolute Liquidität**, welche die Eigenschaft der Verwendung bzw. Umwandlung von Vermögensteilen in Zahlungsmittel widerspiegelt. Sie kann **natürliche Liquidität** als Zustand sein, der sich bei einer vollkommenen Ausreifung eines Gutes einstellt, oder **künstliche Liquidität**, bei der eine vorzeitige Umwandlung des Gutes in Liquidität durchgeführt wird.

▸ **Relative Liquidität**, welche die Möglichkeiten eines Unternehmens zeigt, seinen finanziellen Verpflichtungen nachzukommen.

Liquiditätsanalyse

Bei ihr werden sowohl die **Aktiv-Seite** als auch die **Passiv-Seite** der Bilanz untersucht. Zu unterscheiden sind:

▸ statische Liquiditätsanalyse (kurzfristig/langfristig)

▸ dynamische Liquiditätsanalyse.

Liquiditätsanalyse, dynamische

Sie dient dem Zweck, die Liquidität **zeitraumbezogen** darzustellen. Dazu dienen:

▸ Cashflow

▸ Bewegungsbilanz

▸ Finanzplan.

Liquidität, relative

Sie zeigt die Möglichkeit des Unternehmens, seinen finanziellen Verpflichtungen nachzukommen. **Arten** der relativen Liquidität sind:

▸ **statische Liquidität**, die zeitpunktbezogen das Verhältnis zwischen verschiedenen Bilanzpositionen beschreibt

▸ **dynamische Liquidität**, die zeitraumbezogen alle fälligen Zahlungsverpflichtungen uneingeschränkt erfüllt.

Liquiditätsanalyse, kurzfristige statische

$$\text{Liquidität 1. Grades} = \frac{\text{Zahlungsmittel}}{\text{Kurzfristige Verbindlichkeiten}} \cdot 100$$

$$\text{Liquidität 2. Grades} = \frac{\text{Zahlungsmittel} + \text{kurzfristige Forderungen}}{\text{Kurzfristige Verbindlichkeiten}} \cdot 100$$

$$\text{Liquidität 3. Grades} = \frac{\text{Zahlungsmittel} + \text{kurzfristige Forderungen} + \text{Vorräte}}{\text{Kurzfristige Verbindlichkeiten}} \cdot 100$$

Liquiditätsanalyse, langfristige statische

$$\text{Deckungsgrad A} = \frac{\text{Eigenkapital}}{\text{Anlagevermögen}} \cdot 100$$

$$\text{Deckungsgrad B} = \frac{\text{Eigenkapital} + \text{langfristiges Fremdkapital}}{\text{Anlagevermögen}} \cdot 100$$

$$\text{Deckungsgrad C} = \frac{\text{Eigenkapital} + \text{langfristiges Fremdkapital}}{\text{Anlagevermögen} + \text{langfristig gebundenes Umlaufvermögen}} \cdot 100$$

Lombardkredit

Er stellt die kurzfristige **Vergabe eines Bankkredits gegen ein „Faustpfand"** dar. **Formen** des Lombardkredits sind je nach der Verpfändung von unterschiedlichen Vermögensgegenständen:

- **Effektenlombard** (Verpfändung fungibler Wertpapiere, z. B. Anleihen)
- **Warenlombard** (Verpfändung von Waren)
- **Wechsellombard** (Verpfändung von Wechseln)
- **Forderungslombard** (Verpfändung von z. B. Lebensversicherungen)
- **Edelmetalllombard** (Verpfändung von z. B. Goldmünzen, Goldbarren).

Mezzanine

Sie stellen Mischformen der Kreditfinanzierung und Beteiligungsfinanzierung dar, d. h. sie nehmen eine Zwitterstellung zwischen Eigenkapital und Fremdkapital ein.

Mündelsicherheit

Anleihen, die als mündelsicher gelten oder erklärt werden, können durch einen **Vormund**, der das Vermögen einer nicht geschäftsfähigen Person verwaltet, erworben werden. Die Mündelsicherheit kann als **Qualitätsmerkmal** für die Sicherheit einer Anleihe angesehen werden.

Negativklausel

Zur Besicherung von Anleihen verpflichtet sich der Schuldner vertraglich, zukünftig **keine Belastungen** seiner Vermögensteile **zu Gunsten anderer Gläubiger** zuzulassen.

Nutzungsgrad

Er gibt die **tatsächliche Nutzung des Leistungsvermögens** eines Unternehmens an und beeinflusst den Kapitalbedarf in seiner Höhe durch:

- **quantitative Anpassung** (Änderung der Arbeitsplatzanzahl)
- **zeitliche Anpassung** (Änderung der Arbeitszeitlänge)
- **intensitätsmäßige Anpassung** (Änderung der Prozessgeschwindigkeit).

Der Nutzungsgrad wird auch Beschäftigungsgrad genannt.

Offene Handelsgesellschaft (OHG)

Sie ist eine vertragliche Vereinbarung von zwei oder mehr Personen zum Betrieb eines **Handelsgewerbes** unter gemeinschaftlicher Firma, wobei alle Gesellschafter der OHG unbeschränkt haften (§§ 105 - 160 HGB, §§ 705 - 740 BGB).

Optionsanleihe

Sie bleibt über ihre gesamte Laufzeit bestehen, d. h. der Investor behält – im Gegensatz zur Wandelschuldverschreibung – seine Position als **Kreditgeber** bis zum Schluss. Daneben erhält er ein **Optionsrecht** auf den Bezug von Aktien.

Order(papier)

Seine Eigenheit besteht in der Ausschließlichkeit der Übertragung durch Indossament. Innerhalb des **Wechselverkehrs** gibt es:

- die Zahlung an **eigene Order**, wenn der Aussteller identisch mit dem Begünstigten (= Remittent) ist
- die Zahlung an **fremde Order**, wenn Aussteller und Begünstigter unterschiedliche Personen sind.

Partnergesellschaft

Sie ist eine Gesellschaft, in der sich **Angehörige Freier Berufe** zur Ausübung ihrer

Berufe zusammenschließen. Die Partnergesellschaft übt **kein Handelsgewerbe** aus. Angehörige einer Partnerschaft können nur natürliche Personen sein (§ 1 Abs. 1 PartGG).

Pensionsrückstellung
Sie ist **Fremdkapital**, das aufgrund betrieblicher Ruhegeldverpflichtungen gebildet wurde. Diese langfristigen Rückstellungen können **Innenfinanzierungseffekte** bewirken.

Personalsicherheit
Die Besicherung eines Kredits erfolgt hier durch die zusätzliche **Haftung eines Dritten**, der eine natürliche oder juristische Person sein kann und in seiner Haftung neben den Kreditnehmer tritt. **Arten** von Personalsicherheiten können z. B. sein:

- **Bürgschaft** bei welcher der Bürge sich vertraglich verpflichtet, für die Erfüllung der Verbindlichkeiten eines Dritten (Hauptschuldner) gegenüber den Gläubigern einzustehen

- **Garantie**, bei der sich der Garantiegeber gegenüber dem Garantienehmer vertraglich dazu verpflichtet, für den Eintritt eines bestimmten Erfolges bzw. das Ausbleiben eines Misserfolges Gewähr zu übernehmen

- **Kreditauftrag**, bei dem ein Auftraggeber einem zukünftigen Gläubiger die Anweisung gibt, einem Dritten mit einem Kredit zur Verfügung zu stehen.

Personengesellschaft
Sie besitzt **keine eigene Rechtsfähigkeit**. Ihr in der Höhe variables Eigenkapital wird auf den Eigenkapitalkonten der Gesellschafter zugeführt oder entnommen. **Gesellschafter** der Personengesellschaft sind zumeist natürliche Personen, wobei oft persönliche Beziehungen zwischen ihnen die Führung der Gesellschaft be-

gründen. **Arten** der Personengesellschaften:

- Offene Handelsgesellschaft (OHG)
- Kommanditgesellschaft (KG)
- Stille Gesellschaft
- Gesellschaft des bürgerlichen Rechts (GdbR)
- Partnerschaftsgesellschaft.

Pfandrecht
Es stellt die Belastung einer beweglichen Sache oder eines Rechtes zur **Sicherung einer Forderung** dar. Es bedarf des Vorliegens der Forderung, der Einigung über das Pfandrecht und der Übergabe des Pfandes.

Prolongation
Das ist die **Verlängerung** der Kapitalüberlassung, z. B. als Verlängerung eines auslaufenden Kontokorrentkredits.

Prozessanordnung
Mit ihr wird der Ablauf der betrieblichen Leistungserstellung zeitlich organisiert. Sie hat Einfluss auf die Höhe des **Kapitalbedarfes** und kann ausgestattet sein als:

- **gleichzeitige Prozessanordnung** (hoher und schwankender Kapitalbedarf)

- **zeitlich gestaffelte Prozessanordnung** (niedriger und konstanter Kapitalbedarf).

Prozessgeschwindigkeit
Dabei handelt es sich um den zeitlichen Bedarf, den ein Prozess benötigt. Je größer sie ist, umso weniger weit fallen Auszahlungen und Einzahlungen auseinander, wodurch der **Kapitalbedarf** geringer wird, z. B. durch Verringerung von Fertigungszeiten, Lagerzeiten, Zahlungszielen.

Rating

Rating ist eine **Kreditwürdigkeitsprüfung** und zeigt die Ausfallwahrscheinlichkeit eines Kredits anhand von „Noten" als Risikoklassen, z. B.:

> AAA = außergewöhnlich hohe Bonität
> AA = sehr gute bis gute Bonität
> .   .
> .   .
> .   .
> D = Default, Schuldner ist in Zahlungsverzug

Realsicherheit

Sie ist ein Sachwert, der von einem Kreditnehmer zur **Sicherung eines Kredits** bereitgestellt wird. Je nach ihrer Art beinhaltet sie:

► Rechte an **beweglichem Vermögen**, z. B. Eigentumsvorbehalt, Pfandrecht, Forderungsabtretung und Sicherungsübereignung

► Rechte an **unbeweglichem Vermögen**, z. B. Grundpfandrechte.

Reingewinn

Das ist eine Gewinngröße, die zur **Gewinnausschüttung** zur Verfügung steht. Für eine GmbH ergibt er sich z. B. aus:

> Vorläufiger Jahresüberschuss
> - Geschäftsführertantieme
> - Aufsichtsratstantieme
> ———————————————
> = **Jahresüberschuss**
> + Gewinnvortrag aus dem Vorjahr
> - Verlustvortrag aus dem Vorjahr
> - Einstellung in die Rücklagen
> ———————————————
> = **Reingewinn**
> - Gewinnausschüttung
> ———————————————
> = Gewinnvortrag

Rentabilität

Sie ist eine Kennzahl, die das Verhältnis aus wertmäßigen Ertragsgrößen und verschiedenen Kapitalien als Einsatzgrößen widerspiegelt. **Arten** der Rentabilität können sein:

$$\text{Eigenkapitalrentabilität} = \frac{\text{Gewinn}}{\text{Eigenkapital}} \cdot 100$$

$$\text{Gesamtkapital-rentabilität} = \frac{\text{Gewinn} + \text{Fremdkapitalzinsen}}{\text{Eigenkapital} + \text{Fremdkapital}} \cdot 100$$

Bei der **Rentabilitätsvergleichsrechnung** wird unter Rentabilität verstanden:

$$\text{Rentabilität} = \frac{\text{Gewinn}}{\emptyset \text{ eingesetztes Kapital}} \cdot 100$$

Auch der **Return on Investment** misst die Rentabilität.

Return on Investment (RoI)

Er gibt die **Rentabilität des Kapitaleinsatzes** wieder. Die Ertragsgrößen können der Gewinn, Jahresüberschuss oder Cashflow sein. Bei Verwendung des Gewinnes als Kennzahl gilt:

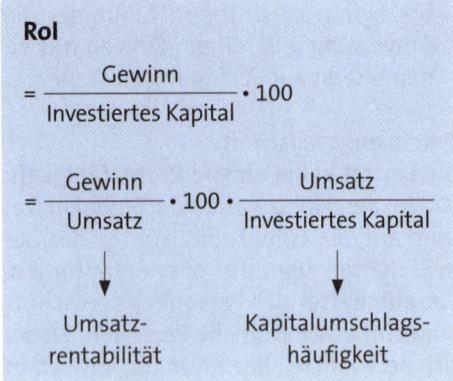

$$\textbf{RoI}$$
$$= \frac{\text{Gewinn}}{\text{Investiertes Kapital}} \cdot 100$$
$$= \frac{\text{Gewinn}}{\text{Umsatz}} \cdot 100 \cdot \frac{\text{Umsatz}}{\text{Investiertes Kapital}}$$
$$\downarrow \qquad\qquad \downarrow$$
$$\text{Umsatz-rentabilität} \qquad \text{Kapitalumschlags-häufigkeit}$$

Rückkauf

Er ist – neben der Auslosung – eine **Tilgungsmethode** für Anleihen. Der Rückkauf durch das emittierende Unternehmen erfolgt insbesondere dann, wenn der Börsenkurs unter den Rückzahlungskurs gesunken ist.

Rückstellung

Sie stellt **Fremdkapital** dar, das nach dem **Grund**, der **Höhe** und der **Fälligkeit eher ungewiss** ist. Ihre wirtschaftliche Verursachung liegt in der Rechnungsperiode, in der sie eingestellt wird.

Rückstellungen werden nach dem **Grundsatz der kaufmännischen Vorsicht** gebildet. Hebt sich der Grund für die Bildung der Rückstellung auf, müssen sie aufgelöst werden, wodurch sich der Ertrag des Unternehmens erhöht.

Sachinvestition

Das ist eine Investition, die direkt am Leistungsprozesses des Unternehmen beteiligt ist (z. B. eine Maschine) bzw. den Leistungsprozess erst ermöglicht (z. B. eine Fertigungshalle). Entsprechend wird sie auch **leistungswirtschaftliche** oder **produktionswirtschaftliche Investition** genannt.

Scheck(verkehr)

Der Scheck stellt eine unbedingte **Anweisung** des Ausstellers an sein Kreditinstitut dar, einen bestimmten Betrag bei Sicht an einen Dritten unter Belastung seines Kontos zu zahlen. **Arten** von Schecks sind:

- Barscheck/Verrechnungsscheck
- Inhaberscheck/Orderscheck/Rektascheck
- bestätigter Scheck.

SCHUFA

Als Vereinigung der deutschen Schutzgemeinschaft für allgemeine Kreditsicherung gibt sie allen angeschlossenen Kreditgebern schnell und kostengünstig **Auskunft über Kreditnehmer**. Im Gegenzug verpflichten sich die Kreditgeber (Banken, Versicherungen, Handelsunternehmen) positive und negative, Schufagenormte Kreditfolgedaten als Gegenleistung zu melden.

Schuldscheindarlehen

Es ist ein klassisches Instrument der **langfristigen Kreditfinanzierung**. Dabei stellen Kapitalsammelstellen, insbesondere Versicherungen, **Fremdkapital** in großem Umfang Unternehmen zur Verfügung. Der **Schuldschein** stellt kein Wertpapier dar, sondern ist ein so genanntes beweiserleichterndes Dokument. **Arten** des Schuldscheindarlehens sind:

- das **fristenkongruente Schuldscheindarlehen**, bei dem die Dauer der Kapitalüberlassung mit der Dauer der Kapitalnutzung beim Unternehmen übereinstimmt
- das **revolvierende Schuldscheindarlehen**, bei dem für aufeinander folgende, kürzere Zeitabschnitte verschiedene Kreditgeber in ein langfristig laufendes Schuldverhältnis eintreten.

Securitization

Sie ist die **Verbriefung** von handelbaren und dann zur Finanzierung verwendbaren **Zahlungsansprüchen**. Die hieraus entstehenden Wertpapieremissionen drängen innerhalb der Finanzierung klassische Bankkredite zurück.

Selbstfinanzierung

Sie ist eine Form der Innenfinanzierung. Die Selbstfinanzierung erfolgt aus **zurückbehaltenen Gewinnen**, die durch Umsatzerlöse erwirtschaftet werden.

Um Selbstfinanzierung betreiben zu können, müssen die **zurückbehaltbaren Gewinne** in die Verkaufspreise der Produkte **kalkuliert** sein, die Verkaufspreise tatsächlich **realisiert** werden und der Verkauf der Produkte zu entsprechenden **Einzahlungen** führen.

Das Zurückhalten von Gewinnen, d. h. der Verzicht ihrer Ausschüttung an die Eigenkapitalgeber, wird als **Gewinnthesaurierung** bezeichnet. Es führt zur Bildung von Rücklagen, welche die Höhe des Eigenkapitals vergrößern.

Entsprechend ihrem Ausweis sind als **Arten** der Selbstfinanzierung zu unterscheiden:

► Die **stille Selbstfinanzierung**, bei der **stille Reserven** gebildet werden, was durch die Unterbewertung der Aktiva bzw. die Überbewertung der Passiva als Bilanzierungs-/Bewertungsmaßnahmen bewirkt werden kann.

► Die **offene Selbstfinanzierung**, bei welcher der erwirtschaftete Gewinn in der Bilanz **ausgewiesen** und **versteuert** wird. Es erfolgt die Bildung von Rücklagen, die bei der Aktiengesellschaft **Gewinnrücklagen** darstellen.

Selbst-/Fremdemission
Die Ausgabe von Wertpapieren kann durch das Unternehmen selbst vorgenommen (**Selbstemission**) werden, was Kostenvorteile mit sich bringt, oder – in Deutschland üblich – mittels eines Bankenkonsortiums (**Fremdemission**) durchgeführt werden.

Die Fremdemission hat den **Vorteil**, dass dem Unternehmen das spezielle Vertriebssystems der Banken zur Verfügung steht und das Risiko der Unterbringung der Anleihe am Kapitalmarkt gemindert oder völlig aufgehoben wird.

Sicherheit
Sie ist ein finanzwirtschaftliches Ziel und beinhaltet eine **Zukunftserwartung**. Kapitalnehmer wollen mögliche Verluste beim Eigenkapital ausschließen.

Kapitalgeber sind bestrebt, das **Risiko** der Rückzahlung des von ihnen zur Verfügung gestellten Fremdkapitals zu **minimieren**, was über die Höhe des Zinssatzes und der Forderung nach Stellung von Sicherheiten erfolgt.

Arten von Sicherheiten können z. B. sein:

► Bürgschaft, Garantie und Kreditauftrag als **Personalsicherheiten**

► Eigentumsvorbehalt, Pfandrecht, Sicherheitsübereignung, Forderungsabtretung und Grundpfandrechte als **Realsicherheiten**.

Sicherungsübereignung
Sie wird i. d. R. mit beweglichen, genau definierten Sachen durchgeführt, die der Schuldner (Besitzer) dem Gläubiger (treuhänderischer Eigentümer) übereignet. Es wird ein **Besitzkonstitut** vereinbart.

Stille Gesellschaft
Ihr liegt ein im **Innenverhältnis** der Gesellschaft bestehender Vertrag zwischen einem Unternehmer und einem Kapitalgeber zu Grunde, dessen Kapitaleinlage in das Vermögen des Unternehmers übergeht. Die Bilanz des Unternehmers weist auch weiterhin nur **ein Eigenkapitalkonto** aus, die Rechtsformverhältnisse des Unternehmens bleiben unverändert. **Arten** der stillen Gesellschaft können sein:

► die **typische stille Gesellschaft** (Abfindung bei Ausscheiden des stillen Gesellschafters mit seiner geleisteten Einlage)

► die **atypische stille Gesellschaft** (Beteiligung des stillen Gesellschafters am

Vermögenszuwachs des Unternehmens z. B. bei seinem Ausscheiden an den gebildeten stillen Reserven).

Substitution

Das ist der **Austausch von Kapital**, mit dem ausscheidendes Kapital ersetzt wird. So kann z. B. ein Kapitalentzug durch die Nichtgewährung von Prolongationen oder das Ausscheiden von Gesellschaftern eintreten.

Als **Substitutionsfinanzierungen** können nicht von den Banken getragene kurz- und langfristige Kredite in Betracht kommen, wie das Leasing oder das Factoring.

Swap

Innerhalb des **derivativen Instrumentariums** kennzeichnet der Swap den Tausch von z. B. variablen und festen Zinssätzen als Zinsswap im Kassageschäft, als Forward Swap im Termingeschäft und als Swaptionen im Optionsmarkt.

Terminmarkt

Bei ihm fallen die **Preisfeststellung** für eine Wertpapiertransaktion und deren **Erfüllung zeitlich auseinander**, d. h. es werden Verträge geschlossen, bei denen die in der Zukunft liegenden Konditionen für den Wertpapierkauf bzw. Wertpapierverkauf bereits heute festgelegt werden.

Transformation

Sie ist die **Umwandlung** von **einer Kapitalart** in eine andere Kapitalart. Die Transformation kann z. B. der Ersatz von kurzfristigem durch langfristiges Kapital oder von Eigenkapital durch Fremdkapital sein.

Überweisung(sverkehr)

Der zur Zahlung Verpflichtete weist sein Kreditinstitut an, eine Geldsumme zu Lasten seines Kontos auf das Konto des Zahlungsempfängers zu übertragen. **Formen** der Überweisung sind z. B.:

- **Dauerüberweisung** per Dauerauftrag (gleicher Empfänger, gleiches Empfängerkonto, gleich hoher Betrag, wiederkehrende Termine)

- **Eilüberweisung** für dringende Zahlungsfälle

- **Sammelüberweisung** per Sammelauftrag (ein Zeitpunkt, verschiedene Zahlungsempfänger, unterschiedlich hohe Geldbeträge).

Umlaufkapitalbedarf

Seine **Ermittlung** geschieht für die Güter des Umlaufvermögens durch:

- die Feststellung der **Kapitalbindungsdauer**

- die Ermittlung der durchschnittlichen täglichen **Werteinsätze**.

Danach erfolgt die **Multiplikation** beider Größen miteinander, was vereinfacht (kumulativ) oder differenziert (elektiv) vorgenommen werden kann.

Umlaufvermögen

Es umfasst alle Gegenstände, die dem Geschäftsbetrieb nicht dauernd dienen sollen, also kein Anlagevermögen darstellen. Das Umlaufvermögen wird auf der **Aktiv-Seite** der Bilanz ausgewiesen als:

- Vorräte, z. B. Rohstoffe, Betriebsstoffe, Hilfsstoffe

- Forderungen und sonstige Vermögensgegenstände (als Restposten)

- Wertpapiere, z. B. Anteile an verbundenen Unternehmen

- Schecks, Kassenbestand, Guthaben (Bundesbank, Kreditinstitute).

Umwandlung

Sie ist die Überführung eines Unternehmens von einer Rechtsform in eine andere. **Gründe** für Umwandlungen sind das

Wachstum oder die Schrumpfung eines Unternehmens, steuerliche Überlegungen, Haftungsbeschränkungen, die Vergrößerung der Kapitalbasis oder der Tod eines Gesellschafters.

Arten der Umwandlung sind:

- Umwandlung mit Liquidation (mit Einzelrechtsnachfolge)
- Umwandlung ohne Liquidation (übertragend/formwechselnd).

Unabhängigkeit
Sie wird vom Unternehmen soweit wie möglich angestrebt, d. h. insbesondere die Fremdkapitalgeber sollen keinen (ggf. nennenswerten) Einfluss auf das Unternehmen haben, der sich z. B. in Informationspflichten, Kontrollrecht, Mitspracherecht äußern könnte.

Vermögen
Beim Vermögen handelt es sich um die **Gesamtheit aller** vom Unternehmen **benötigten Produktionsfaktoren**, insbesondere in Form von:

- Sachmitteln, z. B. Rohstoffen, Maschinen, Gebäuden
- Rechten, z. B. Patenten, Lizenzen
- Geld.

Zu unterscheiden sind **Anlagevermögen** und **Umlaufvermögen**.

Wandelschuldverschreibung
Sie verbrieft ein **Umtauschrecht**, d. h. eine Obligation wird nach einer bestimmten Sperrfrist in eine Aktie gewandelt. Aus dem **Forderungspapier**, das für das Unternehmen Fremdkapital aus einem Gläubigerverhältnis darstellt, wird ein **Anteilspapier**, das Eigenkapital in einem Beteiligungsverhältnis repräsentiert.

Die Wandelschuldverschreibung wird auch **Wandelanleihe** genannt.

Wechseldiskontkredit
Er ist ein Wechselkredit, an dem drei Partner unmittelbar beteiligt sind:

- der **Lieferant**, der einen Wechsel auf den Abnehmer zieht
- der **Abnehmer**, der den Wechsel akzeptiert
- das **Kreditinstitut** des Lieferanten, das den Wechsel vor Fälligkeit ankauft und ihm den Betrag kreditiert.

Wechsel(verkehr)
Der Wechsel verbrieft als **streng förmliches Wertpapier** ein privates Vermögensrecht, das an den Besitz der Urkunde gebunden ist. Er kann sein:

- gezogener Wechsel (auch **Tratte** genannt)
- eigener Wechsel (auch als **Solawechsel** bezeichnet).

Seine **Verfallzeit** kann sich auf einen bestimmten Tag (**Tagwechsel**), eine bestimmte Zeit nach Ausstellung (**Datowechsel**), die Vorlage (**Sichtwechsel**) oder eine bestimmte Zeit nach Annahme (**Nachsichtwechsel**) beziehen.

Wechselprotest
Die **Nicht-Einlösung** eines Wechsels führt zunächst zu einem Wechselprotest, der bei rechtzeitiger Erhebung den **Regress** auf alle am Wechsel beteiligten Personen zulässt.

Wechselprozess
An den Wechselprotest schließt sich der Wechselprozess an, der sich durch kurze Einlassungsfristen, begrenzte Zulassung von Beweismittel (Wechselurkunden), be-

schränkte Einredemöglichkeiten des Beklagten und die sofortige Vollstreckbarkeit des Urteils in Form von z. B. der sofortigen Pfändung des Schuldners auszeichnet.

Wertpapier, festverzinsliches
Es verbrieft schuldrechtliche Verpflichtungen und gewährt dem Inhaber ein **Forderungsrecht** gegenüber dem Emittenten, z. B. der öffentlichen Hand, privaten Unternehmen, Kreditinstituten. Mit ihrer Hilfe ist die Beschaffung von langfristigem Fremdkapital möglich. Festverzinsliche Wertpapiere werden auch Schuldverschreibungen, Anleihen, Rentenpapiere, Obligationen genannt.

Wertpapierhandel
Er organisiert den Kauf und Verkauf von Wertpapieren und umfasst:

- den **börslichen Handel** an der Wertpapierbörse, dem der Kassamarkt und der Terminmarkt zu Grunde liegen
- den **außerbörslichen Handel**, der auch als Telefonhandel bezeichnet wird.

Zahlungsmittel
Sie werden zur Durchführung des Zahlungsverkehrs eingesetzt. **Arten** sind:

- **Bargeld** als gesetzliches Zahlungsmittel (Banknoten, Münzen)
- **Buchgeld**, z. B. Sichteinlagen (kein gesetzliches Zahlungsmittel)
- **Geldersatzmittel**, z. B. Schecks, Wechsel, die ebenfalls kein gesetzliches Zahlungsmittel darstellen.

Zahlungsstrom
Da ist die Summe sämtlicher mit der Tätigkeit des Unternehmens verbundenen Zahlungen, also der Auszahlungen bzw. der Einzahlungen.

Zahlungsverkehr
Er verwaltet die für die Finanzwirtschaft erforderlichen finanziellen Transaktionen und kann sein:

- **Barzahlungsverkehr** (Übertragung von Buchgeld)
- **halbbarer Zahlungsverkehr** (Umwandlung von Bar-/Buchgeld)
- **bargeldloser Zahlungsverkehr** (Übertragung von Buchgeld).

Zahlungsverkehr, bargeldloser
Bei ihm wird **Buchgeld** übertragen im Rahmen des:

- **Überweisungsverkehrs** durch Dauer-, Eil-, Sammelüberweisung
- **Lastschriftverkehrs** durch Einzugsermächtigung, Abbuchungsauftrag
- **Scheck-** und **Wechselverkehrs**.

Zahlungsverkehr, halbbarer
Er ist dadurch gekennzeichnet, dass sich das **Bargeld in Buchgeld** wandelt **oder umgekehrt**. Entweder Gläubiger oder Schuldner müssen ein Konto bei einer Bank besitzen. Nach Art der Umwandlung unterscheidet man in **bare** oder **unbare** Leistung.

Ziele, finanzwirtschaftliche
Sie leiten sich aus den für Unternehmen als verbindlich festgelegten Zielen ab und können sein:

- Rentabilität
- Liquidität
- Sicherheit
- Unabhängigkeit.

A. Grundlagen

Baumbach/Hefermehl, Wechselgesetz und Scheckgesetz, 23. Auflage, München 2007

Becker/Peppmeier, Bankbetriebslehre, 7. Auflage, Ludwigshafen/Rhein 2008

Bestmann, U., Finanz- und Börsenlexikon, 5. Auflage, München 2007

Bestmann, U. (Hrsg.), Kompendium der Betriebswirtschaftslehre, 10. Auflage, München/Wien 2001

Bieg/Kußmaul, Finanzierung, 2. Auflage, München 2010

Bodendorf/Robra-Bissantz, E-Finance, München/Wien 2003

Büschgen/Börner, Bankbetriebslehre, 4. Auflage, Stuttgart 2003

Büschgen, H. E., Das kleine Banklexikon, 3. Auflage, Düsseldorf 2006

Busse, F.-J., Grundlagen der betrieblichen Finanzwirtschaft, 5. Auflage, München/Wien 2003

Coenenberg/Haller/Schultze, Jahresabschluss und Jahresabschlussanalyse, 21. Auflage, Stuttgart 2009

Drukarczyk, J., Finanzierung, 10. Auflage, Stuttgart 2008

Eilenberger, G., Bankbetriebswirtschaftslehre, 8. Auflage, München/Wien 2008

Eilenberger, G., Betriebliche Finanzwirtschaft, 7. Auflage, München/Wien 2003

Grefe, C., Kompakt-Training Bilanzen, 8. Auflage, Herne 2014

Grill/Perczynski, Wirtschaftslehre des Kreditwesens, 46. Auflage, Köln 1012

Jahrmann, F. U., Finanzierung, 6. Auflage, Herne 2009

Kruschwitz, L., Finanzierung und Investition, 6. Auflage, München/Wien 2010

Obst/Hintner, Geld-, Bank- und Börsenwesen, 40. Auflage, Stuttgart 2000

Olfert, K., Finanzierung, 16. Auflage, Herne 2013

Olfert, K., Lexikon Finanzierung & Investition, 2. Auflage, Herne 2010

Olfert, K., Investition, 12. Auflage, Herne 2012

Olfert, K., Kompakt-Training Investition, 6. Auflage, Herne 2012

Olfert/Rahn/Zschenderlein, Lexikon der Betriebswirtschaftslehre, 8. Auflage, Herne 2013

Perridon/Steiner/Rathgeber, Finanzwirtschaft der Unternehmung, 15. Auflage, München 2009

Rinker/Ditges/Arendt, Bilanzen, 14. Auflage, Herne 2012

Schierenbeck/Wöhle, Grundzüge der Betriebswirtschaftslehre, 17. Auflage, München/Wien 2008

Schöchle, S., Kartengebundene Zahlungssysteme in Deutschland, 4. Auflage, Hamburg 1994

Wöhe/Bilstein/Ernst/Häcker, Grundzüge der Unternehmensfinanzierung, 10. Auflage, München 2009

Zantow, R., Finanzwirtschaft der Unternehmung, 2. Auflage, München 2007

B. Finanzwirtschaftliche Führung

Bestmann, U. (Hrsg.), Kompendium der Betriebswirtschaftslehre, 10. Auflage, München/Wien 2001

Blazek/Deyhle/Eiselmayer, Finanzcontrolling, 7. Auflage, Offenburg 2002

Busse, F.-J., Grundlagen der betrieblichen Finanzwirtschaft, 5. Auflage, München/Wien 2003

Coenenberg/Haller/Schultze, Jahresabschluss und Jahresabschlussanalyse, 21. Auflage, Stuttgart 2009

Ehrmann, H., Kompakt-Training Balanced Scorecard, 4. Auflage, Ludwigshafen/Rhein 2007

Ehrmann, H., Unternehmensplanung, 6. Auflage, Herne 2013

Eiselmeyer/Blazek, Finanz-Controlling, Freiburg/Br. 2010

Gräfer, H., Bilanzanalyse, 10. Auflage, Herne/Berlin 2008

Grefe, C., Kompakt-Training Bilanzen, 8. Auflage, Herne 2014

Horvath, P., Controlling, 11. Auflage, München 2008

Jahrmann, F. U., Finanzierung, 6. Auflage, Herne 2009

Küting/Weber, Die Bilanzanalyse, 9. Auflage, Stuttgart 2009

Langenbeck, J., Kompakt-Training Bilanzanalyse, 3. Auflage, Ludwigshafen/Rhein 2007

Olfert, K., Finanzierung, 16. Auflage, Herne 2013

Olfert, K., Investition, 12. Auflage, Herne 2012

Olfert, K., Kompakt-Training Investition, 6. Auflage, Herne 2012

Olfert, K., Lexikon Finanzierung & Investition, 2. Auflage, Herne 2010

Olfert, K., Organisation, 16. Auflage, Herne 2012

Olfert/Pischulti, Kompakt-Training Unternehmensführung, 6. Auflage, Herne 2013

Olfert/Rahn, Kompakt-Training Organisation, 6. Auflage, Herne 2012

Olfert/Rahn/Zschenderlein, Lexikon der Betriebswirtschaftslehre, 8. Auflage, Herne 2013

Peemöller, V. H., Controlling: Grundlagen und Einsatzgebiete, 5. Auflage, Herne/Berlin 2005

Perridon/Steiner/Rathgeber, Finanzwirtschaft der Unternehmung, 15. Auflage, München 2009

Rahn, H.-J., Unternehmensführung, 8. Auflage, Herne 2012

Reichmann, T., Controlling mit Kennzahlen und Managementtools, 7. Auflage, München 2006

Rinker/Ditges/Arendt, Bilanzen, 14. Auflage, Herne 2012

Wöhe/Bilstein/Ernst/Häcker, Grundzüge der Unternehmensfinanzierung, 10. Auflage, München 2009

Ziegenbein, K., Controlling, 10. Auflage, Herne 2012

Ziegenbein, K., Kompakt-Training Controlling, 3. Auflage, Ludwigshafen/Rhein 2006

C. Kreditfinanzierung

Baumbach/Hefermehl, Wechselgesetz und Scheckgesetz, 23. Auflage, München 2007

Becker/Peppmeier, Bankbetriebslehre, 7. Auflage, Ludwigshafen/Rhein 2008

Bender, H.-J., Kompakt-Training Leasing, Ludwigshafen/Rhein 2001

Bestmann, U. (Hrsg.), Kompendium der Betriebswirtschaftslehre, 10. Auflage, München/Wien 2001

Bette, K., Factoring, Köln 2001

Bloss, M., Derivate, München/Wien 2007

Bloss, M., Wertpapiere, Optionen & Futures, Berlin 2005

Büschgen/Börner, Bankbetriebslehre, 4. Auflage, Stuttgart 2003

Busse, F.-J., Grundlagen der betrieblichen Finanzwirtschaft, 5. Auflage, München/Wien 2003

Drukarczyk, J., Finanzierung, 10. Auflage Stuttgart 2008

Ehrmann, H., Risikomanagement in Unternehmen, 2. Auflage, Herne 2012

Eilenberger, G., Bankbetriebswirtschaftslehre, 8. Auflage, München/Wien 2008

Eilenberger, G., Betriebliche Finanzwirtschaft, 7. Auflage, München/Wien 2003

Feinen, K., Das Leasinggeschäft, 4. Auflage, Frankfurt/Main 2002

Gerke/Steiner (Hrsg.), Handwörterbuch des Bank- und Finanzwesens, 3. Auflage, Stuttgart 2001

Gleißner/Füser, Leitfaden Rating, 2. Auflage, München 2003

Grill/Perczynski, Wirtschaftslehre des Kreditwesens, 46. Auflage, Köln 2012

Häberle, S. G., Handbuch der Außenhandelsfinanzierung, 3. Auflage, München 2002

Hoffmann, S., Asset-Backed-Securities und Kreditderivate, Saarbrücken 2008

Holzem/Brenner, Auslandsgeschäfte erfolgreich finanzieren, Köln 2003

Hull, J., Optionen, Futures und andere Derivate, 7. Auflage, München 2009

Jahrmann, F. U., Außenhandel, 13. Auflage, Herne 2010

Jahrmann, F. U., Finanzierung, 6. Auflage, Herne 2009

Jahrmann, F. U., Kompakt-Training Außenhandel, 4. Auflage, Herne 2013

Kaiser/Heilenkötter/Herrmann, Der Euro-Kapitalmarkt, Wiesbaden 2002

Kruschwitz/Decker/Röhrs, Übungsbuch zur Betrieblichen Finanzwirtschaft, 7. Auflage, München 2007

Liesegang, H., Der Franchise-Vertrag, 7. Auflage, Heidelberg 2009

Lwowski, H.-J., Das Recht der Kreditsicherung, 8. Auflage, Berlin 2000

Olfert K., Finanzierung, 16. Auflage, Herne 2013

Olfert K., Lexikon Finanzierung & Investition, 2. Auflage, Herne 2010

Olfert, K., Investition, 12. Auflage, Herne 2012

Olfert, K., Kompakt-Training Investition, 6. Auflage, Herne 2012

Olfert/Rahn/Zschenderlein, Lexikon Betriebswirtschaftslehre, 8. Auflage, Herne 2013

Perridon/Steiner/Rathgeber, Finanzwirtschaft der Unternehmung, 15. Auflage, München 2009

Rösler/Mackenthum/Pohl, Handbuch Kreditgeschäft, 6. Auflage, Wiesbaden 2002

Schierenbeck/Wöhle, Grundzüge der Betriebswirtschaftslehre, 17. Auflage, München/Wien 2008

Scholz, H., Das Recht der Kreditsicherung, 6. Auflage, Berlin 1986

Schwarz, W., Factoring, 4. Auflage, Stuttgart 2002

Steckler, B., Kompendium Wirtschaftsrecht, 7. Auflage, Ludwigshafen/Rhein 2009

Wöhe/Bilstein/Ernst/Häcker, Grundzüge der Unternehmensfinanzierung, 10. Auflage, München 2009

D. Beteiligungsfinanzierung

Bestmann, U., (Hrsg.), Kompendium der Betriebswirtschaftslehre, 10. Auflage, München/Wien 2001

Blaurock, U., Handbuch der Stillen Gesellschaft, 7. Auflage, Köln 2009

Brox/Henssler, Handelsrecht, 20. Auflage, München 2009

Capelle/Canaris, Handelsrecht, 24. Auflage, München 2006

Dowling/Drumm, Gründungsmanagement, 2. Auflage, Berlin u. a. 2008

Eilenberger, G., Bankbetriebswirtschaftslehre, 8. Auflage, München/Wien 2008

Eilenberger, G., Betriebliche Finanzwirtschaft, 7. Auflage, München/Wien 2003

Eisenhardt, U., Gesellschaftsrecht, 12. Auflage, München 2005

Gerke/Steiner (Hrsg.), Handwörterbuch des Bank- und Finanzwesens, 3. Auflage, Stuttgart 2001

Grefe, C., Kompakt-Training Bilanzen, 8. Auflage, Herne 2014

Grefe, C., Unternehmenssteuern, 17. Auflage, Herne 2014

Grill/Perczynski, Wirtschaftslehre des Kreditwesens, 46. Auflage, Köln 2012

Häger/Elkemann-Reusch, Mezzanine Finanzierungsinstrumente, 2. Auflage, Berlin 2007

Hilscher/Laubscher, Finanzierungskosten, 2. Auflage, Frankfurt/Main 2001

Hueck, A., Gesellschaftsrecht, 20. Auflage, München 2003

Jahrmann, U., Finanzierung, 6. Auflage, Herne/Berlin 2009

Jesch, T. A., Private-Equity-Beteiligungen, Wiesbaden 2004

Kraft/Kreutz, Gesellschaftsrecht, 12. Auflage, Frankfurt/Main 2006

Kruschwitz, L., Finanzierung und Investition, 6. Auflage, Berlin/New York 2010

Langenfeld, G., Gesellschaft des bürgerlichen Rechts, 7. Auflage, München 2009

Leopold/Frommann/Kühr, Private Equity-Venture Capital, 2. Auflage, München 2003

Obst/Hintner, Geld-, Bank- und Börsenwesen, ein Handbuch; hrsg. v. J. von Hagen/J. H. von Stein, 40. Auflage, Stuttgart 2000

Oetker, H., Handelsrecht, 6. Auflage, Berlin 2010

Olfert K., Finanzierung, 16. Auflage, Herne 2013

Olfert/Rahn/Zschenderlein, Lexikon Betriebswirtschaftslehre, 8. Auflage, Herne 2013

Perridon/Steiner/Rathgeber, Finanzwirtschaft der Unternehmung, 15. Auflage, München 2009

Rinker/Ditges/Arendt, Bilanzen, 14. Auflage, Herne 2012

Rocco, J., GmbH – Erfolgreich gründen und führen, 3. Auflage, Freiburg/Br. 2008

Schierenbeck/Wöhle, Grundzüge der Betriebswirtschaftslehre, 17. Auflage, München/Wien 2008

Werner, H. S., Mezzanine-Kapital, 2. Auflage, Köln 2007

Wessel/Zwernemann/Kögel, Die Firmengründung, 7. Auflage, Heidelberg 2001

Wöhe/Bilstein/Ernst/Häcker, Grundzüge der Unternehmensfinanzierung, 10. Auflage, München 2009

E. Innenfinanzierung

Bestmann, U. (Hrsg.), Kompendium der Betriebswirtschaftslehre, 10. Auflage, München/Wien 2001

Drukarczyk, J., Finanzierung, 10. Auflage, Stuttgart 2008

Eilenberger, G., Betriebliche Finanzwirtschaft, 7. Auflage, München/Wien 2003

Gerke/Steiner (Hrsg.), Handwörterbuch des Bank- und Finanzwesens, 3. Auflage, Stuttgart 2001

LITERATURVERZEICHNIS

Gräfer/Scheld/Beike, Finanzierung, 5. Auflage, Hamburg 2001

Grefe, C., Kompakt-Training Bilanzen, 8. Auflage, Herne 2014

Grefe, C., Unternehmenssteuern, 17. Auflage, Herne 2014

Jahrmann, F. U., Finanzierung, 6. Auflage, Herne/Berlin 2009

Olfert, K., Finanzierung, 16. Auflage, Herne 2013

Olfert, K., Kompakt-Training Kostenrechnung, 7. Auflage, Herne 2013

Olfert, K., Kostenrechnung, 17. Auflage, Herne 2013

Olfert, K., Lexikon Finanzierung & Investition, 2. Auflage, Herne 2010

Olfert/Rahn/Zschenderlein, Lexikon Betriebswirtschaftslehre, 8. Auflage, Herne 2013

Perridon/Steiner/Rathgeber, Finanzwirtschaft der Unternehmung, 15. Auflage, München 2009

Rinker/Ditges/Arendt, Bilanzen, 14. Auflage, Herne 2012

Schierenbeck/Wöhle, Grundzüge der Betriebswirtschaftslehre, 17. Auflage, München/Wien 2008

Wöhe/Bilstein/Ernst/Häcker, Grundzüge der Unternehmensfinanzierung, 10. Auflage, München 2009

A

B

Der Klassiker rund um die Unternehmensfinanzierung

Mit der Neuauflage dieses Klassikers eigenen Sie sich jetzt noch effizienter das Grundlagenwissen der Unternehmensfinanzierung an. Zahlreiche Verbesserungen sowie das neue zweifarbige Layout erleichtern die Aufnahme der relevanten Informationen. Schnell und zuverlässig schaffen Sie sich eine solide Wissensbasis rund um Finanzplanung, Zahlungsverkehr, Beteiligungs-, Fremd- und Innenfinanzierung und finanzwirtschaftliche Analyse.

Zahlreiche Kontrollfragen am Ende jedes Kapitels ermöglichen eine einfache Wissenskontrolle; 80 Aufgaben/Fälle mit Lösungen helfen Ihnen, das Erlernte zu verankern. Ob Sie sich schnell in die Unternehmensfinanzierung einarbeiten oder sich gezielt auf eine Prüfung vorbereiten wollen – mit diesem Klassiker ist Ihnen der Erfolg sicher.

Neues Layout für noch besseres Lernen!

Kompendium der praktischen Betriebswirtschaft
Finanzierung
Olfert
16., verbesserte und aktualisierte Auflage · 2013 · 649 Seiten · 29,90 €
ISBN 978-3-470-53496-1